全国高等院校计算机基础教育"十三五"规划教材

数据库技术及应用

齐　晖　潘惠勇　主　编

吴　婷　王　琳　郭　飞　副主编

中国铁道出版社有限公司

CHINA RAILWAY PUBLISHING HOUSE CO., LTD.

内 容 简 介

  本书是根据教育部高等学校计算机基础课程教学指导委员会制定的《高等学校计算机基本教学发展战略研究暨计算机基础课程教学基本要求》（2009 版）、新的《全国计算机等级考试（NCRE）二级 Access 数据库程序设计考试大纲》的要求精心组织编写而成的。

  本书基于 Microsoft Access 2010 系统地介绍了关系数据库管理系统的基础知识及 Access 2010 的功能和基本操作，主要内容包括：数据库基础概述，Access 2010 系统概述，Access 数据库的建立、使用、维护和管理等，结构化查询语言 SQL 的使用，创建数据库的各种对象（包括表、查询、窗体、报表、宏和模块），VBA 编程，数据库编程，数据库应用系统开发实例等内容。

  本书注重理论与实践的结合，力求通俗易懂，并配有适量的图片和示例，适合作为高等院校 Access 数据库技术及应用课程的教材，也可作为 Access 数据库应用系统开发人员的参考书或者自学者的自学教材。

图书在版编目（CIP）数据

数据库技术及应用/齐晖，潘惠勇主编.—北京：
中国铁道出版社，2017.12（2021.11）
全国高等院校计算机基础教育"十三五"规划教材
ISBN 978-7-113-24184-1

Ⅰ.①数… Ⅱ.①齐… ②潘…Ⅲ.①数据库系统-高等
学校-教材 Ⅳ.①TP311.13

中国版本图书馆 CIP 数据核字(2017)第 319754 号

书　　名：	数据库技术及应用		
作　　者：	齐　晖　潘惠勇		
策　　划：	韩从付　周海燕	编辑部电话：	（010）51873202
责任编辑：	周海燕　包　宁		
封面设计：	刘　颖		
责任校对：	张玉华		
责任印制：	樊启鹏		

出版发行：中国铁道出版社有限公司（100054，北京市西城区右安门西街 8 号）
网　　址：http://www.tdpress.com/51eds/
印　　刷：三河市宏盛印务有限公司
版　　次：2017 年 12 月第 1 版　　2021 年 11 月第 3 次印刷
开　　本：880 mm×1 230 mm　1/16　印张：18.5　字数：592 千
书　　号：ISBN 978-7-113-24184-1
定　　价：49.00 元

由于数据库技术在国民经济、科技文化和国防建设等诸多领域的广泛应用，基于数据库技术和数据库管理系统的应用软件的研发和使用已经成为各专业领域和管理人员必备的基础。因此，"数据库技术及应用"课程已经成为高等院校理工、经管、文科三大类学生的计算机基础教学核心课程和必修课程。

Access 是 Microsoft Office 系列应用软件之一，是一个功能强大且易于实现和使用的关系型数据库管理系统，既具有典型的 Windows 应用程序风格，也具备可视化及面向对象程序设计的特点。Access 能有效地组织、管理和共享数据库的数据信息，把数据库和网络结合起来，为用户在网络中共享信息奠定了基础。Access 可以直接开发一个小型的数据库管理系统，也可以作为一个中小型管理信息系统的数据库部分，还可以作为一个商务网站的后台数据库部分，Access 有着相当广泛的用户群。目前已有大量的基于 Access 数据库的应用在 Internet 上发布，并且其数量呈快速上升之势。同时，Access 概念清晰、简单易用、功能完备，尤其适合数据库技术的初学者。

本书是根据教育部高等学校计算机基础课程教学指导委员会制定的《高等学校计算机基本教学发展战略研究暨计算机基础课程教学基本要求》(2009 版)、新的《全国计算机等级考试（NCRE）二级 Access 数据库程序设计考试大纲》的要求精心组织编写而成的。

本书考虑到学生计算机实际的操作技能和学习特点，以应用为目的，以案例为引导，通过对大量实例的分析和讲解，采用图文并茂、通俗易懂的形式，以 Access 2010 为背景，循序渐进地介绍数据库系统的基本知识；Access 数据库的建立、使用、维护和管理等；结构化查询语言 SQL 的使用；VBA 数据库编程基础；一个小型数据库应用系统开发实例等内容。在本书编写和组织上力求避免术语、概念的枯燥讲解和操作的简单堆砌，学生只要参照书中提供的实例进行系统学习，并配合一定的上机实际操作，就能很快掌握 Access 数据库管理系统的基本功能和操作，掌握面向应用开发的系统知识，并能够学以致用地完成简单实用的小型数据库管理系统的开发。

本书注重理论联系实际，条理清晰，概念明确，注重实际操作技能的训练。理论部分的讲解以"学籍管理"的设计为案例展开，全书的最后以"学籍管理"系统的开发为例，详细地介绍了如何构建一个小型数据库应用系统。书中配有大量的习题，包括选择题、判断题、填空题、简答题以及上机操作题等，供学生复习和上机练习使用。在上机练习时，可以举一反三，以达到熟练操作的目的。

本书共分 11 章，从各个方面介绍 Access 2010 的功能。

第 1 章主要介绍数据库技术的发展、数据库的基本概念、关系数据库系统、数据库设计基础等内容，通过这些内容使读者掌握数据库的基本概念、理论和设计方法。

第 2 章介绍 Access 2010 的特点、界面；Access 的 6 种对象，数据库的创建和基本操作。使读者对 Access 2010 从宏观上有一定的了解。

第 3 章、第 4 章、第 5 章、第 6 章、第 7 章重点介绍 Access 数据表的建立，创建和使用查询，窗体、报表的建立，宏等内容，这些是 Access 中最基本的内容。

第 8 章通过典型的实例介绍 Access 的编程语言 VBA，内容主要有模块的概念、模块的建立、VBA 程序设计的基本方法、过程的建立、调用与参数传递、事件驱动的程序设计方法、DoCmd 对象以及 VBA 程序调试和错误处理方法等。这部分是本书的难点，也是开发应用程序的基础。

第 9 章介绍如何使用 Access 2010 提供的安全功能来实现数据库的安全操作和数据库的导入/导出功能，以及利用 SharePoint 和 Access 2010 对数据库进行发布和协作管理数据库。

第 10 章主要介绍 VBA 数据库编程，内容包括 VBA 提供的 3 种数据库访问接口；DAO 的引用方法、DAO 的模型层次结构和访问数据库的步骤；ADO 的引用方法、ADO 的模型层次结构和主要 ADO 对象的使用。

第 11 章介绍数据库管理系统开发的一般流程，并以"学籍管理"系统的建立，介绍如何将数据库的各个对象有机地联系起来，构建一个小型数据库应用系统。

本书参考学时不得低于 60 学时，其中 32 学时理论教学，28 学时上机实践。本书可作为高等学校 Access 数据库技术及应用课程的教材，也可作为 Access 数据库应用系统开发人员的参考书或者自学者的自学教材。

本书由中原工学院计算机学院基础教学部的 9 位教师集体写作完成，他们是杨要科、吴婷、金秋、马宗梅、郭飞、齐晖、王琳、程传鹏、潘惠勇。齐晖、潘惠勇任主编，吴婷、王琳、郭飞任副主编。全书由齐晖、潘惠勇审阅并统稿。

本书中所有的例题和实例均在 Access 2010 中运行通过。为了便于教师使用本书和学生学习，本书配有电子教案、MOOC 网站，以及本书案例中的素材，有需要者请登录 http://mooc1.zut.edu.cn/course/87180281.html 下载（课程资源下载如有问题，请联系我们：qihui63@126.com）。

由于编者学识水平所限，书中难免有不妥之处，望读者不吝指正。

编 者

2017 年 11 月

目 录

第 1 章
数据库基础概述

自 1946 年计算机诞生以来，其主要应用是科学计算，自 20 世纪 60 年代以来，数据库技术也作为计算机数据处理的一门新技术发展了起来，它是计算机科学技术中发展最快的领域之一，经过 50 多年的发展形成了较为完整的理论体系，已被广泛应用于教学管理、科学研究、企业管理和社会服务等各个领域，是最先进的数据管理技术。本章主要介绍数据库中的基本概念、关系数据库、数据库设计等内容。

教学目标

- 了解数据管理的相关概念和含义、数据模型的主要类型与数据库的关系。
- 熟悉数据、数据库及数据库管理系统的含义和数据库设计的原则、步骤及过程。
- 掌握关系数据库及相关的概念、关系运算和关系的完整性。

1.1 数据库基本概念

自从计算机被发明之后，人类社会就进入了高速发展阶段，大量的信息堆积在人们面前。此时，如何组织存放这些信息，如何在需要时快速检索出信息，以及如何让所有用户共享这些信息就成为一个大问题。数据库技术就是在这种背景下诞生的，这也是使用数据库的原因。当今，世界上每一个人的生活几乎都离不开数据库。如果没有数据库，很多事情几乎无法解决。例如，没有学校的图书管理系统，借书会是一个很麻烦的事情，更不用说网上查询图书信息了；没有教务管理系统，学生要查询自己的成绩也不是很方便；没有计费系统，人们也就不能随心所欲地拨打手机；没有数据库的支持，网络搜索引擎就无法继续工作，网上购物就更不用想了。可见，数据库应用已经遍布了人们生活的各个角落。

1.1.1 计算机数据管理的发展

现代意义上的数据库系统出现于 20 世纪 60 年代后期，伴随着计算机硬件系统的飞速发展、价格的逐步下降、操作系统性能的日益提高以及 1970 年前后关系型数据模型的出现，数据库技术正广泛应用于各个领域，可以说我们已经无法离开数据库系统。

1. 数据和信息

在数据处理中，最常用到的基本概念就是数据和信息。

数据是指描述事物的符号记录。数据不仅仅是指传统意义的由 0～9 组成的数字，而是所有可以输入到计算机中并能被计算机处理的符号的总称。

在计算机中可表示数据的种类很多，除了数字以外，文字、图形、图像、声音都是数据。例如学生的基本情况、超市商品的价格、员工的照片、人的指纹、播音员朗诵的佳作、气象卫星云图等都可以是数据。

信息是指以数据为载体的对客观世界实际存在的事物、事件和概念的抽象反映。具体说是一种被加工为特定形式的数据，是通过人的感官（眼、耳、鼻、舌、身）或各种仪器仪表和传感器等感知出来并经过加工而形成的反映现实世界中事物的数据。

例如，在学生档案中，记录了学生的姓名、性别、年龄、出生日期、籍贯、所在系别、入学时间，那么下面的描述：

（李军，男，21，1993，四川，外语系，2012）就是数据。对于这条学生记录，所表述的信息为：

李军是个大学生，1993 年出生，男，四川人，2012 年考入外语系。

数据是数据库的基本组成内容，是对客观世界所存在的事物的一种表征，人们总是尽可能地收集各种各样的数据，然后对其进行加工处理，从中抽取并推导出有价值的信息，作为指导日常工作和辅助决策的依据。

数据和信息是两个互相联系、互相依赖但又互相区别的概念。数据是用来记录信息的可识别的符号，是信息的具体表现形式。数据是信息的符号表示或载体，信息则是数据的内涵，是对数据的语义解释。只有经过提炼和抽象之后，具有使用价值的数据才能成为信息。

2．数据处理和数据管理

数据要经过处理才能变为信息，这种将数据转换成信息的过程称为数据处理。数据处理具体是指对信息进行收集、整理、存储、加工及传播等一系列活动的总和。数据处理的目的是从大量的、杂乱无章的甚至是难于理解的原始数据中，提炼、抽取出人们所需要的有价值、有意义的数据（信息），作为科学决策的依据。

可用"信息 = 数据 + 数据处理"简单地表示信息、数据与数据处理的关系。

数据是原料，是输入，而信息是产出，是输出结果。数据处理的真正含义是为了产生信息而处理数据。数据、数据处理、信息的关系如图 1.1 所示。

数据的组织、存储、检查和维护等工作是数据处理的基本环节，这些工作一般统称为数据管理。数据处理的核心是数据管理。数据处理与数据管理是相互联系的，数据管理技术的优劣，将直接影响数据处理的效率。

图 1.1　数据、数据处理、信息的关系

3．计算机数据管理的发展阶段

计算机在数据管理方面经历了从低级到高级的发展过程，到目前为止，数据管理大致经历了人工管理、文件系统、数据库系统三个阶段。

1）人工管理阶段

这一阶段（20 世纪 50 年代中期以前）计算机主要用于科学计算。外部存储器只有磁带、卡片和纸带，软件只有汇编语言，还没有数据管理方面的软件。数据处理的方式基本上是批处理。这个时期数据管理具有以下几个特点。

（1）数据不保存。因为当时计算机主要用于科学计算，对于数据保存的需求尚不迫切。需要时把数据输入内存，运算后将结果输出。数据并不保存在计算机中。

（2）没有专用的软件对数据进行管理。在应用程序中，不仅要管理数据的逻辑结构，还要设计其物理结构、存取方法、输入/输出方法等。当存储改变时，应用程序中存取数据的子程序就需随之改变。

（3）数据不具有独立性。数据的独立性是指逻辑独立性和物理独立性。当数据的类型、格式或输入/输出方式等逻辑结构或物理结构发生变化时，必须对应用程序做出相应的修改。

（4）数据是面向程序的。一组数据只对应于一个应用程序。即使两个应用程序都涉及某些相同数据，也必须各自定义，无法相互利用。因此，在程序之间有大量的冗余数据。这时期数据与程序的关系如图 1.2 所示。

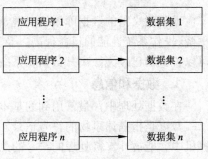

图 1.2　人工管理阶段数据与程序的关系

2）文件系统阶段

这一阶段（20 世纪 50 年代后期到 60 年代中期）计算机不仅用于科学计算，还用于信息管理。此时，外部存储器已有磁盘、磁鼓等直接存取的存储设备；软件领域出现了高级语言和操作系统。操作系统中的文件系统是专门的数据管理软件。这时可以把相关的数据组成一个文件存放在计算机中，在需要时只要提供文件名，计算机就能从文件系统中找出所要的文件，把文件中存储的数据提供给用户进行处理。这个时期数据管理具有以下几个特点。

（1）数据以"文件"形式可长期保存在外部存储器的磁盘上。应用程序可对文件进行大量的检索、修改、插入和删除等操作。

（2）文件组织已多样化。有索引文件、顺序存取文件和直接存取文件等。因而对文件中的记录可顺序访问，也可随机访问，便于存储和查找数据。

（3）数据与程序间有一定的独立性。数据由专门的软件即文件系统进行管理，程序和数据间由软件提供的存取方法进行转换，数据存储发生变化不一定影响程序的运行。

（4）对数据的操作以记录为单位。这是由于文件中只存储数据，不存储文件记录的结构描述信息。文件的建立、存取、查询、插入、删除、修改等所有操作，都要用程序来实现。

在文件系统阶段，仍有很多缺点。主要表现在以下几个方面。

（1）数据冗余度大。由于各数据文件之间缺乏有机的联系，造成每个应用程序都有对应的文件，有可能同样的数据在多个文件中重复存储，数据不能共享。

（2）数据独立性低。数据和程序相互依赖，一旦改变数据的逻辑结构，必须修改相应的应用程序。而应用程序发生变化，如改用另一种程序设计语言来编写程序，也需修改数据结构。

（3）数据一致性差。由于相同数据的重复存储、各自管理，在进行更新操作时，容易造成数据的不一致。

这样，文件系统仍然是一个不具有弹性的无结构的数据集合。文件之间是孤立的、不能反映现实世界中事物之间的内在联系。这时期数据与程序的关系如图1.3所示。

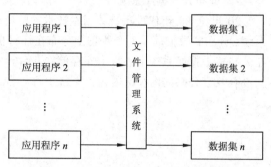

图1.3 文件系统阶段数据与程序的关系

3）数据库系统阶段

数据管理技术进入数据库系统阶段是在20世纪60年代末。由于计算机应用于管理的规模更加庞大，数据量急剧增加；硬件方面出现了大容量磁盘，使计算机联机存取大量数据成为可能；硬件价格下降，而软件价格上升，使开发和维护系统软件的成本增加。文件系统的数据管理方法已无法适应开发应用系统的需要。为解决多用户、多个应用程序共享数据的需求，出现了统一管理数据的专门软件系统，即数据库管理系统。这使利用数据库技术管理数据变成了现实。这时期数据管理的特点有以下几方面。

（1）数据共享性高、冗余度低。这是数据库系统阶段的最大改进，数据不再面向某个应用程序而是面向整个系统，当前所有用户可同时访问数据库中的数据。这样就减少了不必要的数据冗余，节约了存储空间，同时也避免了数据之间的不相容性与不一致性。

（2）数据结构化。即按照某种数据模型，将应用的各种数据组织到一个结构化的数据库中。在数据库中数据的结构化，不仅要考虑某个应用的数据结构，还要考虑整个系统的数据结构，并且还要能够表示出数据之间的有机关联。

（3）数据独立性高。数据的独立性是指逻辑独立性和物理独立性。数据的逻辑独立性是指当数据的总体逻辑结构改变时，数据的局部逻辑结构不变。由于应用程序是依据数据的局部逻辑结构编写的，所以应用程序不必修改，从而保证了数据与程序间的逻辑独立性。数据的物理独立性是指当数据的存储结构改变时，数据的逻辑结构不变，从而应用程序也不必改变。

（4）有统一的数据控制功能。数据库为多个用户和应用程序所共享，对数据的存取往往是并发的，即多个用户可以同时存取数据库中的数据，甚至可以同时存取数据库中的同一个数据。为确保数据库数据的正确有效和数据库系统的有效运行，数据库管理系统提供下述四方面的数据控制功能。

① 数据的安全性控制：防止不合法使用数据造成数据的泄露和破坏，保证数据的安全和机密。例如，系统提供口令检查或其他手段来验证用户身份，防止非法用户使用系统；也可以对数据的存取权限进行限制，只有通过检查后才能执行相应的操作。

② 数据的完整性控制：系统通过设置一些完整性规则以确保数据的正确性、有效性和相容性。正确性是指数据的合法性，如年龄属于数值型数据，只能包含 0，1，…，9，不能包含字母或特殊符号。有效性是指数据是否在其定义的有效范围内，如月份只能用 1~12 之间的正整数表示。相容性是指表示同一事实的两个数据应相同，否则就不相容，如一个人不能有两个性别。

③ 并发控制：防止多用户同时存取或修改数据库时，因相互干扰而提供给用户不正确的数据，并使数据库受到破坏。

④ 数据恢复：当数据库被破坏或数据不可靠时，系统有能力将数据库从错误状态恢复到最近某一时刻的正确状态。

这时期数据与程序之间的关系如图 1.4 所示。

4．数据库系统的新技术

随着科学技术和数据库系统的发展，从 20 世纪 80 年代开始数据库研究又出现了许多新的领域，相继研究出了分布式数据库系统、面向对象数据库系统和网络数据库系统。

1）分布式数据库系统

20 世纪 80 年代，随着数据库技术的广泛应用，并与迅速发展的网络技术相结合，产生了分布式数据库系统。分布式数据库是一个物理上分布在计算机网络的不同结点，但在逻辑上又同属于一个系统的数据集合。在分布式数据库系统中，数据库存储在几台计算机中，这几台计算机之间通过高速网络相互通信，计算机之间没有共享公共的内存或磁盘，系统中每一台计算机称为一个结点。其一般结构如图 1.5 所示。

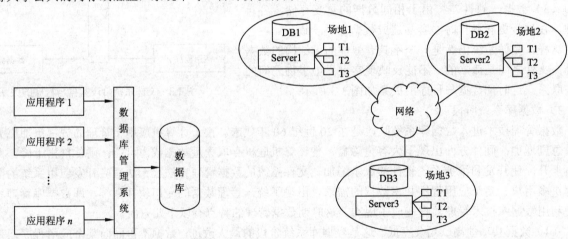

图 1.4　数据库系统阶段数据与程序的关系　　　　图 1.5　分布式数据库系统

在分布式数据库系统中，应用分为局部应用和全局应用两种。局部应用是指仅操作本地结点上数据库的应用；而全局应用是指需要操作两个或两个以上结点中的数据库的应用。例如，一个银行系统中，有多个分支机构分布在不同的城市，每个分支机构有自己的服务器（结点），用来维护该分支机构的所有账户的数据库。同时有若干客户机，用来完成本地客户的存、取款业务等（局部应用）。分支机构的客户机也可以完成某些全局应用，如不同分支机构中账户之间的转账，就需要同时访问和更新两个结点上的数据库中的数据。不支持全局应用的系统不能称为分布式数据库系统。同时，分布式数据库系统不仅要求数据的物理分布，而且要求这种分布是面向处理、面向应用的。

分布式数据库系统是物理上分散，逻辑上集中的数据库系统，系统中的数据分别存放在计算机网络的不同结点上，网络中的每个结点具有独立处理的能力（称为场地自治），可以执行局部应用，每个结点也可以通过网络通信子系统执行全局应用。

分布式数据库系统主要有如下几个特点。

（1）数据的物理分布性。数据库中的数据分布在计算机网络的不同结点上，而不是集中在一个结点上。因此它不同于通过计算机网络共享的集中式数据库系统。

（2）数据的逻辑整体性。分布在计算机网络不同结点上的数据在逻辑上属于同一个系统，因此，它们在逻辑上是相互联系的整体。

（3）结点的自主性。每个结点有自己的计算机、数据库（即局部数据库，简称 LDB）、数据库管理系统（LDBMS），因而能独立地管理局部数据库。局部数据库中的数据可以供本结点的用户存取（局部应用），也可以供其他结点上的用户存取以供全局应用。

2）面向对象数据库系统

20 世纪 90 年代，许多从事数据库研究的学者把数据库技术和面向对象技术相结合，研究出一种新的数据库系统——面向对象数据库系统（Object Oriented DataBase System，OODBS），以满足新的应用需要。面向对象数据库系统的研究有两种观点，一种是在面向对象程序设计语言中引入数据库技术，另一种是从关系数据库系统自然地引入面向对象技术而进化到具有新功能的结果。现在一般把前一类数据库系统称为面向对象数据库系统（OODBS），后一类称为对象关系数据库系统（Object Relation DataBase System，ORDBS），这两类统称为对象数据库系统。本书主要介绍对象关系数据库系统。

目前，各个关系数据库厂商都在不同程度上扩展了关系模型，推出了符合面向对象数据模型的数据库系统。面向对象的数据模型吸收了面向对象程序设计方法的核心概念和基本思想，用面向对象的观点来描述现实世界的实体。

对象关系数据库系统可定义为在关系数据模型的基础上，提供元组、数组、集合等丰富的数据类型以及处理新的数据类型的能力，并且具有继承性和对象标识等面向对象特点，这样形成的数据模型称为对象关系数据模型。基于对象关系模型的数据库系统称为对象关系数据库系统。所以对象关系数据库系统除了具有原来关系数据库的各种特点外，还具有以下特点。

（1）扩充数据类型。以关系数据库和 SQL 为基础，扩展关系数据模型，增加面向对象的数据类型和特性。新的数据类型可定义为原有类型的子类或超类。新的数据类型定义之后，存放在数据库管理系统中，如同基本数据类型一样，可供所有用户共享。

（2）支持复杂对象。OODBS 中的基本结构是对象而不是记录，一个对象不仅包括描述它的数据，还包括对它操作的方法。它不仅支持简单的对象，还支持由多种基本数据类型或用户自定义的数据类型构成的复杂对象，支持子类、超类和继承的概念，因而能对现实世界的实体进行自然而直接的模拟，可表示诸如某个对象由"哪些对象组成"，有"什么性质"，处在"什么状态"，具有丰富的语义信息，这是传统数据库所不能比拟的。

（3）提供通用的规则系统。规则在数据库管理系统（DataBase Management System，DBMS）及其应用中是十分重要的，在传统的关系数据库管理系统（Relation DataBase Management System，RDBMS）中用触发器来保证数据库的完整性。触发器可以看成规则的一种形式。OODBS 支持的规则系统将更加通用，更加灵活。例如，规则中的事件和动作可以是任何的 SQL 语句，可以使用用户自定义的函数，规则还能够被继承。这就大大增强了 OODBS 功能，使之具有主动数据库的特性。

面向对象数据库系统的功能要求：①在数据模型方面，引入面向对象的概念，包括对象、类、对象标识、封装、继承、多态性、类层次结构等；②在数据库管理方面，提供与扩展对持久对象、长事务的处理能力以及并发控制、完整性约束等能力；③在数据库界面方面，支持消息传递，提供计算能力完备的数据库语言，解决数据库语言与宿主语言的失配问题，并且数据库语言应具有类似 SQL 的非过程化的查询功能。

除此之外，还要求兼顾对传统的关系数据的管理能力。

面向对象数据库系统主要研究的问题有对象数据模型、高效的查询语言、并发的事务处理技术、对象的存储管理以及版本管理等。

3）网络数据库系统

随着客户机/服务器结构的出现，使得人们可以最有效地利用计算机资源。在客户机/服务器结构中的服务器又称数据库服务器，主要用于放置数据库管理系统以及存储数据，而客户机则负责应用逻辑与用户界面。它们通过网络互连，当客户机需要访问数据时，向服务器提出某种数据或服务请求，服务器将响应这些请求并把结果或状态信息返回给客户机。通过网络将地理位置分散的、各自具备自主功能的若干台计算机和数据库系统有机地连接起来的，并且采用通信手段实现资源共享的系统称为网络数据库系统。

但是在网络环境中，为了使一个应用程序能访问不同的数据库系统，需要在应用系统和不同的数据库管理系统之间加一层中间件。所谓中间件是网络环境中保证不同的操作系统、通信协议和数据库管理系统之间进行对话、互操作的软件系统。其中涉及数据访问的中间件，就是 20 世纪 90 年代提出的开放的数据库连接（Open DataBase Connectivity，ODBC）技术和 Java 数据库连接（Java DataBase Connectivity，JDBC）技术。使用 ODBC 和 JDBC 技术来进行数据库应用程序的设计，可以使应用系统移植性更好，并且能访问不同的数据库系统，共享数据资源。

1.1.2　数据库系统

数据库系统（DataBase System，DBS）是指引进数据库技术后的计算机系统，主要包括相应的数据库、数据库管理系统、数据库应用系统、计算机硬件系统、软件系统和用户。

1．数据库

关于数据库（DataBase）的定义，一般认为数据库是长期存储在计算机内、有组织的、可共享的数据集合。

数据库中的数据按一定的数据模型组织、描述和存储，具有较小的冗余度、较高的数据独立性和易扩展性，可为各种用户共享，并且还具有完善的自我保护能力和数据恢复能力。

数据库是用来存储数据的。数据库中的数据包括两大类，一类是用户数据，如学生数据库中每个学生的信息。另一类是系统数据，如系统中用户的权限、各种统计信息等。

2．数据库管理系统

数据库管理系统（DBMS）位于用户与操作系统之间，是可借助操作系统完成对硬件的访问，并负责数据库存取、维护和管理的系统软件。它是数据库系统的核心组成部分，用户在数据库中的一切操作，包括定义、查询、更新以及各种控制都是通过 DBMS 进行的。

DBMS 的基本功能如下：

（1）数据定义功能。在关系数据库管理系统中就是创建数据库、创建表、创建视图和创建索引，定义数据的安全性和数据的完整性约束等。

（2）数据操纵功能。实现对数据库的基本操作，包括数据的查询处理，数据的更新（增加、删除、修改）等。

（3）数据库的运行管理。主要完成对数据库的控制，包括数据的安全性控制、数据的完整性控制、多用户环境下的并发控制和数据库的恢复，以确保数据正确有效和数据库系统的正常运行。

（4）数据库的建立和维护功能。包括数据库的初始数据的装入，数据库的转储、恢复、重组织，系统性能监视、分析等功能。

（5）数据通信。DBMS 提供与其他软件系统进行通信的功能。它实现用户程序与 DBMS 之间的通信，通常与操作系统协调完成。

3．数据库应用系统

数据库应用系统（DBAS）是指利用数据库系统资源开发的面向实际应用的软件系统。一个数据库应用系统通常由数据库和应用程序组成。它们都是在数据库管理系统支持下设计和开发出来的。

4．用户

用户是指使用和管理数据库的人，他们可以对数据库进行存储、维护和检索等操作。数据库系统中用户可分为三类：

（1）终端用户。终端用户主要是指使用数据库的各级管理人员、工程技术人员等，一般来说，他们是非计算机专业人员。

（2）应用程序员。应用程序员负责为终端用户设计和编制应用程序，以便终端用户对数据库进行操作。

（3）数据库管理员。数据库管理员（DBA）是指对数据库进行设计、维护和管理的专门人员。

数据库系统的组成结构如图 1.6 所示。

1.1.3　数据模型

模型是对现实世界特征的模拟和抽象。如一组建筑设计沙盘，一架精致的航模飞机等都是具体的模型。数据模型是模型的一种，它是现实世界数据特征的抽象。现实世界中的具体事务必须用数据模型这个工具来抽象和表示，计算机才能够处理。

图 1.6　数据库系统组成结构图

1．概述

数据模型通常由数据结构、数据操作和数据约束三部分组成。数据结构是所研究的对象类型的集合。数据操作是指对数据库中各种对象（型）的实例（值）允许执行的操作的集合，包括操作及有关的操作规则。数据约束是一组完整规则的集合。通过数据结构、数据操作和数据约束可以完整描述数据模型。

根据模型应用的层次不同，可以将这些模型划分为 3 类。

第 1 类模型是概念数据模型，又称概念模型或信息模型，它是按用户的观点来对数据和信息建模，是用户和数据库设计人员之间进行交流的工具，这一类模型中最著名的就是实体关系模型。实体关系模型直接从现实世界中抽象出实体类型以及实体之间的关系，然后用实体关系图（E-R 图）表示数据模型。E-R 图有下面四个基本成分。

（1）矩形框，表示实体类型（问题的对象）；

（2）菱形框，表示关系类型（实体之间的联系）；

（3）椭圆形框，表示实体类型的属性；

（4）连线。实体与属性之间，关系与属性之间用直线连接；关系类型与其涉及的实体类型之间也以直线相连，并在直线端部标注关系的类型（1:1、1:n 或 m:n）。

如图 1.7 所示是一个 E-R 图的示例。

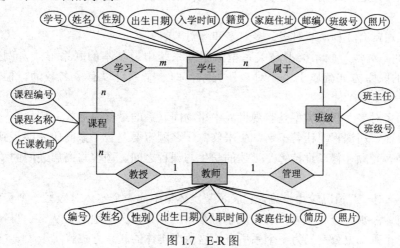

图 1.7　E-R 图

第 2 类模型是逻辑数据模型，又称数据模型，它是一种面向数据库系统的模型，该模型着重于在数据库管理系统一级的实现。概念模型只有转化为数据模型后才能在数据库中得以实现。其主要包括网状模型、层次模型、关系模型等，它是按计算机系统的观点对数据建模，主要用于 DBMS 的实现。

第 3 类模型是物理数据模型，又称物理模型，它是一种面向计算机物理表示的模型，此模型给出了数据模型在计算机上物理结构的表示。

数据模型是数据库系统的核心和基础。各种机器上实现的 DBMS 软件都是基于某种数据模型的。为了把现实世界中的具体事物抽象、组织为某一 DBMS 支持的数据模型，人们常常先将现实世界抽象为信息世界，然后再将信息世界转换为机器世界。也就是说把现实世界中的客观对象抽象为某一种信息结构，这种信息结构并不依赖于具体的计算机系统，不是某一个 DBMS 支持的数据模型，而是概念级的模型；然后再把概念模型转换为计算机上某一 DBMS 支持的数据模型，这一过程如图 1.8 所示。

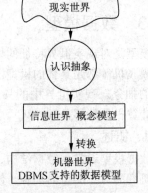

图 1.8 现实世界中客观对象的抽象过程

2．相关概念

建立数据模型需要掌握以下几个概念。

1）实体

客观存在，并可相互区别的事物称为实体（Entity）。实体可以是实实在在的客观存在，例如学生、教师、商店、医院；也可以是一些抽象的概念或地理名词，如地震、北京市。

2）属性

实体所具有的特征称为属性（Attribute）。实体本身并不能被装进数据库，要保存客观世界的信息，必须将描述事物外在特征的属性保存在数据库中。属性的差异能使我们区分同类实体，如一个人可以具备姓名、年龄、性别、身高、肤色、发型、衣着等属性，根据这些属性可以在熙熙攘攘的人群中一眼认出所熟悉的人。

3）实体集和实体型

具有共性的实体组成的一个集合称为实体集（Entity Set）。一个实体所有属性的集合称为实体型。例如，要管理学生信息，可以存储每一位学生的学号、姓名、性别、出生年月、出生地、家庭住址、各科成绩等，其中学号是人为添加的一个属性，用于区分两个或多个因巧合而属性完全相同的学生。在数据库理论中，这些学生属性的集合就是一个实体集，这些学生所具有的所有的属性就是一个实体型，在数据库应用中，实体集以数据表的形式呈现，实体型以字段名称的形式呈现。

4）联系

客观事物往往不是孤立存在的，相关事物之间保持着各种形式的联系方式。在数据库理论中，实体（集）之间同样也保持着联系，这些联系同时也制约着实体属性的取值方式与范围。这种实体集之间的对应关系称为联系。

实体的联系方式通常有 3 种，一对多、多对多和一对一。

（1）一对多。"一对多"联系类型是关系型数据库系统中最基本的联系形式，例如"系"表与"教师"表这两个实体的联系方式就属于"一对多"关系，即一个系可以有多名教师，但一名教师只能属于一个系。

（2）多对多。"多对多"联系类型是客观世界中事物间联系的最普遍形式，例如在一个学期中，一名学生要学若干门课程，而一门课程要让若干名学生来修；一名顾客要逛若干家商店才能买到称心的商品，而一家商店必须有许多顾客光顾才得以维持等。上述的学生与课程之间、顾客与商店之间的关系均为"多对多"联系。

（3）一对一。"一对一"情况较为少见，它表示某实体集中的一个实体对应另一个实体集中的一个实体。例如为补充系的信息，添加一个"系办"表，表示每个系的系部办公室地点。从常识得知，一个系只有一个系部办公室，反之一个系部办公室只为一个系所有，这两个实体的联系方式就属于"一对一"关系。

3．常用模型

数据库领域常用的数据模型经常是按照数据的组织形式划分为，包括层次模型、网状模型、关系模型和面向对象模型 4 种。

1）层次模型

在层次模型中，实体间的关系形同一棵根在上的倒挂树，上一层实体与下一层实体间的联系形式为一对多。现实世界中的组织机构设置、行政区划关系等都是层次结构应用的实例。基于层次模型的数据库系统存在天生的缺陷，它访问过程复杂，软件设计的工作量较大，现已较少使用。

层次模型具有以下特点。

（1）有且仅有一个结点无父结点，它位于最高层次，称为根结点。

（2）根结点以外的其他结点有且仅有一个父结点，如图1.9所示。

2）网状模型

网状数据模型又称网络数据模型，它较容易实现普遍存在的"多对多"关系，数据存取方式要优于层次模型，但网状结构过于复杂，难以实现数据结构的独立，即数据结构的描述保存在程序中，改变结构就要改变程序，因此目前已不再是流行的数据模型。

网状模型具有以下特点。

（1）允许一个以上的结点无双亲结点。

（2）一个结点可以有多于一个双亲结点，如图1.10所示。

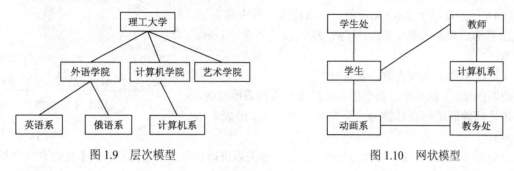

图1.9 层次模型 　　　　　　　　　 图1.10 网状模型

3）关系模型

关系模型是以二维表的形式表示实体和实体之间联系的数据模型，即关系模型数据库中的数据均以表格的形式存在，其中表完全是一个逻辑结构，用户和程序员不必了解一个表的物理细节和存储方式；表的结构由数据库管理系统（DBMS）自动管理，表结构的改变一般不涉及应用程序，在数据库技术中称为数据独立性。

关系模型具有以下特点。

（1）每一列中的值具有相同的数据类型。

（2）列的顺序可以是任意的。

（3）行的顺序可以是任意的。

（4）表中的值是不可分割的最小数据项。

（5）表中的任意两行不能完全相同。

基于关系数据模型的数据库系统称为关系数据库系统，所有的数据分散保存在若干个独立存储的表中，表与表之间通过公共属性实现"松散"的联系，当部分表的存储位置、数据内容发生变化时，表间的关系并不改变。这种联系方式可以将数据冗余（即数据的重复）降到最低。

4）面向对象模型

面向对象模型是一种新兴的数据模型，它采用面向对象的方法来设计数据库。面向对象模型的数据库存储对象是以对象为单位，每个对象包含对象的属性和方法，具有类和继承等特点。Computer Associates 的 Jasmine 就是面向对象模型的数据库系统。

1.2 关系数据库

关系数据库是 IBM 公司的 E.F.Codd 在 20 世纪 70 年代提出的数据库模型，自 20 世纪 80 年代以来，新推出的数据库管理系统几乎都支持关系数据模型。目前流行的关系数据库 DBMS 产品包括 Access、SQL Server、FoxPro、Oracle 等。

1.2.1 关系数据模型

关系数据库是当今主流的数据库管理系统，关系模型对用户来说很简单，一个关系就是一个二维表。这种用二维表的形式表示实体和实体间联系的数据模型称为关系模型。

要了解关系数据库，首先需对其基本关系术语进行认识。

1. 关系术语

1）关系

一个关系就是一个二维表，每个关系有一个关系名称。对关系的描述称为关系模式，一个关系模式对应一个关系的结构。其表示格式如下：

关系名（属性名 1，属性名 2，…，属性名 n）

在 Access 中则表示如下：

表名（字段名 1，字段名 2，…，字段名 n）

如图 1.11 所示显示了 Access 中的一个班级表，该表保存了班级的班级名称、班级人数、院系号等信息。该关系在 Access 中可表示为：

班级（班级名称，班级人数，院系号）

值得说明的是，在表示概念模型的 E-R 图转换为关系模型时，实体和实体之间的联系都要转换为一个关系，即一张二维表。

图 1.11 "班级"表

2）元组

在一个关系（二维表）中，每行为一个元组。一个关系可以包含若干个元组，但不允许有完全相同的元组。在 Access 中，一个元组称为一条记录。例如，班级表就包含了 10 条记录。

3）属性

关系中的列称为属性。每一列都有一个属性名，在同一个关系中不允许有重复的属性名。

在 Access 中，属性称为字段，一个记录可以包含多个字段。例如，班级表就包含了 3 个字段。

4）域

域指属性的取值范围。如班级表的"班级人数"字段为 2 位数字，"院系号"字段为 41 开头的 4 位数字。

5）关键字

关键字又称键，由一个或多个属性组成，用于唯一标识一条记录。例如，班级表中的"班级名称"字段可以区别表中的各个记录，所以"班级名称"字段可作为关键字使用。一个关系中可能存在多个关键字，用于标识记录的关键字称为主关键字。

在 Access 中，关键字由一个或多个字段组成。表中的主关键字或候选关键字都可以唯一标识一条记录。

6）外部关键字

如果关系中的一个属性不是关系的主关键字，但它是另外一个关系的主关键字或候选关键字，则该属性称为外部关键字，又称外键。

关系模型就是一个二维表，关系必须规范化，所谓规范化是指一个关系的每个属性必须是不可再分的，即不允许有分量，如图 1.12 所示的表格中，工资又分为基本和绩效两项。这是一个复合表，不是二维表，因而不能用于表示关系。

2. 关系模型

在关系模型中，信息被组织成若干张二维表，每张二维表称为一个二元关系。Access 数据库往往包含多个表，各个表通过相同字段名构建联系。

在"学籍管理"数据库中"学生""班级""院系"表之间的关系如图 1.13 所示。"学生"表和"班级"表通过相同的字段"bjmc"（班级名称）相联系，"班级"表和"院系"表通过相同的字段"yxh"（院系号）相联系，构建了 3 个表的关系模型。该数据库中的 3 个表如图 1.14 所示，由 3 个表相联系得到的一个"学生信息"查询如图 1.15 所示。

工号	姓名	工资	
		基本	绩效
100001	张三	1650	950
100201	李四	1900	800
500124	赵六	3100	1200

图 1.12 复合表

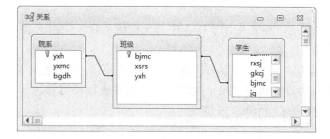

图 1.13 学生-班级-院系关系模型

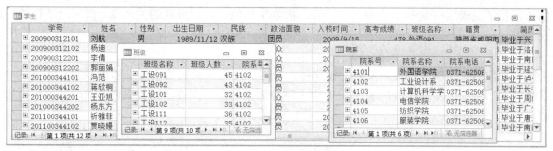

图 1.14 3 个数据表

图 1.15 "学生信息"查询

1.2.2 关系运算

关系运算是对关系数据库的数据操纵，主要是从关系中查询需要的数据。关系的基本运算分为两类，一类是传统的集合运算，包括并、交、差等；另一类是专门的关系运算，包括选择、投影、连接等。关系运算的操作对象是关系，关系运算的结果仍然是关系。

1．传统的集合运算

传统的集合运算要求两个关系的结构相同，执行集合运算后，得到一个结构相同的新关系。

对于任意关系 *R* 和关系 *S*，它们具有相同的结构即关系模式相同，而且相应的属性取自同一个域。那么，传统的集合运算定义如下。

1）并

R 并 *S*，*R* 或 *S* 两者中所有元组的集合。一个元组在并集中只出现一次，即使它在 *R* 和 *S* 中都存在。

例如，把学生关系 *R* 和 *S* 分别存放 2 个班的学生，把一个班的学生记录追加到另一个班的学生记录后边，进行的是并运算。

2）交

R 交 *S*，*R* 和 *S* 中共有的元组的集合。

例如，有参加计算机兴趣小组的学生关系 *R* 和参加象棋兴趣小组的学生关系 *S*，求既参加计算机兴趣小组又参加象棋兴趣小组的学生，就要进行交运算。

3）差

R 差 S，在 R 中而不在 S 中的元组的集合。注意 R 差 S 不同于 S 差 R，后者是在 S 中而不在 R 中的元素的集合。

例如，有参加计算机兴趣小组的学生关系 R 和参加象棋兴趣小组的学生关系 S，求参加了计算机兴趣小组但没有参加象棋兴趣小组的学生，就要进行差运算。

2．专门的关系运算

1）选择

从关系中找出满足条件元组的操作称为选择。选择是从行的角度进行运算的，在二维表中抽出满足条件的行。例如，在学生成绩的关系 1 中找出"一班"的学生成绩，并生成新的关系 2，就应当进行选择运算，如图 1.16 所示。

2）投影

从关系中选取若干个属性构成新关系的操作称为投影。投影是从列的角度进行运算的，选择某些列的同时丢弃了某些列。例如，在学生成绩的关系 1 中去除掉成绩列，并生成新的关系 2，就应当进行投影运算，如图 1.17 所示。

图 1.16　选择运算

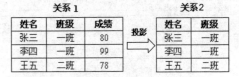

图 1.17　投影运算

3）连接

连接指将多个关系的属性组合构成一个新的关系。连接是关系的横向结合，生成的新关系中包含满足条件的元组。例如关系 1 和关系 2 进行连接运算，得到关系 3，如图 1.18 所示。在连接运算中，按字段值相等执行的连接称为等值连接，新关系中重复字段只出现一次的连接称为自然连接，如图 1.19 所示。自然连接是一种特殊的等值连接，是去掉重复字段的连接，是构造新关系的有效方法，是最常用的连接运算。

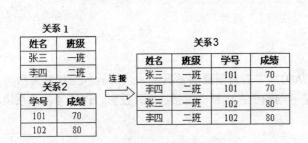

图 1.18　连接运算

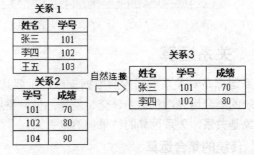

图 1.19　自然连接运算

1.2.3　关系的完整性

关系完整性指关系数据库中数据的正确性和可靠性，关系数据库管理系统的一个重要功能就是保证关系的完整性。关系完整性包括实体完整性、值域完整性、参照完整性和用户自定义完整性。

1．实体完整性

实体完整性指数据表中记录的唯一性，即同一个表中不允许出现重复的记录。设置数据表的关键字可便于保证数据的实体完整性。例如学生表中的"学号"字段作为关键字，就可以保证实体完整性，若编辑"学号"字段时出现相同的学号，数据库管理系统就会提示用户，并拒绝修改字段。

2．值域完整性

值域完整性指数据表中记录的每个字段的值应在允许范围内。例如可规定"学号"字段必须由数字组成。

3．参照完整性

参照完整性指相关数据表中的数据必须保持一致。例如学生表中的"学号"字段和成绩表中的"学号"字段应保持一致。若修改了学生表中的"学号"字段，则应同时修改成绩表中的"学号"字段，否则会导致参照完整性错误。

4．用户自定义完整性

用户自定义完整性指用户根据实际需要而定义的数据完整性。例如可规定"性别"字段值为"男"或"女"，"成绩"字段值必须是 0～100 范围内的整数。

1.3　数据库设计基础

数据库应用系统与其他计算机应用系统相比，一般具有数据量庞大、数据保存时间长、数据关联比较复杂、用户要求多样化等特点。设计数据库的目的实质上是设计出满足实际应用需求的实际关系模型。在 Access 中具体实施时表现为数据库和表的结构合理，不仅存储了所需要的实体信息，并且反映出实体之间客观存在的联系。

1.3.1　数据库设计原则

为了合理组织数据，应遵从以下基本设计原则。

1．关系数据库的设计应遵从概念单一化"一事一地"的原则

一个表描述一个实体或实体间的一种联系。避免设计大而杂的表，首先分离那些需要作为单个主题而独立保存的信息，然后通过 Access 确定这些主题之间有何联系，以便在需要时将正确的信息组合在一起。通过将不同的信息分散在不同的表中，可以使数据的组织工作和维护工作更简单，同时也可以保证建立的应用程序具有较高的性能。

例如，将有关教师基本情况的数据，包括姓名、性别、工作时间等，保存到教师表中。将工资单的信息应该保存到工资表中，而不是将这些数据统统放到一起。同样的道理，应当把学生信息保存到学生表中，把有关课程的成绩保存在选课表中。

2．避免在表之间出现重复字段

除了保证表中有反映与其他表之间存在联系的外部关键字之外，应尽量避免在表之间出现重复字段。这样做的目的是使数据冗余尽量小，防止在插入、删除和更新时造成数据的不一致。

例如，在课程表中有了"课程名"字段，在选课表中就不应该有"课程名"字段。需要时可以通过两个表的连接找到所选课程对应的课程名称。

3．表中的字段必须是原始数据和基本数据元素

表中不应包括通过计算可以得到的"二次数据"或多项数据的组合。能够通过计算从其他字段推导出来的字段也应尽量避免。

例如，在职工表中应当包括"出生日期"字段，而不应包括"年龄"字段。当需要查询年龄的时候，可以通过简单计算得到准确年龄。

在特殊情况下可以保留计算字段，但是必须保证数据的同步更新。例如，在工资表中出现的"实发工资"字段，其值是通过"基本工资+津贴-水电费"计算出来的。每次更改其他字段值时，都必须重新计算。

4．用外部关键字保证有关联的表之间的联系

表之间的关联依靠外部关键字来维系，使得表结构合理，不仅存储了所需要的实体信息，并且反映出实体之间客观存在的联系，最终设计出满足应用需求的实际关系模型。

1.3.2　数据库设计步骤

设计数据库是指对于一个给定的应用环境，构造出最优的关系模式，建立数据库及其应用系统，使之能够有效地存储数据，满足各种用户的需求。数据库设计的好坏，对于一个数据库应用系统的效率、性能及功

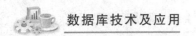

能等起着至关重要的作用。

1．数据库设计的一般步骤

数据库设计目前一般采用生命周期法，即将整个数据库应用系统的开发分解成目标独立的若干阶段，它们是需求分析阶段、概念结构设计阶段、逻辑结构设计阶段、数据库物理设计阶段、数据库实施阶段、数据库运行和维护阶段。

（1）需求分析。全面、准确了解用户的实际要求。对用户的需求进行分析主要包括 3 方面的内容。

① 信息需求。即用户要从数据库获得的信息内容。信息需求定义了数据库应用系统应该提供的所有信息，注意描述清楚系统中数据的数据类型。

② 处理要求。即需要对数据完成什么处理功能及处理的方式。处理需求定义了系统的数据处理的操作，应注意操作执行的场合、频率、操作对数据的影响等。

③ 安全性和完整性要求。在定义信息需求和处理需求的同时必须相应确定安全性、完整性约束。

（2）概念结构设计。即设计数据库的概念结构。概念结构设计是整个数据库设计的关键，它通过对用户需求进行综合、归纳与抽象，形成一个独立于具体 DBMS 的概念模型。

（3）逻辑结构设计。逻辑结构设计是将抽象的概念结构转换为所选用的 DBMS 支持的数据模型，并对其进行优化。

（4）数据库物理设计。数据库物理设计是对为逻辑数据模型选取一个最适合应用环境的物理结构（包括存储结构和存取方法）。

（5）数据库实施。在数据库实施阶段，设计人员运用 DBMS 提供的数据语言及其宿主语言，根据逻辑设计和物理设计的结果建立数据库，编制与调试应用程序，组织数据入库，并进行试运行。

（6）数据库运行和维护。数据库应用系统经过测试、试运行后即可投入正式运行。在数据库系统运行过程中必须不断地对其进行评价、调整与修改。

2．用 Access 设计数据库的步骤

对于关系数据库，可以利用 Access 来开发数据库应用系统，设计步骤如下：

（1）需求分析。在分析过程中，要确定建立数据库的目的，首先要与数据库的使用人员多交流，尽管收集资料阶段的工作非常烦琐，但必须耐心细致地了解现行业务处理流程，收集全部数据资料，如报表、合同、档案、单据、计划等，所有这些信息在后面的设计步骤中都要用到，这有助于确定数据库保存哪些信息。

（2）确定需要的表。可以着手将需求信息划分成各个独立的实体，例如教师、学生、选课等。每个实体都可以设计为数据库中的一个表。

（3）确定所需字段。确定在每个表中要保存哪些字段，确定关键字，字段中要保存数据的数据类型和数据的长度。通过对这些字段的显示或计算应能够得到所有需求信息。

（4）确定联系。对每个表进行分析，确定一个表中的数据和其他表中的数据有何联系。必要时可在表中加入一个字段或创建一个新表来明确联系。

（5）设计求精。对设计进一步分析，查找其中的错误；创建表，在表中加入几个示例数据记录，考察能否从表中得到想要的结果，需要时可调整设计。

在初始设计时，难免会发生错误或遗漏数据。这只是一个初步方案，以后可以对设计方案进一步完善。完成初步设计后，可以利用示例数据对表单、报表的原型进行测试。Access 很容易在创建数据库时对原设计方案进行修改。如果在数据库中载入了大量数据或报表之后，再修改这些表就比较困难了。正因为如此，在开发应用系统之前，应确保设计方案尽量合理。

1.3.3　数据库设计过程

创建数据库首先要分析建立数据库的目的，再确定数据库中的表、表的结构、主关键字及表之间的关系。下面将遵循前面给出的设计原则和步骤，以"学籍管理"数据库的设计为例，具体介绍在 Access 中设计数据库的过程。

例如，某学校学籍管理的主要工作包括教师管理、学生管理和学生选课成绩管理等几项，学生选课成绩信息表如图 1.20 所示。

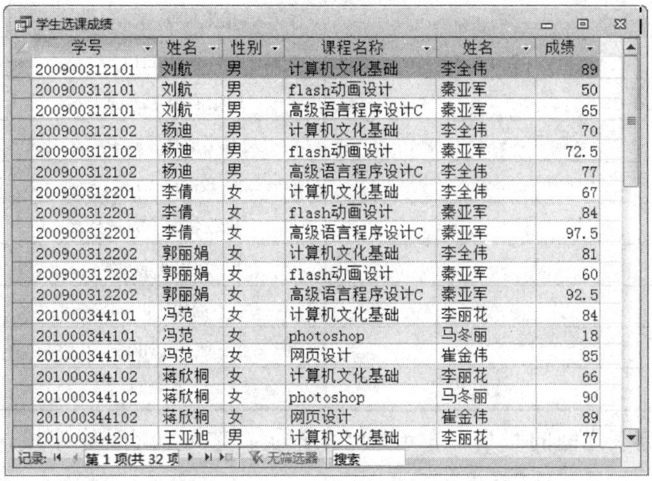

学生选课成绩

学号	姓名	性别	课程名称	姓名	成绩
200900312101	刘航	男	计算机文化基础	李全伟	89
200900312101	刘航	男	flash动画设计	秦亚军	50
200900312101	刘航	男	高级语言程序设计C	秦亚军	65
200900312102	杨迪	男	计算机文化基础	李全伟	70
200900312102	杨迪	男	flash动画设计	秦亚军	72.5
200900312102	杨迪	男	高级语言程序设计C	李全伟	77
200900312201	李倩	女	计算机文化基础	李全伟	67
200900312201	李倩	女	flash动画设计	秦亚军	84
200900312201	李倩	女	高级语言程序设计C	秦亚军	97.5
200900312202	郭丽娟	女	计算机文化基础	李全伟	81
200900312202	郭丽娟	女	flash动画设计	秦亚军	60
200900312202	郭丽娟	女	高级语言程序设计C	秦亚军	92.5
201000344101	冯范	女	计算机文化基础	李丽花	84
201000344101	冯范	女	photoshop	马冬丽	18
201000344101	冯范	女	网页设计	崔金伟	85
201000344102	蒋欣桐	女	计算机文化基础	李丽花	66
201000344102	蒋欣桐	女	photoshop	马冬丽	90
201000344102	蒋欣桐	女	网页设计	崔金伟	89
201000344201	王亚旭	男	计算机文化基础	李丽花	77

记录: 第 1 项(共 32 项) 无筛选器 搜索

图 1.20　学生选课成绩信息

1. 需求分析

对用户的需求进行分析，主要包括 3 方面的内容：信息需求、处理要求、安全性和完整性要求。针对该例，对学籍管理工作进行了解和分析，可以确定建立“学籍管理”数据库的目的是解决学籍信息的组织和管理问题，主要任务应包括教师信息管理、课程信息管理、学生信息管理和选课成绩情况管理等。

2. 确定数据库中的表

表是关系数据库的基本信息结构，确定表往往是数据库设计过程中最难处理的步骤。在设计表时，应该按以下设计原则对信息进行分类。

（1）表不应包含重复信息，表间不应有重复信息。如果每条信息只保存在一个表中，只需在一处进行更新，这样效率更高，同时也消除了包含不同信息的重复项的可能性。

（2）每个表应该只包含关于一个主题的信息。如果每个表只包含关于一个主题的事件，则可以独立于其他主题维护每个主题的信息。

根据这个原则，可以确定，在“学籍管理”数据库中设计“教师”“课程”“学生”“选课成绩”等表，分别存放教师信息、课程信息、学生信息和学生选课成绩信息。

3. 确定表中的字段

每个表中包含同一主题的信息，并且表中的每个字段包含该主题的各个事件。在确定每个表的字段时，应遵循以下原则。

（1）每个字段直接与表的主题相关。

（2）表中的字段必须是原始数据，即不包含推导或计算的数据。

（3）包含所需的所有信息。

（4）以最小的逻辑部分保存信息。

（5）确定主关键字字段。

根据这个原则，可以确定 4 个表的字段和主关键字如表 1.1 所示。

表 1.1　学籍管理基本表设计

教师	课程	学生	选课成绩
工号（gh）	课程号（kch）	学号（xh）	学号（xh）
姓名（xm）	课程名（kcm）	姓名（xm）	课程号（kch）
性别（xb）	课程性质（kcxz）	性别（xb）	教师号（gh）

续表

教师	课程	学生	选课成绩
工作时间（gzsj）	学时（xs）	出生日期（csrq）	开课学期（kkxq）
职称（zc）	学分（xf）	民族（mz）	成绩（cj）
学位（xw）		政治面貌（zzmm）	
所在院系（yxh）		高考成绩（gkcj）	
		入校时间（rxsj）	
		班级名称（bjmc）	
		籍贯（jg）	
		简历（jl）	
		照片（zp）	
工号	课程号	学号	学号+课程号

主关键字主要用来确定表之间的联系，表示每一条记录。它可以是一个字段，也可以是一组字段，但必须是唯一的、不可重复的。

4．确定表间的关系

为各个表定义了主关键字之后，还要确定表之间的关系，将相关信息结合起来形成一个关系型数据库。表之间的联系有 3 种类型，即一对一、一对多和多对多联系。图 1.21 所示为"学籍管理"数据库中表之间的联系。

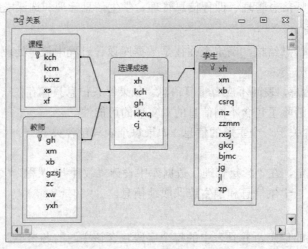

图 1.21　表间关系

5．设计求精

通过前面的几个步骤，设计完需要的表、字段和关系后，就应该检查该设计方案并找出任何可能存在的不足，如是否遗忘了字段、是否包含重复信息、是否设计了正确的主关键字等。因为在现在改变数据库的设计要比在以后开发过程中更改已经装满数据的表容易得多。

习　题　1

一、选择题

1．在数据管理技术发展的三个阶段中，数据共享最好的是（　　）。

　　A．人工管理阶段　　　　　　　　　　B．文件系统阶段

　　C．数据库系统阶段　　　　　　　　　D．三个阶段相同

2．层次型、网状型和关系型数据库划分原则是（　　　）。

    A．记录长度

    B．文件的大小

    C．联系的复杂程度

    D．数据之间的联系方式

3．数据管理经过若干发展阶段，下列（　　　）不属于发展阶段。

    A．人工管理阶段

    B．机械管理阶段

    C．文件系统阶段

    D．数据库系统阶段

4．数据库 DB、数据库系统 DBS、数据库管理系统 DBMS 之间的关系是（　　　）。

    A．DB 包含 DBS 和 DBMS

    B．DBMS 包含 DBS 和 DB

    C．DBS 包含 DBMS 和 DB

    D．没有任何关系

5．下列模型中，能够给出数据库物理存储结构与物理存取方法的是（　　　）。

    A．外模式　　　　　B．物理模型　　　　　C．概念模型　　　　　D．逻辑模型

6．下列叙述中正确的是（　　　）。

    A．数据库系统是一个独立的系统，不需要操作系统的支持

    B．数据库技术的根本目标是要解决数据的共享问题

    C．数据库管理系统就是数据库系统

    D．以上三种说法都不正确

7．数据库管理系统是（　　　）。

    A．操作系统的一部分

    B．在操作系统支持下的系统软件

    C．一种编译系统

    D．一种操作系统

8．数据库管理系统应具备的功能不包括（　　　）。

    A．数据定义

    B．数据操作

    C．数据库的运行、控制、维护

    D．协同计算机各种硬件联合工作

9．下列关于关系数据库中数据表的描述正确的是（　　　）。

    A．数据表相互之间存在联系，但用独立的文件名保存

    B．数据表相互之间存在联系，是用表名表示相互间的联系

    C．数据表相互之间不存在联系，完全独立

    D．数据表既相对独立，又相互联系

10．下列叙述中正确的是（　　　）。

    A．为了建立一个关系，首先要构造数据的逻辑关系

    B．表示关系的二维表中各元组的每一个分量还可以分成若干数据项

    C．一个关系的属性名表称为关系模式

    D．一个关系可以包括多个二维表

11．用二维表来表示实体及实体之间联系的数据模型是（　　　）。

    A．实体-联系模型

    B．层次模型

    C．网状模型

    D．关系模型

12．在学生表中要查找年龄大于 18 岁的男学生，所进行的操作属于关系运算中的（　　　）。

    A．投影　　　　　　B．选择　　　　　　C．连接　　　　　　D．自然连接

13．负责数据库中查询操作的数据库语言是（　　　）。

    A．数据定义语言

    B．数据管理语言

    C．数据操纵语言

    D．数据控制语言

14．一个教师可讲授多门课程，一门课程可由多个教师讲授。则实体教师和课程间的联系是（　　　）。

    A．1:1 联系　　　　B．1:m 联系　　　　C．m:1 联系　　　　D．m:n 联系

15．在关系数据模型中，域是指（　　　）。

    A．记录　　　　　　B．属性　　　　　　C．字段　　　　　　D．属性的取值范围

16. 下列关于数据库设计的叙述中正确的是（   ）。
    A. 在需求分析阶段建立数据字典　　　　B. 在概念设计阶段建立数据字典
    C. 在逻辑设计阶段建立数据字典　　　　D. 在物理设计阶段建立数据字典

17. 按数据的组织形式，数据库的数据模型可分为（   ）。
    A. 小型、中型、大型　　　　　　　　　B. 网状、环状、链状
    C. 层次、网状、关系　　　　　　　　　D. 独享、共享、实时

18. 一个工作人员可以使用多台计算机，而一台计算机可被多个人使用，则实体工作人员与实体计算机之间的联系是（   ）。
    A. 一对一　　　　　B. 一对多　　　　　C. 多对多　　　　　D. 多对一

19. 在学生基本信息表中寻找姓王的男性学生，属于（   ）操作。
    A. 选择　　　　　　B. 投影　　　　　　C. 连接　　　　　　D. 比较

20. 在学生管理关系数据库中，存取一个学生信息的数据单位是（   ）。
    A. 文件　　　　　　B. 数据库　　　　　C. 字段　　　　　　D. 记录

21. 关系的完整性不包括（   ）。
    A. 实体完整性约束　　　　　　　　　　B. 列完整性约束
    C. 参照完整性约束　　　　　　　　　　D. 域完整性约束

22. 数据库中有 A、B 两张表，均有相同的字段 C，在两个表中 C 是主键，如果通过 C 字段建立两表的关系，则该关系为（   ）。
    A. 一对一　　　　　B. 一对多　　　　　C. 多对多　　　　　D. 不能建立关系

23. 下列叙述中错误的是（   ）。
    A. 在数据库系统中，数据的物理结构必须与逻辑结构一致
    B. 数据库技术的根本目标是解决数据的共享问题
    C. 数据库设计是指在已有数据库管理系统的基础上建立数据库
    D. 数据库系统需要操作系统的支持

24. 在关系数据库中，能够唯一地标识一条记录的属性或属性的组合称为（   ）。
    A. 关键字　　　　　B. 属性　　　　　　C. 关系　　　　　　D. 域

25. 在现实世界中，每个人都有自己的出生地，实体人和出生地之间的联系是（   ）。
    A. 一对一联系　　　B. 一对多联系　　　C. 多对多联系　　　D. 无联系

26. 在关系运算中，选择运算的含义是（   ）。
    A. 在基本表中，选择满足条件的元组组成一个新的关系
    B. 在基本表中，选择需要的属性组成一个新的关系
    C. 在基本表中，选择满足条件的元组和属性组成一个新的关系
    D. 以上三种说法均是正确的

27. 一间宿舍可以住多个学生，则实体宿舍和学生之间的联系是（   ）。
    A. 一对一联系　　　B. 一对多联系　　　C. 多对一联系　　　D. 多对多联系

28. 软件生命周期中的活动不包括（   ）。
    A. 需求分析　　　　B. 市场调研　　　　C. 软件测试　　　　D. 软件维护

29. 在数据库设计过程中，需求分析包括（   ）。
    A. 信息需求　　　　　　　　　　　　　B. 处理需求
    C. 安全性和完整性需求　　　　　　　　D. 以上全包括

二、填空题

1. 数据处理是将_____转换成_____的过程。

2. 数据模型按数据组织形式分为_____、_____、_____和_____4种类型。

3．数据库系统的核心是_____。

4．在数据库管理系统提供的数据定义语言、数据操纵语言和数据控制语言中，_____负责数据的模式定义与数据的物理存取构建。

5．长期存储在计算机内的、有组织、可共享的数据集合称为_____。

6．在进行关系数据库的逻辑设计时，E-R 图中的属性常被转换为关系中的属性，联系通常被转换为_____。

7．在关系数据库中，从关系中找出满足给定条件的元组，该操作称为_____。

8．在关系数据库中，从关系中找出若干列，该操作称为_____。

9．在关系数据库中，将两个关系通过一定规律合并为一个，而且新关系的列多于两个关系的任一个，该操作称为_____。

10．人员的基本信息一般包括身份证号、姓名、性别、年龄等，其中可以作为主关键字的是_____。

11．如果表中一个字段不是本表的主关键字，而是另外一个表的主关键字或候选关键字，这个字段称为_____。

12．在关系运算中从关系模式中指定若干属性组成新的关系，该关系运算称为_____。

13．在关系数据库中用来表示实体之间联系的是_____。

14．有一个学生选课的关系，其中学生的关系模式为：学生（学号，姓名，班级，年龄），课程的关系模式为：课程（课号，课程名，学时），其中两个关系模式的主键分别是学号和课号，则关系模式选课可定义为：选课（学号，_____，成绩）。

15．在二维表中，元组的_____不能再分成更小的数据项。

16．在关系数据库中，基本的关系运算有 3 种，即选择、投影和_____。

17．实体之间的联系可抽象为 3 类，即_____、_____、_____。

18．数据库设计的 4 个阶段是需求分析、概念设计、逻辑设计和_____。

三、简答题

1．简述数据库管理的发展历程。

2．什么是数据、数据库、数据库管理系统、数据库系统？

3．关系数据库有哪些特点？

4．简述数据库的设计原则。

5．简述数据库设计的一般步骤。

6．试设计一个关系数据库，并进行简要的分析。

第 2 章
Access 2010 系统概述

Access 2010 是微软公司开发的基于 Windows 操作系统的关系数据库管理系统。作为 Microsoft Office 2010 系列软件包的产品之一，它具有典型的 Windows 风格，Access 2010 为用户提供了高效、易学易用和功能强大的数据库管理功能。

教学目标

- 了解 Access 的发展历史。
- 了解 Access 2010 的新功能。
- 掌握 Access 2010 的用户界面操作。
- 掌握数据库的创建与使用。

2.1　Access 2010 的新功能

Microsoft Access 是一种关系型桌面数据库管理系统，是当今流行的数据库软件之一。经过较长的发展历程，其版本自 1.0 之后相继经历了 2.0、7.0/95、8.0/97、9.0/2000、10.0/2002、2010、2016 等多个版本。

Access 2010 提供了很多的工具选项和向导，即使没有任何编程经验的人，也可以通过可视化的操作完成大部分的数据库管理和开发工作。对于数据库开发人员来说，Access 2010 提供了 VBA（Visual Basic Application）编程语言和相应的开发调试环境，可用于开发高性能、高质量的桌面数据库应用系统。Access 2010 可以作为一个客户端开发工具进行数据库应用系统开发；既可以开发方便易用的小型软件，也可以用来开发大型的应用系统。

Microsoft 开发 Access 2010 的主要目标是改进新用户对该软件的可用性，同时提高老用户和开发人员的生产率。Access 2010 中最为新颖的几个功能如下：

1．全新的用户界面

Access 2010 的用户界面较之以前发生了变化，功能区取代了以前版本中的菜单和工具栏。导航窗格取代并扩展了数据库窗口的功能。Access 2010 中新增的 Backstage 视图包含应用于整个数据库的命令，例如压缩、修复或打开新数据库。命令排列在屏幕左侧的选项卡上，并且每个选项卡都包含一组相关命令或链接。例如，如果单击"新建"，将会显示一组按钮。可利用这些按钮从头创建新数据库，或从经过专业化设计的数据库模板库中选择一个模板来创建新数据库。

2．导航窗格

导航窗格形成了一种专门的分层"导航"选项卡，列出了当前打开的数据库中的所有对象，允许用户在不同窗体之间通过单击就能实现导航。用户可以轻松地折叠导航窗格，使之占用极少的空间。

3．选项卡式对象

在 Access 2010 的默认情况下，表、查询、窗体、报表和宏在 Access 窗口中都显示为选项卡式的对象。

4．增强的安全性

在 Access 2007 中引入了一个新的安全模型，Access 2010 继承了此安全模型，并且对其进行了改进。统一的信任决定与 Microsoft Office 信任中心相集成，通过受信任位置，可以很方便地信任安全文件夹中的所有数据库，可以加载禁用了的代码或者宏的 Office Access 2007 应用程序，以提供更安全的"沙盒"（即不安全的命令不得运行）体验。受信任的宏以沙盒模式运行。

5．使用 InfoPath 表单和 Outlook 收集数据

Access 2010 引入的数据收集功能，可帮助用户使用 Outlook 以及 InfoPath 来收集或者反馈信息，可以自动生成 InfoPath 表单或 HTML 表单，然后可以方便地将其嵌入到电子邮件的正文中，还可以将该表单发送给从 Outlook 联系人中选择的收件人，或者发送给存储在 Access 2010 数据库中的收件人。

6．获取帮助

如果我们在学习的过程中如有疑问，Access 2010 还新增了丰富的帮助信息。用户可以按【F1】键或单击功能区右侧的问号按钮获取帮助。

用户还可以在 Backstage 视图中找到"帮助"，善于使用帮助也是一种重要的学习能力。

7．数据宏

Access 2010 将宏视为完整的对象，并且 Access 团队鼓励新用户和有经验的开发人员使用宏。

8．良好的兼容性

Access 2010 不但能访问早期版本的数据库，还可以访问其他多种格式的数据库，支持 ODBC 标准的 SQL 数据库的数据，为和其他类型数据库系统之间的数据交换、共享提供了方便。

9．不同格式文件的转换

在 Access 2010 中，可以将数据导出到 Excel、Word 和文本文件中，也可以将 Excel、Word 和文本文件导入到 Access 2010 数据库中。

10．强大的网络功能

Access 2010 提供了编程工具 VBA，可以开发面向对象的数据库应用程序。

总体来说，在学习 Access 2010 的功能与特点时，既要考虑到其作为关系数据库管理系统所具有的特有功能，也要考虑到其作为 Microsoft Office 的一部分而具备的共同特性。

2.2 Access 2010 数据库对象的组成

Access 2010 数据库是由表、查询、窗体、报表、宏和模块这 6 个对象组成的，各个对象之间存在着一定的依赖关系，其中表是数据库的核心，这些对象间有机地结合，构成了一个完整的数据库应用程序。

2.2.1 表

数据表（Table）是数据库中一个非常重要的对象，是其他对象的核心基础，所有数据都存储在表中，报表、查询等都是从表中获取基础数据源。在创建数据表之前，要根据数据库设计的基本原则，设计数据表的结构。再把总结出来的数据信息，根据其分类的情况，创建合适的数据表。表由记录组成，记录由字段组成，一个数据库中可能包含若干个数据表，这些表间通常会建立一定的关系，通过关系可以将不同表中的数据项联系起来，以方便使用。单个数据表如图 2.1 所示。

学号	姓名	性别	出生日期	民族	政治面貌	入校时间	高考成绩	班级名称	籍贯	简历
200900312101	刘航	男	1989-11-12	汉族	团员	2009-09-15	478	外语091	陕西省咸阳市	毕业于兴平一高
200900312102	杨迪	男	1987-05-09	藏族	群众	2009-09-15	485	外语091	河南省洛阳市	毕业于洛阳一高
200900312201	李倩	女	1989-09-05	汉族	群众	2009-09-15	490	外语092	河南省南阳市	毕业于南阳一高
200900312202	郭丽娟	女	1987-10-12	藏族	党员	2009-09-15	468	外语092	陕西省延安市	毕业于延安三高
201000344101	冯范	女	1990-08-15	汉族	党员	2010-09-01	450	工设101	四川省泸州市	毕业于泸州二
201000344102	蒋欣桐	女	1989-06-15	汉族	团员	2010-09-01	420	工设101	吉林省长春市	毕业于长春市二
201000344201	王亚旭	男	1989-12-15	汉族	群众	2010-09-01	412	工设102	河南省周口一	毕业于周口一高
201000344202	杨东方	男	1990-03-05	汉族	团员	2010-09-01	430	工设102	广东省广州市	毕业于广州市二
201100344101	祈雅菲	女	1992-05-04	回族	团员	2011-09-10	560	工设111	河南省唐河县	毕业于唐河一高
201100344201	贾晓嫚	女	1991-10-12	汉族	群众	2011-09-10	550	工设111	河南省南阳市	毕业于南阳一高
201100344201	张洁天	男	1990-06-01	汉族	群众	2011-09-10	520	工设112	陕西省西安市	毕业于西安三高
201100344202	张惠普	男	1989-04-23	回族		2011-09-10	523	工设112		毕业于开封市

图 2.1 数据表

2.2.2 查询

查询（Query）是数据库中对数据进行检索的对象，用于从指定的数据源中提取用户需要的数据集合。从某种程度上说，查询是数据库设计目标的体现。在日常生活中，用户对数据库的操作多数也是集中在查询方面的。

在进行数据库操作时，有时可能需要对一个表中的部分数据进行处理，如"查看选课学生的学号及考试成绩，并以降序排列"，可以通过建立查询来检索和查看数据。图 2.2 所示为一个学生选课成绩查询。

Access 2010 提供了多种查询方式，能够方便地检索、浏览和加工数据。查询的数据源是表或其他查询。

学号	姓名	课程号	课程名称	课程性质	教师姓名	开课学期	成绩
200900312101	刘航	990801	计算机文化基础	必修	李全伟	2009-2010-1	89
200900312101	刘航	990802	flash动画设计	选修	秦亚军	2009-2010-2	50
200900312101	刘航	990803	高级语言程序设计C	必修	秦亚军	2010-2011-1	65
200900312102	杨迪	990801	计算机文化基础	必修	李全伟	2009-2010-1	70
200900312102	杨迪	990802	flash动画设计	选修	秦亚军	2009-2010-2	72.5
200900312102	杨迪	990803	高级语言程序设计C	必修	李全伟	2010-2011-1	77
200900312201	李倩	990801	计算机文化基础	必修	李全伟	2009-2010-1	67
200900312201	李倩	990802	flash动画设计	选修	秦亚军	2009-2010-2	84
200900312201	李倩	990803	高级语言程序设计C	必修	秦亚军	2010-2011-1	97.5
200900312202	郭丽娟	990801	计算机文化基础	必修	李全伟	2009-2010-1	81
200900312202	郭丽娟	990802	flash动画设计	选修	秦亚军	2009-2010-2	60
200900312202	郭丽娟	990803	高级语言程序设计C	必修	秦亚军	2010-2011-1	92.5
201000344101	冯范	990801	计算机文化基础	必修	李丽花	2010-2011-1	84
201000344101	冯范	990805	photoshop	选修	马冬丽	2010-2011-2	18
201000344101	冯范	990807	网页设计	必修	崔金伟	2011-2012-1	85
201000344102	蒋欣桐	990801	计算机文化基础	必修	李丽花	2010-2011-1	66
201000344102	蒋欣桐	990805	photoshop	选修	马冬丽	2010-2011-2	90
201000344102	蒋欣桐	990807	网页设计	必修	崔金伟	2011-2012-1	89
201000344201	王亚旭	990801	计算机文化基础	必修	李丽花	2010-2011-1	77
201000344201	王亚旭	990805	photoshop	选修	马冬丽	2010-2011-2	68
201000344201	王亚旭	990807	网页设计	必修	崔金伟	2011-2012-1	72
201000344202	杨东方	990801	计算机文化基础	必修	李丽花	2010-2011-1	83
201000344202	杨东方	990805	photoshop	选修	马冬丽	2010-2011-2	90.5
201000344202	杨东方	990807	网页设计	必修	崔金伟	2011-2012-1	88
201100344101	祈雅菲	990801	计算机文化基础	必修	李全伟	2011-2012-1	89
201100344101	祈雅菲	990803	高级语言程序设计C	必修	李全伟	2011-2012-2	66
201100344102	贾晓嫚	990801	计算机文化基础	必修	李全伟	2011-2012-1	93
201100344102	贾晓嫚	990803	高级语言程序设计C	必修	李全伟	2011-2012-2	95

图 2.2　学生选课成绩查询

2.2.3 窗体

窗体（Form）是用户与数据库应用系统进行人机交互的界面。窗体给用户提供一个更加友好的操作对象，用户可以通过添加"标签""文本框""命令按钮"等控件，直观地查看、输入或更改表中的数据。窗体是数据库中应用最多的一个对象。图 2.3 所示为一个班级窗体。窗体的数据源可以是表或查询。

窗体的用途主要有以下几方面：

① 数据的查看与输入。
② 控制应用程序的流程。
③ 自定义对话框：为用户提供系统的信息。
④ 打印数据库信息。

图 2.3　班级窗体

2.2.4 报表

报表（Report）是用表格、图表等格式显示数据的有效对象。它可根据用户需求重组数据表中的数据，并按特定格式显示或打印，多数报表是为了打印输出的需要而设计的。

报表不仅可以将数据以设定的格式进行显示和打印，同时还可以对有关的数据实现汇总、求平均、求和等计算。利用报表设计器可以设计出各种类型的报表。报表对象的数据源可以是表或查询。图 2.4 所示为一个选课成绩报表。

图 2.4　选课成绩报表

2.2.5　宏

宏（Macro）是 Access 2010 数据库中一个或多个操作（命令）的集合，每个操作都对应 Access 的某个特定功能。宏可以将若干个操作组合在一起，以简化一些经常性的操作。通过宏，用户可以完成大多数数据处理任务，甚至可以开发一个具有一定功能的数据库应用系统。图 2.5 所示为创建的一个宏。

利用宏可以使大量的重复性操作自动完成，以方便对数据库的管理和维护，如打开和关闭窗体、显示和隐藏工具栏、运行并打印报表等。实现这些操作的自动化，可以极大地提高操作效率。

2.2.6　模块

模块（Module）是 Access 2010 数据库 VBA 编程的一个重要对象，模块通常与过程联系在一起。模块可以由几个过程组成，每个过程实现一定的功能，利用模块可以把数据库中的各个对象连接在一起，从而构成一个完整的系统。模块与宏具有相似的功能，都可以运行特定的操作。

Access 2010 中的模块是用 Access 2010 支持的 VBA 语言编写的程序段集合。图 2.6 所示为一个模块代码，用于实现数据库较为复杂的操作。创建模块对象的过程也就是使用 VBA 编写程序的过程。模块是数据库中的基础构件，其内部的代码对实现数据库的应用非常重要。

学习并掌握了各种 Access 数据库对象的功能、创建方法及其应用之后，也就具备了应用 Access 数据库的能力。

图 2.5　宏

图 2.6　模块

2.3　Access 2010 的启动和退出

在 Windows 操作系统中，启动和关闭 Access 2010 类似平常的一个应用程序的操作。启动后的 Access 2010 窗口也继承了微软公司产品的一贯风格，操作相似。

2.3.1　Access 2010 的启动

Access 2010 的常用启动方法如下：单击"开始"按钮，选择"所有程序"→"Microsoft Office"→"Microsoft Access 2010"命令，启动后的窗口（Backstage 视图）如图 2.7 所示。

图 2.7　Backstage 视图

2.3.2 Access 2010 的退出

当完成数据库的相关操作后，应该进行正常的退出。退出 Access 2010 有以下几种方法：

（1）单击"文件"选项卡中的"退出"命令。

（2）单击 Access 2010 窗口右上角的"关闭"按钮。

（3）按【Alt+Space】组合键，在弹出的快捷菜单中选择"关闭"命令。

（4）按【Alt+F4】组合键。

> 🔒 **说 明**
>
> 退出时要及时保存相关信息，如果意外地退出 Access 2010，可能会损坏数据库文件。

2.4 Access 2010 的主界面

Access 2010 具有简明的图形化界面，界面布局随着操作对象的变化而变化。Access 2010 启动后，出现的窗口按其显示格式大体可分为两类。第一类是 Backstage 视图类的窗口，第二类是含有功能区和导航窗格的 Access 2010 窗口界面，Access 2010 窗口界面如图 2.8 所示。

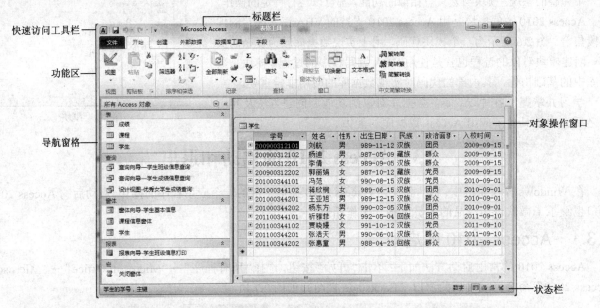

图 2.8　Access 2010 窗口界面

1．标题栏

标题栏由标题、自定义快速访问工具栏，以及"最小化"按钮、"最大化"按钮和"关闭"按钮组成。

2．功能区

功能区是主要命令界面。位于标题栏的下方，由多个命令选项卡组成，每个选项卡被分成若干个组，每组包含相关功能的命令按钮。

3．工作区

工作区分为左右 2 个区域，左边区域是数据库导航窗格，显示 Access 的所有对象，用户使用该窗口选择或切换数据库对象；右边区域是数据库对象窗口，用户通过该窗口实现对数据库对象的操作。

4．状态栏

状态栏位于窗口底部，用于显示数据库管理系统的工作状态。

5．快速访问工具栏

快速访问工具栏是一个可以自己定制的工具栏，一般放在标题栏的左边。它提供了常用的文件操作命令，用户可以根据需要对快速访问工具栏进行设置。

2.5 Access 2010 的命令选项卡

Access 2010 的功能区包括"文件""开始""创建""外部数据""数据库工具"等选项卡，此外，在对数据库对象进行操作时，还将打开上下文命令选项卡。

1."开始"选项卡

"开始"选项卡包括"视图""剪贴板""排序和筛选""记录""查找""窗口""文本格式""中文简繁转换"组，如图 2.9 所示。利用该选项卡可以实现视图的切换，数据库对象或者记录的复制与粘贴，记录的创建、保存、删除等操作。

图 2.9 "开始"选项卡

2."创建"选项卡

"创建"选项卡包括"模板""表格""查询""窗体""报表""宏与代码"组，如图 2.10 所示。利用该选项卡可以使用模板或者自行创建表、查询、窗体、报表、宏等数据库对象，也可以创建应用程序。

图 2.10 "创建"选项卡

3."外部数据"选项卡

"外部数据"选项卡包括"导入并链接""导出""收集数据"组，如图 2.11 所示。利用该选项卡可以进行数据库的导入和导出，也可以创建应用程序。

图 2.11 "外部数据"选项卡

4."数据库工具"选项卡

"数据库工具"选项卡包括"工具""宏""关系""分析""移动数据""加载项"组，如图 2.12 所示。利用该选项卡可以创建和查看表间的关系、启动 VB 程序编辑器、运行宏、在不同数据库之间移动数据。

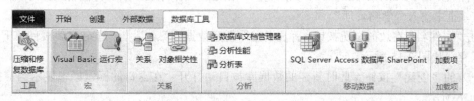

图 2.12 "数据库工具"选项卡

5．"文件"选项卡

"文件"选项卡是一个特殊的选项卡，与其他选项卡的结构、布局有所不同，单击"文件"选项卡，打开文件窗口，如图 2.13 所示。窗口被分成左右两个窗格，左侧窗格显示与文件相关的命令，右侧窗格显示执行不同命令的结果。

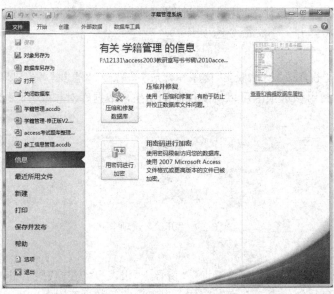

图 2.13 "文件"选项卡

6．上下文命令选项卡

上下文命令选项卡可以根据所选对象状态的不同自动显示或者关闭，为用户带来极大的方便。

2.6 创建数据库

在 Access 2010 中，用户可以通过单击"文件"选项卡中的"新建"命令来创建数据库。创建出来的数据库文件存储在磁盘上，数据库文件的默认扩展名为.accdb。在数据库创建之后，可以修改或者扩充数据库。

2.6.1 创建空数据库

利用 Access 2010 数据库管理系统创建一个空数据库。下面以创建"学籍管理"数据库的设计为例，具体讲述在 Access 2010 中创建数据库的方法与过程。

【例 2.1】在 Access 2010 中，要求在 F 盘根目录下的文件夹"数据库实例"中创建一个名为"学籍管理.accdb"的数据库。

具体操作步骤如下：

（1）启动 Access 2010，在 Access 2010 Backstage 视图中，默认选定了其左侧窗格的"新建"命令，并在其右侧窗格中显示"可用模板"列表，如图 2.14 所示。

（2）在图 2.14 中，单击"可用模板"列表中的"空数据库"，此时 Access 2010 按新建文件的次序自动给出了一个文件名，如"Datebase1.accdb"。如果用户不指定新数据库名，系统将使用默认的文件名。本例中在"文件名"文本框中输入"学籍管理"。

（3）单击"文件名"右边的浏览按钮，弹出"文件新建数据库"对话框，选定 F 盘根目录下的文件夹"数据库实例"保存，如图 2.15 所示。

单击右下方的"创建"按钮。此时新建的数据库被自动打开。在窗口的标题栏中显示当前打开的数据库名称，如图 2.16 所示。

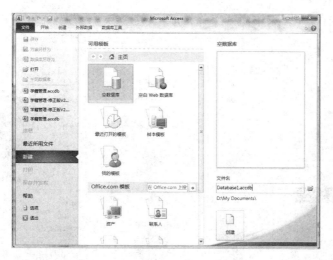

图 2.14　模板界面

图 2.15　设置存储路径

图 2.16　打开新建的数据库

2.6.2　利用样本模板创建数据库

Access 2010 产品附带有样本模板，如"学生""教职员""营销项目""联系人 Web 数据库"等，也可以从 Office.com 下载更多模板。通过这些模板可以很方便地创建基于该模板的数据库及含有专业设计的表、窗体、报表等数据库对象，为用户使用提供了很大的便利。

【例 2.2】利用"学生"模板创建一个"学生"数据库，存放在 F 盘根目录下的"数据库实例"文件夹中。

具体操作步骤如下：

（1）单击"文件"选项卡中的"新建"命令，打开"新建"窗格，单击"样本模板"，如图 2.17 所示。

（2）在列出的模板中选择"学生"模板，并在右侧窗格中选择文件保存路径，输入数据库文件名，单击"创建"按钮，系统将自动完成数据库的创建。创建的数据库如图 2.18 所示。

（3）可以看到：在"学生"数据库中，系统自动创建了表、查询、窗体、报表等对象，用户可以根据自己的需要在表中输入数据。

在实际数据库的创建过程中，利用模板创建的数据库往往不能满足用户的需求，需要先找到与设计要求比较接近的数据库模板创建数据库，然后根据需要在其基础上进行修改。

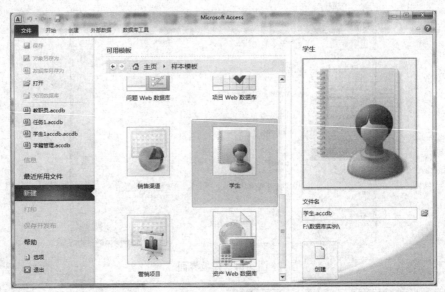

图 2.17 样本模板

图 2.18 创建的数据库

2.7 数据库的打开与关闭

数据库建立完毕后，对数据库进行访问时，需要打开数据库，访问后需要将数据库关闭。打开数据库是指将数据库文件调入到内存。打开数据库后，可以对数据库其他对象进行操作。关闭数据库是指将数据库的文件退出内存。

2.7.1 打开数据库文件

打开数据库文件的操作步骤如下：

（1）启动 Access 2010，单击"文件"选项卡中的"打开"命令，弹出"打开"对话框。

（2）在"打开"对话框中，选择数据库文件所在的文件夹，在"文件名"文本框中输入要打开的数据库文件名，或在文件列表中直接选择数据库的文件名，然后单击"打开"按钮，此时数据库文件将被打开，数据库中的所有对象将出现在窗口中。

（3）若要以其他方式打开该数据库，则单击"打开"按钮右侧的下拉按钮，弹出下拉菜单，如图 2.19 所示，再选择其中的某一种打开方式即可。

图 2.19　"打开"按钮的下拉菜单

 说明：

数据库的打开方式有以下几种：

（1）打开。如果选择"打开"命令，被打开的数据库可以被网络中的其他用户共享，这是默认的数据库文件打开方式。

（2）以只读方式打开数据库。以只读方式打开的数据库，只能对其查看而不能对其编辑。也就是说以只读方式打开的数据库，只能对数据库中的对象进行浏览而不能对这些对象修改，可以防止误操作而修改数据库。

（3）以独占方式打开数据库。使用独占方式打开数据库后，其他用户不能再打开该数据库，这样可以有效保护自己在网络上的数据库不被修改。

（4）以独占只读方式打开数据库。独占只读方式打开的数据库具有独占和只读两种特性，即其他用户不能再打开该数据库，并且只能对数据库中的对象进行浏览而不能对这些对象进行修改。

2.7.2　关闭数据库文件

为了保证数据信息的安全性，操作结束后必须先进行保存，再正常退出该系统。关闭数据库是指将数据库从内存中清除，数据库窗口予以关闭。

关闭数据库有以下几种方法：

（1）单击"文件"选项卡中的"关闭数据库"命令。

（2）单击"文件"选项卡中的"退出"命令。

（3）单击数据库窗口右上角的"关闭"按钮。

习　题　2

一、单选题

1. 打开某个 Access 2010 数据库之后，双击导航窗格上表对象列表中的某个表名，便可打开该表的（　　）。

　　A．关系视图　　　　B．查询视图　　　　C．设计视图　　　　D．数据表视图

2. 在 Access 2010 数据库中，任何事物都被称为（　　）。

　　A．方法　　　　　　B．对象　　　　　　C．属性　　　　　　D．事件

3. Access 2010 数据库是一个（　　）系统。

　　A．人事管理　　　　B．数据库　　　　　C．数据库管理　　　D．财务管理

4. 在 Access 2010 数据库中，表、查询、窗体、报表、宏、模块 6 个数据库对象都（　　）独立的数据库文件。

　　A．可存储为　　　　B．不可存储为　　　C．可部分存储为　　D．可部分不可存储为

二、多选题

1. 在 Access 2010 数据库中，关于数据表的说法错误的是（　　）。

　　A．表中每一列元素必须是相同的数据　　　B．在表中不可以含有图形数据

　　C．表是数据库的对象之一　　　　　　　　D．一个数据库只能含有一个数据库表

2. 在 Access 2010 数据库中，"文件"选项卡中的命令包括（　　）。

　　A．打开　　　　　　B．编辑　　　　　　C．新建　　　　　　D．格式

3. 在 Access 2010 窗口中，"外部数据"选项卡中包括（　　）组。

    A．导入并链接   B．编辑   C．导出   D．收集数据

4．关系数据库中的数据表必具有的性质是（　　）。

    A．数据项不可再分   B．同一列数据项要具有相同的数据类型

    C．记录的顺序可以任意排列   D．字段的顺序不能任意排列

5．可以安全退出 Access 2010 的方法是（　　）。

    A．单击"文件"选项卡中的"退出"命令   B．单击窗口右上角的"关闭"按钮

    C．按【Esc】键   D．按【Alt+F4】组合键

三、填空题

1．Access 2010 数据库是由_____、_____、_____、_____、_____、_____ 6 个对象组成的。

2．以独占只读方式打开的数据库具有_____和_____的特性，其他用户不能再打开该数据库。

3．Access 2010 数据库文件的默认扩展名为_____。

4．对表中某一字段建立索引时，若其值有重复，可选择_____索引。

5．Access 2010 在同一时间，可打开_____个数据库。

四、判断题

1．在 Access 2010 数据库中，打开某个数据表后，可以修改该表和其他表之间已经建立的关系。（　　）

2．如果字段文件为声音文件，则该字段类型需要被定义成备注型。（　　）

3．"数据表视图"是按行列实现数据表中的数据。（　　）

4．设有部门和员工两个实体，每个员工只能属于一个部门，一个部门可以有多名员工，则部门与员工实体之间的联系类型是一对多。（　　）

5．数据库中没有数据冗余。（　　）

五、上机练习题

1．启动 Access 2010，熟悉其操作界面环境。

2．创建一个数据库，名称为"职工信息管理"，将该数据库保存至 D 盘"职工信息管理"文件夹中。

3．尝试用不同方法反复打开、关闭和保存"职工信息管理"数据库。

第 3 章
数据表的设计

在 Access 2010 中，数据表是数据库中非常重要的对象之一，是所有数据的存储基础，也是查询、窗体、报表、宏这些对象的操作基础。数据表就是关系，是数据库中唯一存储数据的对象，其对应着实际的二维表。能否设计完成一个好的数据表结构，对整个数据库系统的高效运行起到了非常重要的作用。

教学目标

- 了解数据表的结构和设计方法，能够根据实际应用正确设计字段。
- 掌握数据表的创建与修改方法。
- 掌握主键及索引的创建方法。
- 熟悉并掌握数据表间的关系及建立关联的方法。
- 掌握数据表的各项基本操作。
- 掌握美化数据表外观的方法。

3.1　数据表概述

在数据库中，数据表是其实质的内容，数据表就是关系。一般来说，数据表就是特定主题的信息集合。根据信息的分类情况，一个数据库中可能包含若干个数据表。通过建立数据表之间的关系，就可以将存储在不同表中的信息关联起来。因此，表的结构是否合理，可以说是整个数据库的关键所在。

数据表的结构是数据表的基础，建立表结构的重点是确定表中字段名称，为每个字段定义其数据类型，并为字段设置相应的字段属性。

数据表将数据组织成列（称为字段）和行（称为记录）的二维表格形式，如图 3.1 所示。数据表由表结构和表内容组成。表结构包括每个字段的字段名、字段的数据类型和字段的属性等，表内容就是表的记录。第 1 行是各个字段的名称，从表结构的第 2 行开始，每一行称为一条记录。每一列字段名称下的数据称为字段值，同一列只能存放类型相同的数据。创建表就是先定义表的结构，然后再输入数据。

工号	姓名	性别	工作时间	职称	学位	所在院系号
3501	李全伟	男	2000/9/7	讲师	硕士	4103
3502	秦亚军	男	1995/7/1	副教授	硕士	4103
3503	李丽花	女	1990/9/1	教授	学士	4103
3504	马冬丽	女	1996/9/1	教授	博士	4101
3505	崔金伟	男	2008/7/1	助教	博士	4101
3506	王磊	男	2009/7/9	助教	硕士	4102

图 3.1　教师表

3.1.1　字段的命名

字段名称用来标识表中的字段。同一数据表中的字段名称不可重复。在其他数据库对象中，如果要引用表中的数据，必须指定字段的名称。

在 Access 2010 数据库中，字段名的命名有以下规定。

（1）字段名最长为 64 个字符。

（2）可以包含字母、数字、空格及特殊的字符（除句号（.）、感叹号（!）、重音符号（`）和方括号（[]）之外）的任意组合。

（3）不能以先导空格开头。

（4）不能包含控制字符（从 0 到 31 的 ASCII 值所对应的字符）。

3.1.2 字段的数据类型

字段的数据类型决定了该字段所要保存数据的类型。不同数据类型的存储方式、存储数据的长度、在计算机内所占有的空间等均有所不同。Access 2010 数据库中有 12 种数据类型，其中计算字段和附件这两种类型是新增加的数据类型。

1. 文本

文本类型的字段用于保存文字的数据，如姓名、籍贯、毕业院校等信息；也可以用于存放一些不需要计算的数字数据，如电话号码、身份证号码、邮政编号等。

文本类型字段最多存放 255 个字符，可以通过"字段大小"属性来设置文本类型字段最多可容纳的字符数。

2. 备注

备注类型的字段一般用于保存比较长（超过 255 个字符）的文本信息，如个人特长、获奖信息、文章正文等。备注类型的字段最多可以保存 65 535 个字符。

3. 数字

数字类型的字段用于保存需要进行数值计算的数据，如成绩、业绩、工龄等。当被定义为数字类型时，为了有效地处理不同类型的数值，可以通过"字段大小"属性指定如下几种类型的数值。

（1）字节：字段大小为 1 字节，保存 0～255 的整数。

（2）整型：字段大小为 2 字节，保存 -32 768～32 767 的整数。

（3）长整型：字段大小为 4 字节，保存 -2 147 483 648～2 147 483 647 的整数。

（4）单精度：字段大小为 4 字节，保存 $-3.402\,823 \times 10^{38}$～$3.402\,823 \times 10^{38}$ 的实数。

（5）双精度：字段大小为 8 字节，保存 $-1.797\,34 \times 10^{308}$～$1.797\,34 \times 10^{308}$ 的实数。

（6）同步复制 ID：字段大小为 16 字节，用于存储同步复制所需的全局唯一标识符。

（7）小数：字段大小为 12 字节，用于范围在 $-9.999\cdots \times 10^{27}$～$9.999\cdots \times 10^{27}$ 的数值。当选择该类型时，"精度"属性是指包括小数点前后的所有数字的位数，"数值范围"属性是指定小数点后面可存储的最大位数。

4. 日期/时间

字段大小定义为 8 个字节，可用于保存 100 到 9999 年份的日期、时间或日期时间的组合，如出生日期、入学日期等。

5. 货币

字段大小定义为 8 个字节，用于保存货币值。其整数部分的精度为 15 位，小数部分为 4 位。

6. 自动编号

自动编号型数据是一种比较特殊的类型，当向数据表中添加一条记录时，自动编号的字段数据无须输入，由 Access 自动指定唯一的顺序号（每行增加的值为 1）。自动编号的数据与相应的记录是永久连接的，不允许用户修改。如果删除数据表中含有自动编号字段的某个记录，Access 也不再使用已删除的自动编号型字段的数值，而是按递增的规律赋值。

自动编号型字段的大小为 4 字节，以长整数形式存于数据表中，每个数据表中最多只能包含一个自动编号型的字段。

7．是/否

是/否类型实际是布尔型，用于存储只有两个值的逻辑型数据，字段大小定义为 1 字节。取值为"真"或"假"。一般"真"用 Yes、True 或 On 表示，"假"用 No、False 或 Off 表示。

8．OLE 对象

OLE 对象的数据类型是指在字段中可以"链接"或"嵌入"其他应用程序所创建的 OLE 对象（如 Microsoft Word 文档、Microsoft Excel 电子表格、图像、声音等）。

OLE 对象只能在窗体或报表中用控件显示，不能对 OLE 对象型字段进行排序、索引和分组。

9．超链接

超链接类型用于存放链接到本地或者网络上资源的地址，可以是文本或文本和数字的组合，以文本形式存储，用作超链接地址。

10．查阅向导

查阅向导型的字段为用户建立了一个列表。输入数据时，用户可以在列表中选择一个值以存储到字段中。列表的内容可以来自表或查询，也可以来自定义的一组固定不变的值。例如，将"性别"字段设为查阅向导型，设置完成后只要在"男"和"女"两个值中选择即可。

11．计算字段

计算字段用于存储，根据同一数据表中的其他字段计算而来的结果值，字段大小定义为 8 字节。计算不能引用其他表中的字段，可以使用表达式生成器来创建计算。

12．附件

附件类型可以将图像、电子表格、Word 文档等文件附加到记录中，类似于在邮件中添加附件的操作。对于某些文件类型，系统会在添加附件时，对其自动进行压缩，压缩后的附件最大可存储 2GB，未压缩的附件为 700 KB。

3.1.3　数据表结构设计实例

数据表的结构由字段决定。在建立数据表之前，首先要设计好数据表的结构，数据表结构的设计主要包括字段名称、字段类型和字段属性的设置。同时还要确定好索引字段，准备好要输入的数据。

根据数据库表的设计原则，确定"学籍管理"数据库系统中有 7 个数据表，分别用于存放不同的数据信息，各个数据表的结构设计如表 3.1～表 3.7 所示。

表 3.1　"班级"表

字段名	bjmc	bjrs	yxh
字段类型	文本	数字	文本
字段大小	20	整型	4

表 3.2　"教师"表

字段名	gh	xm	xb	gzsj	zc	xw	yxh
字段类型	文本	文本	文本	日期/时间	文本	文本	文本
字段大小	4	50	50	短日期	10	6	4

表 3.3　"课程"表

字段名	kch	kcm	kcxz	xs	xf
字段类型	文本	文本	文本	数字	数字
字段大小	6	40	10	整型	整型

表 3.4 "学生"表

字段名	xh	xm	xb	csrq	mz	zzmm	rxsj	gkcj	bjmc	jg	jl	zp
字段类型	文本	文本	文本	日期/时间	文本	文本	日期/时间	数字	文本	文本	备注	OLE 对象
字段大小	12	8	2	短日期	12	4	短日期	整型	20	20		

表 3.5 "选课成绩"表

字段名	xh	kch	gh	Kkxq	cj
字段类型	文本	文本	文本	文本	数字
字段大小	12	6	4	11	单精度型

表 3.6 "院系"表

字段名	yxh	yxmc	bgdh
字段类型	文本	文本	文本
字段大小	4	30	13

表 3.7 "学生费用"表

字段名	xh	zxdk	knbz	jxj	qgzx	xf	zsf	sbf
字段类型	文本	货币	货币	货币	货币	货币	货币	货币
字段大小	50							

3.2 创建数据表

在使用 Access 创建数据表之前，首先要设计好数据表的结构，创建数据表的任务就是具体地实现设计好的表结构，并且按要求输入数据。在 Access 2010 中提供了 4 种创建数据表的方法。

（1）使用数据表视图创建表。

（2）使用设计视图创建表。

（3）使用 SharePoint 列表创建表。

（4）利用外部数据创建表。

Access 2010 与前期版本相比，不再使用表向导创建新表，增加了新的利用 SharePoint 列表创建表的方法，用户可以从网站上的 SharePoint 列表导入表，或者使用预定义模板创建 SharePoint 列表。

关于利用外部数据创建数据表的方法将在第 9 章详细介绍，本节具体介绍如何使用数据表视图和设计视图创建数据表。

3.2.1 创建数据表

1．使用数据表视图创建数据表

使用数据表视图创建表是 Access 2010 提供的一种方便快捷的创建表的方法。用户在定义表结构的同时还可以输入数据。

【例 3.1】使用数据表视图创建"班级"表，表的结构参考表 3.1。

具体操作步骤如下：

（1）启动 Access 2010，打开之前创建的"学籍管理"数据库。

（2）在"创建"选项卡的"表格"组中，单击"表"按钮，系统将创建一个默认名为"表 1"的新表，并打开数据表视图，如图 3.2 所示。

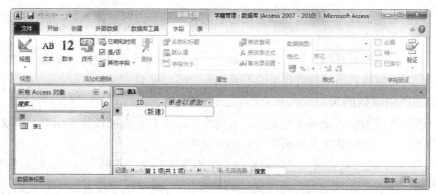

图 3.2 数据表视图

（3）在数据表视图中，第 1 列用于定义主关键字字段，第 2 列起用于定义其他字段。选中第 1 列，切换到"表格工具/字段"选项卡，单击"属性"组中的"名称和标题"按钮，弹出"输入字段属性"对话框，如图 3.3 所示。

（4）在"名称"文本框中输入"bjmc"，在"标题"文本框中输入"班级名称"，如图 3.4 所示，单击"确定"按钮。

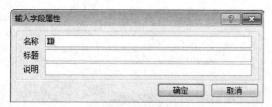

图 3.3 "输入字段属性"对话框

图 3.4 输入字段名称

（5）在"格式"组中的"数据类型"下拉列表框中选择"文本"，在"属性"组中设置"字段大小"的值为 20，如图 3.5 所示。至此，完成"bjmc"字段的定义。

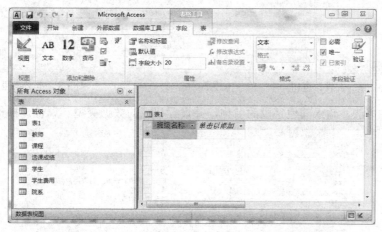

图 3.5 定义字段

（6）单击"单击以添加"下拉按钮，在"字段类型"下拉菜单中选择"数字"，这样则添加了一个数字型字段，字段初始名称为"字段 1"，与前面的操作方法类似，将"字段 1"重命名为"班级人数"，在"格式"组中的"格式"下拉列表框中选择"常规数字"，完成"班级人数"字段的定义。

（7）重复步骤（6）添加"yxh"字段，并设置字段的大小。

（8）在快速访问工具栏中单击"保存"按钮，弹出"另存为"对话框，输入表名称"班级"，如图 3.6 所示，单击"确定"按钮，完成表的创建。

图 3.6 "另存为"对话框

完成数据表结构的创建后，可以直接在该视图下输入表的记录内容，输入时，在字段名称下方的单元格中依次输入数据。

通常情况下，使用"数据表视图"创建的数据表，一般都不能满足用户的实际需求，因此可以使用更加灵活的"设计视图"对该数据表的结构进行必要的修改。

2．使用设计视图创建数据表

使用"设计视图"创建数据表是最常用的创建表的方法。在数据表的设计视图中，不仅能确定数据表的字段名称，同时还能确定字段的数据类型和字段属性的设置。

【例3.2】使用数据表的设计视图在"学籍管理"数据库中创建"教师"表，表的结构参考表3.2。

具体操作步骤如下：

（1）打开"学籍管理"数据库。

（2）在"创建"选项卡的"表格"组中，单击"表设计"按钮，打开表的设计视图，如图3.7所示。

数据表的设计视图分为上、下两部分，上半部分是字段输入区，包括字段选定器、字段名称列、数据类型列和说明列，下半部分是字段属性区，用于设置字段的属性。

（3）在"字段名称"列输入字段的名称"gh"，在"数据类型"列的下拉列表中选择"文本"，在"字段属性"区设置"字段大小"为"4"，"标题"为"工号"，如图3.8所示。

图 3.7　表设计窗口

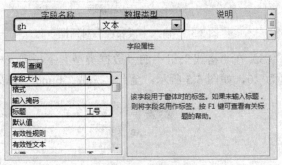

图 3.8　定义字段

（4）使用同样的方法，输入其他字段的名称，并设置相应的数据类型和属性，操作结果如图3.9所示。

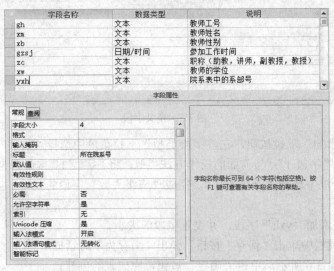

图 3.9　表的设计

（5）单击“保存”按钮，弹出“另存为”对话框，输入表名称“教师”，单击“确定”按钮，弹出图 3.10 所示的对话框，系统提示尚未定义主键，单击“否”按钮，暂时不去设定主键。

Microsoft Access
尚未定义主键。
主键不是必需的，但应尽量定义主键。一个表，只有定义了主键，才能定义该表与数据库中其他表间的关系。
是否创建主键？
是(Y)
否(N)
取消

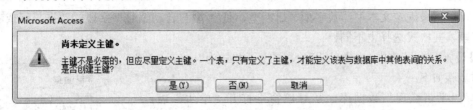

图 3.10　提示对话框

（6）单击“视图”选项卡中的“视图”按钮，切换到“数据表视图”，可以在该视图中输入表的数据，如图 3.11 所示。

可以通过以上操作方法依次建立“学籍管理”数据库中所需的其他数据表。

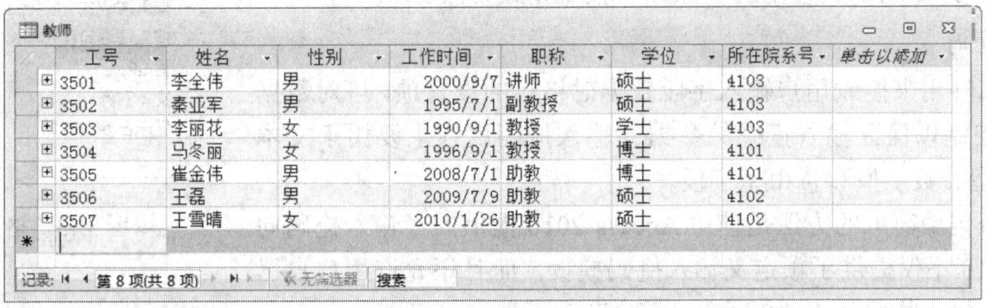

教师
工号 姓名 性别 工作时间 职称 学位 所在院系号 单击以添加
3501 李全伟 男 2000/9/7 讲师 硕士 4103
3502 秦亚军 男 1995/7/1 副教授 硕士 4103
3503 李丽花 女 1990/9/1 教授 学士 4103
3504 马冬丽 女 1996/9/1 教授 博士 4101
3505 崔金伟 男 2008/7/1 助教 博士 4101
3506 王磊 男 2009/7/9 助教 硕士 4102
3507 王雪晴 女 2010/1/26 助教 硕士 4102
记录: 第 8 项(共 8 项)
无筛选器
搜索

图 3.11　“教师”表

3.2.2　字段属性的设置

字段的属性决定了如何存储和显示字段中的记录数据。每种类型的字段都有一个特定的属性集，对于不同数据类型的字段，它所拥有的字段属性是不同的。

字段属性是在设计视图的字段属性区完成的。图 3.12 所示为“教师”表中“工号”字段的字段属性。

字段名称 数据类型 说明
gh 文本 教师工号
xm 文本 教师姓名
xb 文本 教师性别
gzsj 日期/时间 参加工作时间
zc 文本 职称（助教，讲师，副教授，教授）
xw 文本 教师的学位
字段属性
常规 查阅
字段大小 4
格式
输入掩码
标题 工号
默认值
有效性规则
有效性文本
必需 否
允许空字符串 是
索引 无
Unicode 压缩 是
输入法模式 开启
输入法语句模式 无转化
智能标记
字段名称最长可到 64 个字符(包括空格)。按 F1 键可查看有关字段名称的帮助。

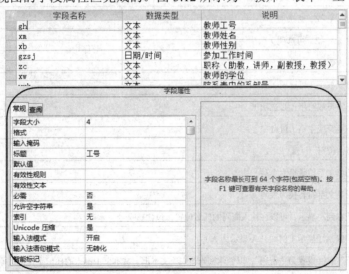

图 3.12　“字段属性”设置

在图示区域里可以设置字段的各个属性，各属性的具体意义介绍如下。

1．字段大小

字段的大小用于设置和存储字段中数据的最大长度或数值的取值范围，只有文本和数值类型才可以选择。文本类型的字段宽度一般为 1～255 个字符，系统默认为 255 个字符。数字型字段可以在其对应的字段大小属性单元格中自带的下拉列表中选择一种类型，如整型、长整形、单精度等。

2．格式属性

格式属性可以用来规定文本型、数字型、日期型、是/否型与自动编号型字段的数据显示或者打印格式。不同类型的字段，其格式选择也不同。

【例3.3】设置"学生"表中"出生日期"字段的显示格式为"yy-mm-dd"。

具体操作步骤如下：

（1）打开"学籍管理"数据库，从导航窗格打开"学生"表。

（2）单击"视图"按钮（或者单击"视图"下拉按钮，在弹出的菜单中选择"设计视图"命令），打开"学生"表的设计视图。

（3）在表的设计视图中单击"csrq"字段，在字段属性区中单击"格式"属性框右边的下拉按钮，从下拉列表中选择"中日期"格式，如图3.13所示。

（4）单击快速启动工具栏中的"保存"按钮完成修改。

3．输入掩码

输入掩码属性用来控制用户输入字段数据时格式的设置项，可对数据输入做更多的控制以保证输入正确的数据。输入掩码属性主要用于文本型、日期/时间型、数字型和货币型字段。

设置输入掩码最简单的方法是使用 Access 2010 提供的"输入掩码向导"。Access 2010 不仅提供了预定义输入掩码模板，而且还允许用户自己定义输入掩码，输入掩码如表3.8所示。

常规 查阅	
格式	中日期 ▼
输入掩码	
标题	出生日期
默认值	
有效性规则	
有效性文本	
必需	否
索引	无
输入法模式	关闭
输入法语句模式	无转化
智能标记	
文本对齐	常规
显示日期选取器	为日期

图 3.13　格式属性设置

表 3.8　输入掩码表

格 式 字 符	说　明
0	必须输入数字（0~9，必选项）；不允许使用加号（+）和减号（−）
9	可以输入数字或空格（非必选项）；不允许使用加号和减号
#	可以输入数字或空格（非必选项）；空白将转换为空格，允许使用加号和减号
L	必须输入字母（A~Z，必选项）
?	可以输入字母（A~Z，可选项）
A	必须输入字母或数字（必选项）
a	可以输入字母或数字（可选项）
&	必须输入任一字符或空格（必选项）
C	可以输入任一字符或空格（可选项）
.	十进制小数点占位符
<	使其后所有的英文字符转换为小写
>	使其后所有的英文字符转换为大写
!	使输入掩码从右到左显示，可以在输入掩码的任意位置，包含感叹号
\	使其后的字符以原样显示（例如，\A 显示为 A）
密码	将"输入掩码"属性设置为"密码"，以创建密码输入项文本框。文本框中键入的任何字符都按原字符保存，但显示为星号（*）
,	千位分隔符
:	日期和时间分隔符
;	分隔符字符
/	分隔符字符
−	分隔符字符

【例 3.4】设置"教师表"中参加工作时间的格式为"中日期"。

具体操作步骤如下：

（1）打开"教师"表的设计视图。

（2）在表的设计视图中单击"gzsj"字段，在字段属性区中单击"输入掩码"属性框右边的按钮▣，打开输入掩码向导，如图 3.14 所示，从输入掩码列表中选择"中日期"格式，单击"下一步"按钮。

（3）在如图 3.15 所示的输入掩码向导中，在"占位符"下拉列表中选择输入数据时的占位符（如*、_、#、$、@、%等），系统默认的占位符是下画线，一般不做修改。

图 3.14　输入掩码向导之一　　　　　　　图 3.15　输入掩码向导之二

4．标题设置

在显示表数据时，表中列的栏目名称将显示"标题"属性值，而不显示字段名称。

5．默认值

为字段设置默认值后，再向数据表中增加记录时，Access 2010 会自动为字段输入设定的默认值。

【例 3.5】将"学生"表中性别字段的默认值设置为"男"。

具体操作步骤如下：

（1）打开"学生"表的设计视图。

（2）在表的设计视图中单击"xb"字段，在字段属性区的默认值属性框中输入"男"，如图 3.16 所示。

6．有效性规则和有效性文本

有效性规则是指输入到字段中数据的值域，有效性文本是指当输入的数据不符合有效性规则时显示的出错信息提示。有效性规则通常是一个表达式，可以直接在"有效性规则"文本框中输入，也可以单击其右边的▣按钮，在弹出的"表达式生成器"对话框中完成。

【例 3.6】设置"选课成绩"表中"cj"字段的有效性规则为"cj>=0 And cj<=100"；出错的提示信息为"成绩应该介于 0-100 之间"。

具体操作步骤如下：

（1）打开"选课成绩"表的设计视图。

（2）在表的设计视图中单击"cj"字段，在字段属性区的"有效性规则"文本框中输入">=0 And <=100"，如图 3.17 所示；也可以单击其右边的▣按钮，在弹出的"表达式生成器"对话框中编辑生成，如图 3.18 所示。

图 3.16　默认值属性设置　　　　　　　图 3.17　设置有效性规则

设置完成后，当输入的成绩小于 0 或大于 100 时，就会弹出图 3.19 所示的提示信息对话框。

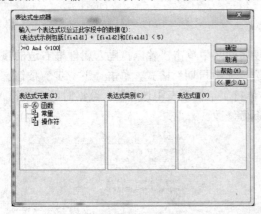

图 3.18 "表达式生成器"对话框   图 3.19 有效性规则和有效性文本测试

7. 必需

"必需"字段属性可以指定该字段中是否必须有值。字段属性取值只有"是"和"否"两项。当设置为"是"时，表示必须在字段中输入数据，不允许本字段为空。系统默认值为"否"。

8. 允许空字符串

允许空字符串的属性取值只有"是"和"否"两项，当设置为"是"时，表示字段可以不填写任何字符。

9. 索引

使用索引字段属性可以设置单一字段或多个字段的索引。索引是用于提高对索引字段的查询速度及加快排序与分组的操作。一般情况下，数据表中的记录顺序是由数据输入的先后顺序确定的，为了加快数据的检索与查询速度，利用索引技术是比较有效的方法。

索引说明：

（1）"无"：表示本字段无索引。

（2）"有（有重复）"：表示本字段有索引，但允许表中该字段数据重复。

（3）"有（无重复）"：表示本字段有索引，但不允许表中该字段数据重复。

（4）单字段索引名与字段名相同，是由 Access 自动定义的，不需要用户指定。

10. Unicode 压缩

Unicode 压缩的取值只有"是"和"否"两项，当被设置为"是"时，表示本字段中的数据可以存储和显示多种语言的文本。

11. 输入法模式

输入法模式有"开启"和"关闭"两个选项，若选择"开启"，则在向表中输入数据时，一旦该字段获得焦点，将自动打开设定的输入法。

3.2.3 索引和主键

1. 索引

索引的实质是按照某种规则确定出的数据表的一种逻辑排序。建立索引的目的是加快查询数据的速度。

Access 2010 允许用户给予单个字段或者多个字段创建记录的索引，一般可以将经常用于搜索或排序的单个字段设置为单字段索引；如果要同时搜索或排序两个或者两个以上的字段，可以创建多字段索引，多字段索引能够区分与第一个字段值相同的记录。

通常情况下，数据表中的记录是按照输入数据的顺序自动排列的。当用户需要对数据表中的信息进行快速检索、查询时，可以对数据表中的记录重新调整顺序。

索引不改变数据表中记录的排列顺序，而是按照排序关键字的顺序提取记录指针，生成索引文件。使用索引还是建立表之间关联关系的前提。

数据表中索引的建立是在表的设计视图中进行的。一般来说，创建索引的方法比较简单，但是针对数据表，要创建多少索引，每个索引的索引字段是什么等这些问题应该经过很好的设计。索引虽然可以提高数据库的检索速度，实际上过多的索引反而会降低数据检索的速度。在 Access 2010 中，除了 OLE 对象型、备注型、超链接和逻辑型字段不能建立索引外，其他类型的字段都可以建立索引。

在 Access 2010 数据表中，最多可以创建 32 个索引。索引在保存表时创建。在更改或添加记录时，索引可以自动更新。任何时候都可以在表设计视图中添加或者删除索引。索引是同一个数据库内各数据表间建立关联关系的必要前提。

索引按照功能可分为以下几种类型：

（1）唯一索引。索引字段的值不能重复。若给该字段输入了重复的数据，系统就会提示操作错误。若某个字段的值有重复，则不能创建唯一索引。一个表可以创建多个唯一索引。

（2）主索引。同一个表可以创建多个唯一索引，其中一个可设置为主索引，主索引字段称为主键。一个数据表只能创建一个主索引。

（3）普通索引。索引字段的值可以重复。一个表可以创建多个普通索引。

2．创建字段索引

1）通过字段属性创建索引

具体操作步骤如下：

（1）打开"学籍管理"数据库，从导航窗格打开"班级"表。

（2）单击"视图"按钮打开表的设计视图，或者单击"视图"下拉按钮，在弹出的菜单中选择"设计视图"命令，打开表的设计视图，选择"班级名称"字段，在字段属性栏设置"索引"项为"有（无重复）"，如图 3.20 所示。

2）通过"索引设计器"创建索引

具体操作步骤如下：

（1）打开"班级"表设计视图。

（2）单击"表格工具/设计"选项卡"显示/隐藏"组中的"索引"按钮，打开索引设计器，如图 3.21 所示。

（3）在"索引名称"中输入"班级名称"，在"字段名称"中选择"bjmc"，在"排序次序"中选择"升序"，在"索引属性"栏的"唯一索引"中选择"是"，如图 3.22 所示。

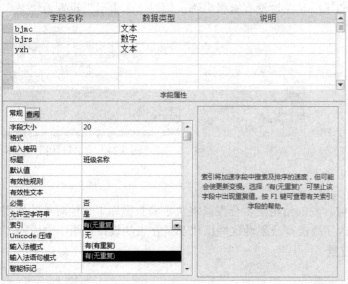

图 3.20　索引设置

图 3.21　索引设计器

图 3.22　索引设置

（4）关闭"索引"对话框，在设计视图字段属性栏的"索引"项中显示"有（无重复）"。

3．主键

主键又称主关键字、主码，是表中的一个或多个字段。它的值可以唯一地标识表中的某一条记录。在两个数据表的关系中，主键用来在一个表中引用来自于另一个表中的特定记录。主键是一种唯一关键字，是数据表定义的一部分，并且它可以唯一确定表中的数据，或者可以唯一确定一个实体。一个表不能有多个主键，并且主键的数据记录不能包含空值。

在 Access 2010 中，建议每个数据表设计一个主键，设置主键的同时也创建了索引，建立主键是建立一种特殊的索引。一个数据表只能有一个主键，若数据表设置了主键，则表的记录存取依赖于主键。这样在执行查询时可以加快查询速度。

1）单字段主键

单字段主键是一个字段的值可以确定表中的唯一记录。创建单字段主键的有以下两种方法。

（1）打开表设计视图，选中要创建主键的字段，单击"表格工具/设计"选项卡"工具"组中的"主键"按钮。

（2）右击要创建主键的字段，在弹出的快捷菜单中选择"主键"命令。

2）多字段主键

在不能保证任何单字段都包含唯一值时，可以将两个或者更多的字段组合指定为主键。多字段主键是多个字段组合的值以确定表中的唯一记录。设置多字段主键的方法是按住【Ctrl】键，分别单击各个字段的字段选择器，在选定了多个字段后，单击"表格工具/设计"选项卡"工具"组中的"主键"按钮。

3）自动编号型主键

一个数据表最多只能设计一个自动编号型字段，如果有此字段的话，可以设置为主键。一般情况下，在保存新建的数据表时，如果还没有设置主键，Access 2010 将询问是否要创建一个自动编号型主键，通常会选择"否"。

下面以"教师"表为例，对"教师姓名"和"性别"字段一起建立多字段主键。具体操作步骤如下：

（1）打开"教师"表设计视图。

（2）按住【Ctrl】键，分别单击选择"xm"字段和"xb"字段，在选定了这两个字段后，单击"表格工具/设计"选项卡"工具"组中的"主键"按钮，这样就为数据表定义了拥有两个字段的主键，如图 3.23 所示。

打开索引设计器，结果如图 3.24 所示。可以看出多字段主键也可以通过索引设计器建立，在索引名称 PrimaryKey 下关联两个字段 xm 和 xb，第二个字段 xb 左边没有索引名称；同时"主索引"设置为"是"即可建立多字段主键。

图 3.23　定义主键

图 3.24　索引设计器

3.2.4　编辑数据表的结构

在使用数据表之前，应该认真考查表的结构。表的结构是否合理，将决定着数据库中其他对象的实现难度。对数据表进行添加、删除、重命名等和修改字段类型或属性这些操作都是在表的设计视图中完成的。

1．添加、删除、重命名和移动字段的位置

1）添加字段

在数据表的设计视图中，可以进行添加新字段的操作。

添加字段的具体方法如下：

单击最后一个字段下面的行，然后在字段列表的底端输入新的字段名。如果想要在某一字段前添加字段，则单击要插入新行的位置，单击"表格工具/设计"选项卡"工具"组中的"插入行"按钮，如图 3.25 所示，在当前字段之前就出现了一个空行，输入新字段名称和相应属性即可。

　　2）删除字段

单击准备删除的字段名，单击"表格工具/设计"选项卡"工具"组中的"删除行"按钮，如图 3.25 所示，即可删除该字段。在删除字段的同时也删除该字段中的数据。

图 3.25　插入行与删除行

　　3）重命名字段

当某个字段的名称需要修改时，修改并不会影响该字段的数据，但是会直接影响其他基于该数据表建立的数据对象，所以如果修改了字段名，数据库其他对象中该字段的引用必须做相应的修改后方可生效。在设计视图中，单击要重命名的字段，输入新的字段名称，然后单击快速访问工具栏中的"保存"按钮即可。

2．修改字段的数据类型

若要修改数据表中的数据类型，可能会造成数据的丢失，所以在对相关数据进行修改前应该做好数据表的备份工作。

在设计视图中，可以十分简便地修改某字段的数据类型。为了保存修改，使其生效，在完成后切记单击快速访问工具栏中的"保存"按钮，此时系统弹出提示对话框，单击"是"按钮，不能进行转换的现有数据被从该字段中清除；若单击"否"按钮，则将数据恢复为原有的类型。

3．修改字段的属性

在设计视图中，可以通过"字段属性"栏的"常规"和"查阅"选项卡来修改或重新设置字段的各个属性。

3.2.5　编辑数据表的数据

数据表是整个数据库的基础，存储着大量的数据信息，使用数据库其实很大程度上是对数据表中的数据进行管理。在"学籍管理"数据库中，当某些情况发生变化（如学生学籍变动、教师评聘职称或调整工资等）时，就要及时对表中的数据进行调整和修改。

1．向表中添加与修改记录

使用数据库时，向数据库输入数据和修改数据，是对数据库必不可少的操作。下面以向"班级"表中添加和修改记录为例进行介绍，具体操作步骤如下：

（1）打开"学籍管理"数据库，从导航窗格打开"班级"表。从"班级"表的第 1 个空记录的第 1 个字段开始输入所需数据，如图 3.26 所示。

（2）输入要添加的记录"外语 100""30""4101"，如图 3.27 所示。

（3）如要修改已添加的记录，单击要修改的单元格，在单元格中修改相应记录即可。如将"外语 100"修改为"外语 111"，如图 3.28 所示。

图 3.26　"班级"窗格

图 3.27　输入记录

图 3.28　修改记录

（4）所有数据输入完以后，单击工具栏中的"保存"按钮即可。

2．选定与删除记录

在操作数据库的数据时，选定与删除记录也是比较常见的操作。下面以"班级"表为例进行介绍，具体操作步骤如下：

（1）打开"学籍管理"数据库，从导航窗格打开"班级"表。

（2）把光标移动到表的最左侧的灰色区域，此时光标变成向右的黑色箭头，单击即可选定该记录，如图3.29所示。

（3）如果要删除记录，右击要删除的记录，在弹出的快捷菜单中选择"删除记录"命令，如图3.30所示。

（4）在弹出的对话框中单击"是"按钮即可完成删除该记录的操作，如图3.31所示。

图 3.29　选择记录

图 3.30　删除记录

图 3.31　删除提示框

3.2.6　数据表的操作

在数据表的修改操作中，除了编辑数据表的结构、数据外，有时还需要对数据表进行复制、删除、重命名、打印等操作。

1．表的复制

具体操作步骤如下：

① 打开"学籍管理"数据库。

② 在导航窗格中选中"班级"数据表，单击"开始"选项卡"剪贴板"组中的"复制"按钮或右击"班级"数据表，在弹出的快捷菜单中选择"复制"命令。

③ 单击"开始"选项卡"剪贴板"组中的"粘贴"按钮，或直接右击，在弹出的快捷菜单中选择"粘贴"命令，弹出"粘贴表方式"对话框，如图3.32所示。

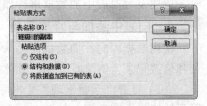
图 3.32　"粘贴表方式"对话框

④ 在"表名称"文本框中输入新的表名，并在"粘贴选项"区域选中"结构和数据"单选按钮，然后单击"确定"按钮，即完成表的复制操作。

2．表的删除

在数据库的使用过程中，会产生冗余，一些无用的数据表可以进行删除，用以释放所占用磁盘空间。

删除表的方法有以下几种。

（1）选中要删除的表，直接按【Delete】键。

（2）选中要删除的表，单击"开始"选项卡"记录"组中的"删除"按钮。

（3）选中要删除的表并右击，在弹出的快捷菜单中选择"删除"命令。

3．表的重命名

特殊情况下，需要对数据表名称进行重新命名。数据表的重命名也就是对表的名称进行修改。首先要确保需要重命名的表处于关闭状态，然后选中该表并右击，在弹出的快捷菜单中选择"重命名"命令，输入新的名称即可实现。

3.3 数据表的关系

数据库中通常都包含多个数据表。在一个数据库中查询某些数据信息时，经常需要在两个或者两个以上表的字段中查找和显示数据。如果两个表使用了共同的字段，就应该为这两个表建立一个关系，通过表间关系就可以找出一个表中的数据与另一个表中数据的关联方式。

数据表间的记录连接靠建立表间的关系来保证，所以在 Access 2010 数据库中，指定表间的关系非常重要。不同表中的数据之间都存在一种关系，这种关系将数据库里各表中的每条数据记录都和数据库中唯一的主题相联系。通过建立的联系，数据库变成了有机的整体，使得对一个数据的操作都成为数据库的整体操作。

通过对第 1 章的学习，我们知道数据表间的关系有 3 种类型，分别是"一对一""一对多""多对多"。在 Access 2010 中，一般都是在两个数据表之间直接建立"一对一"和"一对多"关系，而"多对多"关系则要通过"一对多"关系来实现。多数情况下，数据表之间的关系主要为一对多关系，我们将"一"端数据表称为主表，将"多"端数据表称为相关表（或子表）。

当创建数据表间关系时，还要遵从"参照完整性"规则，以保证实体之间的完整性。

3.3.1 表之间关系的建立

当建立好所需的数据表后，为了能更好地使用数据，往往需要建立数据表之间的关系。在建立表间的关系之前，必须关闭所有已经打开的数据表。如果要查看数据库中表的图形显示、每个表中的字段以及这些表之间的关系，可以使用"关系"窗口。"关系"窗口中提供了数据库的表和关系结构的总体情况，当需要创建或更改表之间的关系时，这些信息非常重要。

下面以在"学籍管理"数据库中创建"班级"表和"院系"表之间的关系为例，具体介绍数据表之间关系的建立过程。

在这两个数据表中，它们有共同的字段"院系号"，可以把"院系号"字段作为关联字段。具体的关系建立过程如下：

（1）打开"学籍管理"数据库，并用"院系号"字段分别为两个数据表创建索引。其中"院系"表中的"院系号"没有重复，故可以设置为主键。

（2）单击"数据库工具"选项卡"关系"组中的"关系"按钮，弹出"显示表"对话框，如图 3.33 所示。

（3）在"显示表"对话框中，将"院系"表和"班级"表添加到关系窗口中，如图 3.34 所示。

（4）连接两个表中的关联词。需要将一个数据表的相关字段拖动到另一个数据表中的相关字段的位置，此刻弹出"编辑关系"对话框，如图 3.35 所示。

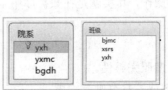

图 3.33 "显示表"对话框　　　　图 3.34 添加表　　　　图 3.35 编辑关系

（5）在"编辑关系"对话框中，显示两个表的参考关联字段，用户可以重新选择关联字段，还可以选中"实施参照完整性"复选框，如图 3.36 所示。单击"创建"按钮，返回到关系窗口，如图 3.37 所示。

图 3.36　"实施参照完整性"复选框

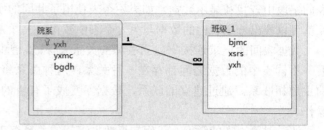

图 3.37　建立关系

（6）关闭"关系"窗口，保存数据库，完成数据表之间关系的创建。

使用同样的方法，可以建立其他数据表之间的关系。

若要删除已有的关系，先关闭所有已经打开的数据表，切换到数据库窗口，单击"数据库工具"选项卡"关系"组中的"关系"按钮，打开"关系"窗口，单击所要删除关系的关系连线（当选中时，关系线会变粗黑），然后按【Delete】键删除。

若要编辑已有的关系，也需要先关闭所有已经打开的数据表，切换到数据库窗口，单击"数据库工具"选项卡"关系"组中的"关系"按钮，打开"关系"窗口，双击要编辑关系的关系连线，弹出"编辑关系"对话框，在其中对关系的选项进行设置。

3.3.2　维护数据完整性和精确性

参照完整性就是指在数据库中规范数据表之间关系的一些规则，其作用就是保证数据库中表关系的完整性和拒绝能使表的关系变得无效的数据修改。参照完整性规则要求：

（1）不允许在"多"端的字段中输入 1 个"一"端主键不存在的值。

（2）如果某一记录有相关的记录存在于关系表中，那么数据库引擎不允许从"一"端删除这个记录（除非选择了级联删除相关字段，这样会同时删除"一"端和"多"端的记录，从而保证数据的完整性），因为如果允许又会出现第一种情况。

（3）如果某一记录有相关的记录存在于关系表中，那么数据库引擎不允许改变"一"端主键的值（除非选择了级联更新相关字段，这样会同时更新"一"端和"多"端的主键值，从而保证数据的完整性），因为如果允许又会出现第一种情况。

如果选择了"实施参照完整性"复选框，程序会检测用户输入的数据是否符合上面所说的"参照完整性规则要求"，如果违反上述规则，会给出提示并且不接受用户输入的数据；如果同时选择了"级联删除相关字段"复选框，从"一"端删除记录时，"多"端的相关记录同时被删除；如果选择了"级联更新相关字段"复选框，则允许更改"一"端连接字段，但同时"多"端的相关字段也同时被更改。为保证数据的完整性，应尽可能实施参照完整性。

在"编辑关系"对话框中，有 3 个复选框供用户选择，但前提是必须先选中"实施参照完整性"复选框，选中之后其他两个复选框才可用，如图 3.38 所示。这些选项的操作，其实就是在数据库中实施参照完整性。

1. 实施参照完整性

当满足下列全部条件时，可以设置参照完整性。

（1）主表中的匹配字段是一个主键或者具有唯一约束。

（2）相关联字段具有相同的数据类型。

图 3.38　"编辑关系"对话框

（3）两个表属于相同的数据库。

如果设置了"参照完整性"，则会有如下功能。

（1）不能在相关表的外键字段中输入不存在于主表的主键的值。例如，"院系"表中不存在院系号为"9901"这个院系，而用户试图在"班级"表输入某个班级信息时，院系号输入"9901"就会弹出错误，阻止了用户非法输入，原因是作为主表的"院系"表中不存在该院系号。

（2）如果在相关表中存在匹配的记录，则不能从主表中删除该记录。例如，"班级"表中某个班级的院系号为"4101"，如若试图删除主表"院系"表中院系号为"4101"的记录，则阻止此次执行。

（3）如果在相关表中存在匹配的记录，则不能在主表中更改主键的值。例如，"班级"表中有院系号为"4101"的记录，则不能将主表"院系"表中的院系号为"4101"的记录修改为其他值。

2．级联更新相关字段

在选中了"实施参照完整性"复选框后，如果选中了"级联更新相关字段"复选项，则不管何时更改主表中记录的主键，都会自动在所有相关表的相关记录中，将与该主键相关联的字段更新为新值。例如，将主表"院系"表中院系号为"4101"的记录修改为"9101"，则相关表"班级"表里所有院系号为"4101"的记录全部修改为"9101"。

3．级联删除相关字段

在选中了"实施参照完整性"复选框后，如果选中了"级联删除相关字段"复选项，则不管何时删除主表中的记录，都会自动删除相关表中的相关记录。例如，将主表"院系"表中院系号为"4101"的记录删除，则相关表"班级"表里所有院系号为"4101"的记录将全部删除。

3.3.3　关系的查看与编辑

当建立好数据表间的关系后，有时还要进行关系的查看、修改、隐藏、打印等操作，对关系的操作都可以通过"表格工具/设计"选项卡下的"工具"和"关系"组中的功能按钮来完成，如图 3.39 所示。

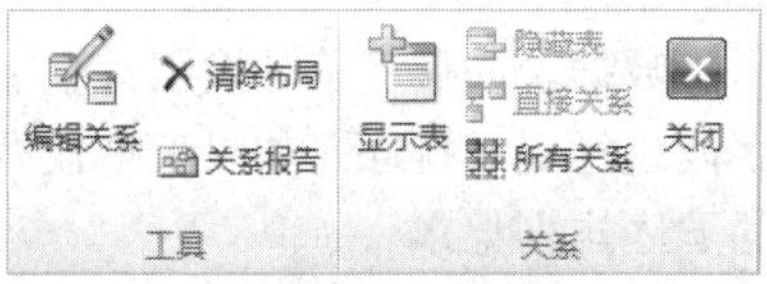

如图 3.39 所示，在这里可以编辑关系、清除布局、查看关系报告，还可以进行显示表、隐藏表、查看直接关系和所有关系的操作。

图 3.39　关系工具设置

在修改关系时，对已经存在的关系，单击此连接线，连接线会变黑加粗，右击连接线，在弹出的快捷菜单中选择"编辑关系"命令，或者双击关系连接线，弹出"编辑关系"对话框，从而可以进行关系的修改。

如果要删除已经建立的关系，可单击表间的连接线后按【Delete】键或右击，在弹出的快捷菜单中选择"删除"命令，可以把建立好的表间关系删除。若修改后的内容需要存储，注意保存。

3.3.4　子数据表的属性及使用

当两个数据表之间创建了一对多的关系时，这两个数据表之间就形成了父表和子表的关系，一般将"一"方所在的表称为主表，"多"方所在的表称为子数据表或子表。当使用父表时，可用方便地使用子表。只要通过插入子数据表的操作，就可以在父表打开时，浏览到子数据表的相关数据。子数据表的设置是在"属性表"栏设置完成的，如图 3.40 所示。

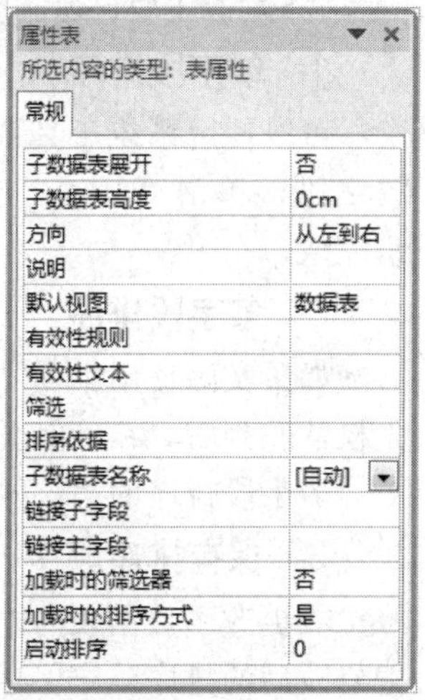

1．子数据表的浏览与折叠

创建完成数据表间的关系后，系统自动在"属性表"栏中的"子数据表名称"后显示"自动"，在主表的数据浏览窗口中可以看到左边新增了标有"+"的一列，如图 3.41 所示，这是父表与子表的关联符号。当单击"+"符号时，会展开子数据表，"+"变为"-"符号，单击"-"符号可以折叠子数据表。

图 3.40　属性表

2．子数据表的删除

删除子数据表是删除在数据表视图中父表与子表的符号"+"，删除后则不能在父表中浏览子表的数据，但不删除父表和子表间的关系，具体设置是将"属性表"栏中的"子数据表名称"设置为"无"即可。

3．子数据表的插入

在打开主表时，如需要查看子表的信息，可以通过插入子数据表的方法实现，具体设置是将"属性表"栏中的"子数据表名称"设置为"自动"或者通过设置表名和链接字段完成即可。

图 3.41 数据表

3.4 数据表的优化与调整

在数据库的实际使用中，数据表的信息是要根据用户的需求而随时进行优化调整的，所以数据表的排序、筛选、查找、替换、外观的美化等也需要了解并掌握。

3.4.1 排序表数据

数据表的排序就是按照某个字段内容的值重新排列数据记录。在默认情况下，Access 2010 按主键所在的字段进行记录排序，如果表中没有主键，则以输入数据的次序排序记录。在对数据检索和显示时，可按不同的顺序排列记录。

在 Access 2010 中，对记录排序采用的规则如下。

（1）英文字母按照字母顺序排序，不区分大小写。

（2）中文字符按照拼音字母的顺序排序。

（3）数字按照数值的大小排序。

（4）日期/时间型数据按照日期的先后顺序进行排序。

（5）备注型、超链接型和 OLE 对象型的字段不能排序。

1．单字段排序

可以使用系统工具直接排序，如图 3.42 所示。具体操作是选中需要排序的字段，单击"开始"选项卡"排序与筛选"组中的"升序"或"降序"按钮完成。

2．多字段排序

图 3.42 "排序与筛选"组

如果实际使用中需要将两个及两个以上的字段进行排序，要求这些字段在数据表中必须相邻。排序的优先权从左到右。在确保要排序的字段相邻后，选择这些字段，再单击"升序"或者"降序"按钮进行排列。

多字段排序的另一种方法是使用"高级筛选/排序"命令，详见 3.4.2 节的介绍。

3．保存排序顺序

在更改了数据表的排序顺序后，关闭数据表时系统会提示是否保存更改，一般情况下，单击"是"按钮，把修改后的排序顺序保存起来。当再次打开该表时，就会按照排序后的顺序显示出来。

3.4.2　筛选表数据

存放于数据表中的信息，有时需要有选择地进行查看。当要显示数据表或窗体中的某些而不是全部记录时，可使用筛选进行操作。筛选处理是对记录进行选择操作，此刻的选择准则是一个条件集，选择符合需求准则的记录进行显示。

Access 2010 提供了"选择筛选""按窗体筛选""高级筛选/排序"3 种方法。具体操作是单击"开始"选项卡"排序与筛选"组中的相关按钮完成。

1. 选择筛选

选择筛选用于查找某一字段满足一定条件的数据记录，条件包括"等于""不等于""包含""不包含"等，其作用是隐藏不满足选定内容的记录，显示所有满足条件的记录。

【例 3.7】在"学生"表中筛选出性别为"男"的学生。

具体操作步骤如下：

（1）打开"学籍管理"数据库，从导航窗格打开"学生"表。

（2）单击"性别"列，再单击"开始"选项卡"排序与筛选"组中的"选择"下拉按钮，在弹出的下拉菜单中选择"等于"男""命令，如图 3.43 所示。

（3）单击"开始"选项卡"排序与筛选"组中的"筛选器"按钮，在弹出的快捷菜单中选择"男"复选框，如图 3.44 所示，单击"确定"按钮。

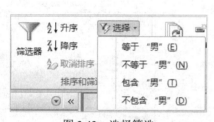

图 3.43　选择筛选

图 3.44　筛选器

2. 按窗体筛选

按窗体筛选是在空白窗体中设置筛选条件，然后查找满足条件的所有记录并显示。按窗体筛选可以在窗体中设置多个条件。按窗体筛选是使用最广泛的一种筛选方法。

按照上例的要求，使用"按窗体筛选"的具体操作步骤如下。

（1）打开"学籍管理"数据库，从导航窗格打开"学生"表。

（2）单击"开始"选项卡"排序与筛选"组中的"高级"下拉按钮，在弹出的下拉菜单中选择"按窗体筛选"命令，如图 3.45 所示。

（3）在打开的窗口中按照图 3.46 所示进行设置。

（4）单击"开始"选项卡"排序与筛选"组中的"切换筛选"按钮，或者单击"排序与筛选"组中的"高级"下拉按钮，在弹出的下拉菜单中选择"应用筛选/排序"命令完成筛选，显示筛选结果如图 3.47 所示。

图 3.45　高级筛选菜单

图 3.46　窗体筛选设置

图 3.47　筛选结果

3．高级筛选/排序

使用"高级筛选/排序"不仅可以筛选满足条件的记录，还可以对筛选的结果进行排序。

【例 3.8】在"选课成绩"表中筛选所有分数大于或等于 80 分的学生成绩，并按照"教师号"升序排序，当"教师号"相同时再按照"课程号"升序排序。

具体操作步骤如下：

（1）打开"学籍管理"数据库，从导航窗格打开"选课成绩"表。

（2）单击"开始"选项卡"排序与筛选"组中的"高级"下拉按钮，在弹出的下拉菜单中选择"高级筛选/排序"命令（见图 3.45），打开的窗口如图 3.48 所示。

该筛选窗口分为上、下两部分，上半部分显示要操作的表，下半部分是设计网格，用来指定排序字段、排序方式和排序条件。

（3）单击设计网格中的第一列字段行右侧的下拉箭头按钮，从弹出的下拉列表中选择"cj"字段，用相同的方法在第二列、第三列选择"gh"和"kch"字段。

（4）在"cj"字段下"条件"单元格中输入条件">=80"，在"gh"和"kch"字段的"排序"单元格中选择"升序"，如图 3.49 所示。

图 3.48　高级筛选设置　　　　　　　　　图 3.49　高级筛选设置窗口

（5）单击"开始"选项卡"排序与筛选"组中的"切换筛选"按钮，或者单击"开始"选项卡"排序与筛选"组中的"高级"下拉按钮，在弹出的下拉菜单中选择"应用筛选/排序"命令完成筛选，显示筛选结果如图 3.50 所示。

学号	课程号	教师号	开课学期	成绩
201100344201	990801	3501	2011-2012-1	100
201100344102	990801	3501	2011-2012-1	93
201100344101	990801	3501	2011-2012-1	89
200900312202	990801	3501	2009-2010-1	81
200900312101	990801	3501	2009-2010-1	89
201100344102	990801	3501	2011-2012-2	95
201100344202	990803	3501	2011-2012-2	96
200900312201	990802	3502	2009-2010-2	84
200900312201	990803	3502	2010-2011-1	97.5
200900312202	990803	3502	2010-2011-1	92.5
201000344202	990801	3503	2010-2011-1	83
201000344101	990801	3503	2010-2011-1	84
201000344201	990805	3504	2010-2011-2	90
201000344202	990805	3504	2010-2011-2	90.5
201000344101	990807	3505	2011-2012-1	85
201000344202	990807	3505	2011-2012-1	88
201000344102	990807	3505	2011-2012-1	89

图 3.50　筛选结果

高级筛选功能十分强大，筛选窗口其实质就是第 4 章要学习的查询设计器，当需要进行复杂的筛选时，往往需要建立查询。

3.4.3　查找与替换

在数据库中，对于信息的应用不仅表现为快速地查找、利用数据，有时还需要对数据进行有规律的替换，此时可以使用 Access 2010 提供的"查找"与"替换"功能。数据的查找和替换是利用"查找和替换"对话框进行的，如图 3.51 所示。

1．数据的查找

查找的对象可以是字段中已有的内容，也可以是空值、空字符串等特殊值。

【例 3.9】在"学生"表中查找并且显示"民族"为"汉族"的学生。

具体操作步骤如下：

（1）打开"学籍管理"数据库，从导航窗格打开"学生"表。

（2）单击查找内容所在的"民族"字段，使光标插入该字段的范围内。

（3）单击"开始"选项卡"查找"组中的"查找"按钮，弹出"查找和替换"对话框，如图 3.50 所示。

（4）在"查找"选项卡的"查找内容"文本框中输入"汉族"，在"查找范围"下拉列表框中选择"当前字段"，在"匹配"下拉列表框中选择"整个字段"，如图 3.52 所示。

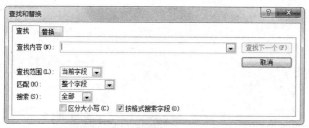

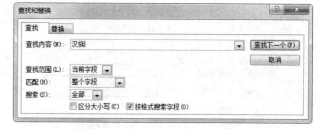

图 3.51　"查找和替换"对话框　　　　图 3.52　查找设置

（5）单击"查找下一个"按钮，系统将顺序查找到第一个"民族"字段为"汉族"的记录；重复单击"查找下一个"按钮，系统将逐一查找满足条件的记录。

2．查找空值或者空字符串

空值（Null）是指字段中数据没有或者是未知的值，但主关键字所在字段不能包含空值。空字符串是指不包含任何字符的字符串，就是长度为零的字符串。输入时，用两个在一起的双引号""""（中间没有空格）来标识空字符串。

查找空值或空字符串的方法基本同上，在输入查找内容时，如果是空值则输入 Null；如果要查找的是空字符串，则输入不包含空格的双引号即可。

3．数据的替换

如果需要对数据表中的多处相同信息进行相同的修改操作，这时可以使用替换功能。系统提供的替换功能可以有效、准确地完成此类操作。

【例 3.10】在"学生"表中查找政治面貌为"团员"的学生，并把是"团员"的内容替换成"党员"。

具体操作步骤如下。

（1）打开"学籍管理"数据库，从导航窗格打开"学生"表。

（2）单击查找内容所在的"政治面貌"字段，使光标插入该字段的范围内。

（3）单击"开始"选项卡"查找"组中的"替换"按钮，弹出"查找和替换"对话框。

（4）在"替换"选项卡的"查找内容"文本框中输入"团员"，在"替换为"文本框中输入"党员"，在"查找范围"下拉列表框中选择"当前字段"，在"匹配"下拉列表框中选择"整个字段"，在"搜索"下拉列表框中选择"全部"，如图 3.53 所示。

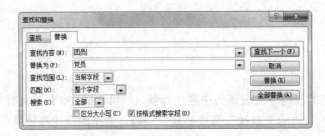

图 3.53　替换设置

（5）单击"全部替换"按钮。

3.4.4　外观的设置

数据表的结构等固然重要，但其显示效果也直接影响到用户的使用情况，所以为了获得满意的显示效果，Access 2010 提供了表格外观优化的设置，可以对数据显示格式进行调整。

1. 设置行高和列宽

设置行高和列宽可以直接拖动鼠标，手工完成；或者右击行或者列，在弹出的快捷菜单中设定行高与列宽的参数，如图 3.54 和图 3.55 所示。

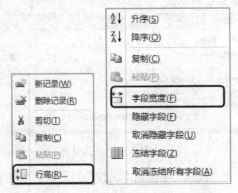

图 3.54　快捷菜单设置行高与列宽　　　　　　图 3.55　设置行高与列宽

2. 数据字体的设置

数据表视图中的文本格式若需要更改，可以在数据库的"开始"选项卡"文本格式"组中完成字体的格式、字形、字号、对齐、颜色以及特殊效果设置，还可设置数据表的格式，如图 3.56 所示。

单击图 3.56 所示"文本格式"组右下角的"对话框启动器"按钮，弹出"设置数据表格式"对话框，在其中可以

图 3.56　"文本格式"组

设置数据表的单元格效果、网格线显示方式、背景色、边框线等属性，如图 3.57 所示。

3. 隐藏和显示字段

在数据表视图中，可以使某些字段信息隐藏，使其不在屏幕中显示，需要时取消隐藏。如果表中字段较多，在浏览记录时，可以将一些字段隐藏起来。

下面以"学生"表为例，介绍如何隐藏和显示字段。

具体操作步骤如下：

（1）打开"学籍管理"数据库，从导航窗格打开"学生"表。

（2）在"性别"字段上右击，在弹出的快捷菜单中选择"隐藏字段"命令，如图 3.58 所示。

图 3.57　"设置数据表格式"对话框　　　　　　　　图 3.58　隐藏字段

（3）"性别"字段被隐藏后的结果如图 3.59 所示。

图 3.59　隐藏结果

（4）选定"性别"字段并右击，在弹出的快捷菜单中选择"取消隐藏字段"命令，如图 3.60 所示。

（5）弹出"取消隐藏列"对话框，选中"性别"复选框，单击"关闭"按钮，如图 3.61 所示。

图 3.60　取消隐藏设置　　　　　　　　图 3.61　"取消隐藏列"对话框

（6）被隐藏的"性别"字段又恢复了，如图 3.62 所示。

图 3.62　未隐藏列的表

4．冻结和取消冻结

如果想在字段滚动时，使某些字段始终在屏幕上保持可见，可以使用冻结列操作。冻结后就可以使冻结的列显示在数据表的左边并添加冻结线，未被冻结的列，在字段滚动时被隐藏。

下面以“学生”表为例，介绍如何隐藏和显示字段。

具体操作步骤如下：

（1）打开“学籍管理”数据库，从导航窗格打开“学生”表。

（2）在“姓名”字段上右击，在弹出的快捷菜单中选择“冻结字段”命令，如图 3.63 所示。

（3）“姓名”字段被冻结，不能被拖动，结果如图 3.64 所示。

（4）在“姓名”字段上右击，在弹出的快捷菜单中选择“取消冻结所有字段”命令，如图 3.65 所示，即取消冻结，“姓名”字段就可以被拖动。

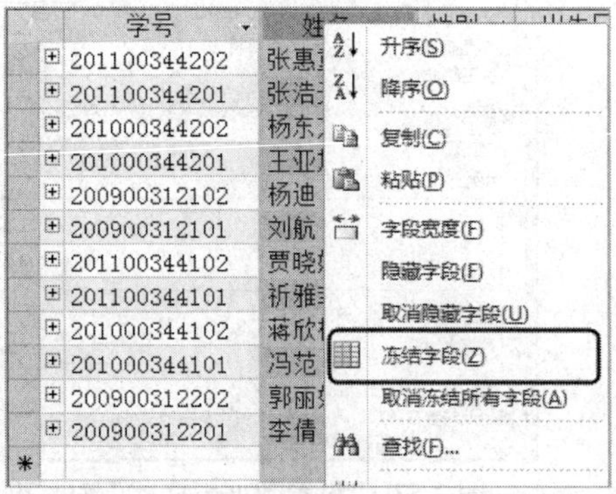

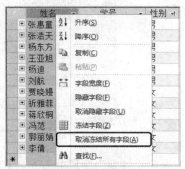

图 3.63　冻结字段

姓名	学号	性别	出生日期	民族	政治面貌
张惠童	201100344202	男	1988/4/23	回族	群众
张浩天	201100344201	男	1990/6/1	汉族	群众
杨东方	201000344202	男	1990/3/5	汉族	团员
王亚旭	201000344201	男	1989/12/15	汉族	群众
杨迪	200900312102	男	1987/5/9	藏族	群众
刘航	200900312101	男	1989/11/12	汉族	团员
贾晓嫚	201100344102	女	1991/10/12	汉族	党员
祈雅菲	201100344101	女	1992/5/4	回族	团员
蒋欣桐	201000344102	女	1989/6/15	汉族	团员
冯范	201000344101	女	1990/8/15	汉族	党员
郭丽娟	200900312202	女	1987/10/12	藏族	党员
李倩	200900312201	女	1989/9/5	汉族	群众

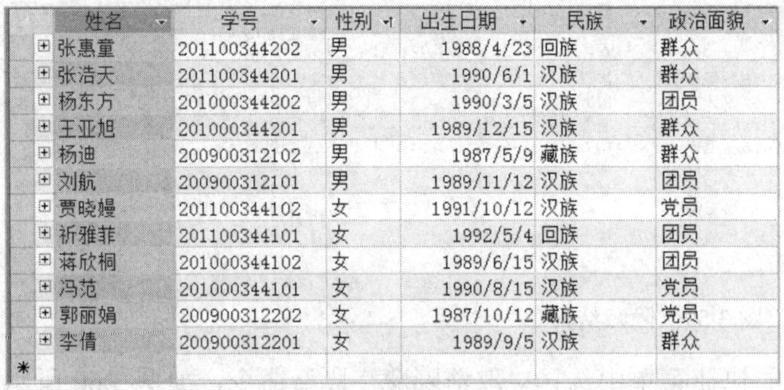

图 3.64　冻结结果

图 3.65　取消冻结设置

5．移动列

如若需要把数据的列进行换位，可以在“数据表”视图中打开相对应的数据表，选定要移动的一列或者多列，再次单击字段选定器，并按住鼠标按钮将选定的列拖动到新的位置即可。

习　题　3

一、单选题

1．在 Access 2010 数据库中，为了保持数据表之间的关系，要求在“子表”中添加记录时，如果主表中没有与之相关的记录，则不能在子表中添加该记录。为此需要定义的关系是（　　）。

A．输入掩码　　B．有效性规则　　C．默认值　　D．参照完整性

2．表设计视图包括两个区域：字段输入区和（　　）。

A．格式输入区　　B．数据输入区　　C．字段属性区　　D．页输入区

3．在 Access 2010 数据库中，数据表有两种常用的视图：设计视图和（　　）。

A．报表视图　　B．宏视图　　C．数据表视图　　D．页视图

4．在 Access 2010 数据库中，“开始”选项卡上“排序与筛选”组中用于筛选的按钮包括“筛选器”“选择”和（　　）。

A．升序　　B．低级　　C．高级　　D．降序

5．在 Access 2010 数据库中有两种数据类型：文本型和（　　）型，它们可以保存文本或者文本和数字组合的数据。

A．是/否　　B．备注　　C．数字　　D．日期/时间

6．输入掩码是给字段输入数据时，设置的（　　　）。

    A．初值　　　　　　　　B．当前值　　　　　　　C．输出格式　　　　　　　D．输入格式

7．子表的概念是相对于主表而言的，它是嵌在（　　　）中的表。

    A．从表　　　　　　　　B．主表　　　　　　　　C．子表　　　　　　　　D．大表

8．下列关于表的说法正确的是（　　　）。

    A．表是数据库

    B．表是记录的组合，每一条记录又可以划分成多个字段

    C．在表中可以直接显示图形记录

    D．表中的数据不可以建立超链接

9．在 Access 2010 数据库中，数据表和数据库的关系是（　　　）。

    A．一个数据库可以包含有多个表　　　　　　B．一个数据表只能含有两个数据库

    C．一个数据表可以包含多个数据库　　　　　　D．一个数据库只能包含有一个数据表

10．下列对数据表的叙述错误的是（　　　）。

    A．表是数据库的重要对象之一　　　　　　B．表的设计视图的主要工作是设计表的结构

    C．表的数据表视图只能用于显示数据　　　　　　D．可以将其他数据库的表导入当前数据库中

11．在数据表视图中，不可以（　　　）。

    A．设置表的主键　　　　　　　　　　　　B．修改字段的名称

    C．删除一个字段　　　　　　　　　　　　D．删除一条记录

12．在下列数据类型中，可以设置"字段大小"属性的是（　　　）。

    A．备注　　　　　　　　B．文本　　　　　　　　C．日期/时间　　　　　　D．货币

13．关于主关键字的说法正确的是（　　　）。

    A．作为主关键字的字段，它的数据可以重复

    B．主关键字字段中不许有重复值和空值

    C．在每个表中，都必须设置主关键字

    D．主关键字是一个字段

14．Access 中字段名的最大长度为（　　　）个字符。

    A．64　　　　　　　　　B．128　　　　　　　　C．255　　　　　　　　D．256

15．在 Access 表中，可以定义 3 种主关键字，它们是（　　　）。

    A．单字段、双字段和多字段　　　　　　　　B．单字段、双字段和自动编号

    C．单字段、多字段和自动编号　　　　　　　　D．双字段、多字段和自动编号

二、多选题

1．在 Access 2010 数据库中，可以定义 3 种主关键字，分别是（　　　）。

    A．单字段　　　　　　　B．双字段　　　　　　　C．多字段　　　　　　　D．自动编号

2．在满足以下（　　　）条件时才可以设置参照完整性。

    A．主表中匹配字段是一个主键或者具有唯一约束

    B．两个表属于同一个数据库

    C．相关字段具有相同的数据类型和字段大小

    D．主表中匹配字段不需要唯一约束

3．超链接地址可以存放（　　　）。

    A．OLE 对象　　　　　　B．显示文本　　　　　　C．地址　　　　　　　　D．子地址

4．在 Access 2010 中，要设置当前数据表的背景颜色，应单击"开始"选项卡（　　　）组中的"设置数据表格式"按钮。

    A．文本格式　　　　　　B．记录　　　　　　　　C．查找　　　　　　　　D．窗口

5. "日期时间"型数据类型需要（　　　）个字节的存储空间。

    A. 4　　　　　　　　　B. 8　　　　　　　　　C. 64　　　　　　　　　D. 256

三、操作题

1. 在第 2 章习题中已经建立好的"职工信息管理"数据库中，分别按如下要求创建"部门""工资""职工" 3 个数据库表，数据表的结构分别如表 3.9～表 3.11 所示。

表 3.9 "部门"表逻辑结构

字 段 名	字 段 类 型	字 段 大 小	字 段 名	字 段 类 型	字 段 大 小
部门编号	文本	3	部门电话	文本	20
部门名称	文本	20			

表 3.10 "工资"表逻辑结构

字 段 名	字 段 类 型	字 段 大 小	字 段 名	字 段 类 型	字 段 大 小
工号	文本	4	水电费	数字	单精度型
基本工资	数字	整型	实发工资	数字	单精度型
绩效工资	数字	整型	发放日期	日期/时间	

表 3.11 "职工"表逻辑结构

字 段 名	字 段 类 型	字 段 大 小	字 段 名	字 段 类 型	字 段 大 小
工号	文本	4	学历	文本	10
姓名	文本	4	职称	文本	10
性别	文本	1	婚否	是/否	
出生日期	日期/时间		部门编号	文本	3
身高	数字	整型	照片	OLE 对象	
民族	文本	8	简历	备注	

2. 请输入数据记录。每个数据表至少输入 8 条记录信息，记录内容可自行定义。

3. 打开"职工信息管理"数据库，完成下列操作。

（1）建立主键和索引。为"部门"和"职工"表分别建立主键，并根据需要为每个表建立不同的索引。

（2）根据需要，为数据表之间建立关联关系。

（3）编辑各数据表间的关系并实施参照完整性，要求当删除"职工"表中的某条记录时，"工资表"相关信息也自动删除。

（4）从"职工"表的"性别"字段筛选出所有性别为女性的教工信息，要求按照"选择筛选""按窗体筛选""高级筛选"分别操作一遍。

（5）将"职工"表中学历为"硕士"的替换为"硕士研究生"。

（6）将"工资"表的"基本工资"字段进行升序操作。

（7）将"职工"表先按照性别降序排序，性别相同的情况下按照职称降序排序，排序后查看结果。

（8）将"部门"表复制一份到此数据库中，并命名为"部门信息表"。

（9）将"部门信息表"中的"部门电话"字段进行重命名，重命名为"部门联系电话"。

（10）将"职工"表中的"婚否"字段进行隐藏操作。

（11）设置"职工"表的数据表格式，要求单元格效果为凸起，背景色设置为冷色系（颜色自选），网格线颜色设置为暖色系（颜色自选）。

第 4 章
使用查询搜索信息

本章主要介绍查询的创建和应用，Access 中的运算符、函数和表达式，以及通过表达式构建查询条件。用户可以通过查询向导创建简单查询，通过查询设计视图创建选择查询、参数查询、交叉表查询和操作查询。另外，Access 支持结构化查询语言 SQL 创建查询以及操作数据表，因此本章尾部介绍了 SQL 语言及其应用。

教学目标

- 了解查询的功能和主要类型。
- 掌握构建查询条件表达式的方法。
- 掌握使用查询向导创建查询的方法。
- 熟练使用查询设计视图创建、修改查询。
- 掌握使用 SQL 语句建立查询的方法。
- 具备根据查询要求选择合适的方法创建查询的能力。

4.1 查 询 概 述

在数据库的应用过程中，用户往往会查找一些自己需要的信息。比如，读者会查看图书馆有哪些出版社在什么时间出版了哪些书，教师会查看哪些学生的哪些课程需要重修等。这样就需要建立查询，通过查询，数据库就会根据用户需求搜索出相关信息。

查询就是向数据库提出询问，数据库按指定要求从数据源提取并返回一个数据集合。查询是 Access 数据库对象之一，其数据源可以是一张表，也可以是多张关联的表。查询的结果可以供用户查看，也可作为创建查询、窗体、报表的数据源。

4.1.1 一个查询的例子

【例 4.1】查询工业设计专业所有团员的学生信息。

分析：从形式上看，大多数 Access 查询结果与数据表几乎完全相同，图 4.1 所示为查询结果。需要注意的是，查询结果不是数据表记录的副本，是基于查询需求的数据重组；查询结果也不会被保存在物理存储设备中，物理存储设备仅存储查询需求。每次运行查询，Access 会从当前数据源中将满足查询要求的数据提取并显示出来，这个结果是动态的。

图 4.1　工业设计专业团员学生查询结果

在例 4.1 的查询结果窗口中，用户可以进行如下操作：

（1）修改信息。比如修改学生姓名，修改的姓名会被直接保存到数据源表中。

（2）查看数据。窗口底部的记录导航栏可以帮助用户方便地查看第一条、前一条、下一条和最后一条查询结果记录。

（3）创建新记录。将本窗口输入数据保存至数据源。

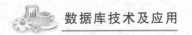

（4）在查询结果中搜索。在搜索文本框中输入数据，Access 会在窗口中高亮显示含搜索数据的信息。

4.1.2　查询的主要功能

概括而言，查询的主要功能包括以下几方面：

（1）选择若干字段显示。用户可以选择需要显示的数据列。

（2）排序记录。用户可以指定排序关键字，改变记录的浏览顺序。

（3）选择满足条件的记录显示。定义查询时指定查询结果需要满足的条件，条件通常以表达式的形式保存在查询中。如果对查询结果进行表达式验证，表达式的返回值一定为 True。

（4）对数据进行统计与计算。例如统计学生的平均成绩、不同性别员工的人数等。查询中还可以建立计算字段，比如"学生"表中有学生的出生日期，查询中可以建立"年龄"字段，"年龄"是计算字段。

（5）修改源数据。Access 支持直接在查询结果窗口中修改数据。另一种修改数据的方法是创建"操作查询"，对符合条件的源数据进行增加、删除和修改。

（6）建立新表。查询的结果是一个动态记录集，没有存储在物理设备中。如果要将此结果存储，可以使用"生成表查询"，将查询结果保存在一张新表中。

（7）为其他数据库对象提供数据源。在创建报表、窗体、查询时，其数据源可以是查询，使用方法和表一样。

4.1.3　查询的类型

根据操作数据的方式及查询结果，Access 中的查询可以分为选择查询、参数查询、交叉表查询、操作查询和 SQL 查询 5 种类型。

1．选择查询

选择查询是最基本、最常见的查询类型。它能够从一个或多个表中选择若干字段、选择满足条件的记录、按照排序关键字调整记录顺序后，将结果显示出来。另外，也可以使用选择查询对记录进行分组统计。

2．参数查询

参数查询提供了更加灵活的查询方式。定义查询时不指定具体的查询条件，查询运行后，首先弹出对话框，用户输入查询条件，系统根据用户的输入返回查询结果。

3．交叉表查询

交叉表查询将来源于表或查询的数据进行分组，一组列在数据表的左侧作为行标题，一组列在数据表的上部作为列标题，行与列中间的交叉点（单元格）显示根据分组产生的数据统计值。

4．操作查询

操作查询能够按照指定条件在执行查询的过程中对源表数据进行编辑。包括：追加查询、生成表查询、更新查询和删除查询。

5．SQL 查询

SQL 查询是使用结构化查询语言 SQL 语句编写代码实现的查询。在 Access 中，用户通常使用 SQL 语句完成对数据的查询、更新等操作。SQL 查询还支持传递查询、数据定义查询、联合查询、子查询等更高级的查询操作。

4.1.4　查询的视图模式

视图模式指 Access 对象的显示方式。不同的视图模式对应于不同的应用目的，常用的查询视图模式是设计视图和数据表视图。查询的视图模式分为以下 5 种：

1．设计视图

设计视图就是查询的设计器，通过该视图可以设计、编辑除 SQL 查询之外的任何类型的查询。

2．数据表视图

数据表视图是查询的数据浏览器，通过该视图可以查看查询的运行结果。

3．SQL 视图

SQL 视图是查询的 SQL 语言代码编辑窗口，显示该查询对应的 SQL 语句，或是新建查询时直接在其中编辑 SQL 语句。该视图模式主要用于 SQL 查询的编辑。

4．数据透视表视图

数据透视表视图使用 Office 数据透视表组件，主要用于进行交互式数据分析。

5．数据透视图视图

数据透视图视图使用 Office Chart 组件，主要用于创建动态的交互式图表。

当打开或运行查询对象后，在 Access 2010 窗口上部功能区单击"开始"选项卡"视图"组中的"视图"下拉按钮，在弹出的下拉菜单中切换查询的视图模式，如图 4.2 所示。

图 4.2 查询的视图模式

4.2 使用向导创建查询

Access 2010 提供了两种方法创建查询：一是使用查询向导，二是使用查询设计视图。本节介绍使用向导创建查询，可以创建的查询有简单查询、交叉表查询、查找重复项查询、查找不匹配项查询，如果要创建复杂的、带有条件的查询，只能在查询设计视图中完成。查询向导的数据源可以是表或者查询。

4.2.1 使用向导创建简单查询

使用向导创建简单查询的方法是，在 Access 2010 窗口上部功能区"创建"选项卡"查询"组中的"查询向导"按钮，弹出图 4.3 所示的对话框，选择"简单查询向导"选项。单击"确定"按钮后，即进入向导，可以开始选择查询的创建。

【例 4.2】利用向导创建查询，输出学生的"学号""姓名""性别""班级名称"4 个字段的信息。该查询以"查询向导—学生班级信息"名称保存。

分析：从查询结果上看，信息来源为"学生"表，但并不是显示表中的所有信息，而是选择了若干字段进行显示。所以在向导中做的关键设置有"信息来源"和"显示字段"。具体操作步骤如下：

（1）选择简单查询向导。在打开的数据库窗体中，单击"创建"选项卡"查询"组中的"查询向导"按钮，在弹出的对话框中选择"简单查询向导"选项。

（2）进入向导的第一步，设置信息来源，如图 4.4 所示。

图 4.3 查询向导选择对话框

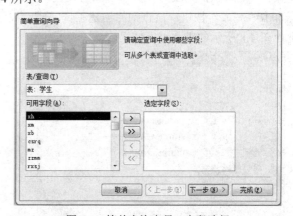

图 4.4 简单查询向导—字段选择

在"表/查询"下拉列表框中，系统已经自动将该数据库中已经存在的表和查询罗列出来，根据题目要求，选择"表：学生"。如果该项已经是"表：学生"，则直接进入下一步设置。

在"可用字段"列表框中，系统已经自动将"学生"表的字段罗列出来，现在要把需要显示的字段添加到"选定字段"列表框中，即将"可用字段"列表框中需要的内容移动到"选定字段"列表框中。选择字段有两种方法：

① 在"可用字段"列表框中双击字段名，就能看到该字段被移动到"选定字段"列表框中。

② 在两个列表框中间有 4 个按钮，作用分别是："将当前字段右移""将所有字段右移""将当前字段左移""将所有字段左移"。字段向右移动表示字段被选择，将在查询结果中出现。字段向左移则表示取消字段的被选择状态，该字段将不在查询结果中出现。左移通常用在字段选择错误时，需要取消选择该字段。

按照题目要求，要显示"学号""姓名""性别""班级名称"4 个字段，所以按照上述方法，选择这 4 个字段，它们会显示在"选定字段"列表框中，如图 4.5 所示。

选择完数据源和选定字段后，向导需要进行下一步设置，单击"下一步"按钮。

（3）简单查询向导进入下一环节，对话框显示该步骤用来指定"查询标题"和向导完成后打开查询的方式，如图 4.6 所示。

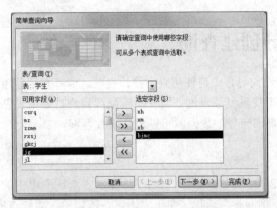

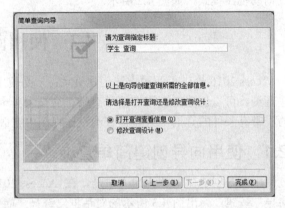

图 4.5　简单查询向导—字段选择完成后　　　　图 4.6　简单查询向导—设置查询标题

"请为查询指定标题"文本框显示的是系统自动分配给查询的名称，按照题目要求需要将文本框内容修改为"查询向导—学生班级信息"。此时在查询向导中为查询所做的设置已经完成。

"请选择是打开查询还是修改查询设计"区域用于设置下一步打开查询的方式，有两种：一种是"打开查询查看信息"，即打开查询的数据表视图模式，查看查询运行的结果；另一种是"修改查询设计"，即打开查询的设计视图模式，可以在查询设计视图中进一步修改查询。第二种选项一般用在创建较复杂查询的前期，用意是：先利用向导完成数据源和选择字段的设置，再在设计视图中完成如筛选、排序、分组、统计等更为复杂的设置。

如图 4.7 所示，完成向导在该步骤的设置：

单击"完成"按钮，该查询的创建工作完成，被保存至数据库，同时查询以数据表视图模式打开，可以看到如图 4.8 所示的查询运行结果。

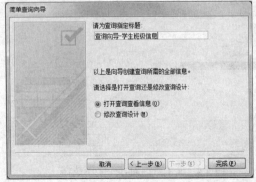

图 4.7　简单查询向导—设置查询标题完成后　　　图 4.8　"查询向导—学生班级信息"查询运行结果

【例 4.3】利用向导创建查询，输出学生的"学号""姓名""班级名称""课程名称""成绩" 5 个字段的信息。该查询以"查询向导—学生成绩信息"名称保存。

分析：从查询结果上看，一个"学生"表的数据无法完成查询需要。那么查询要求的数据源是什么呢？通过观察，数据来源于"学生""选课成绩""课程" 3 张表，其关系如图 4.9 所示。

查询的核心数据是"选课成绩"表中的"学号""课程号""成绩"，通过"学号"可以查询出"学生"表中有关学生的基本信息，通过"课程号"可以查询出"课程"表中的"课程名称"。具体操作步骤如下：

（1）选择简单查询向导。在打开的数据库窗体中，单击"创建"选项卡"查询"组中的"查询向导"按钮，在弹出的对话框中选择"简单查询向导"选项。

（2）进入向导的第一步，设置字段选择。选择"学生"表、"选课成绩"表和"课程"表，字段的选择按照前面的分析完成即可。具体设置如图 4.10 所示。

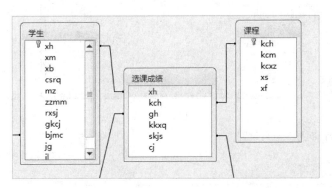

图 4.9　学生、选课成绩和课程表之间的关系图

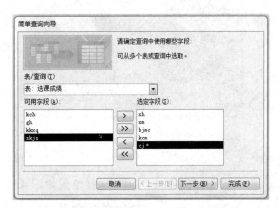

图 4.10　简单查询向导—字段选择设置

> **注　意**
>
> 选择"选定字段"时，需要先选择"表"再选择"可用字段"。另外，该查询创建的是多表查询，其前提是多个表的数据库关系已经建立。如果没有准确建立表的关系，该查询结果可能无法正常显示。"选定字段"列表框中显示的字段顺序，是查询结果的"列标题"顺序。

（3）单击"下一步"按钮，选择系统默认值"明细"。该步骤是系统根据数据源的选择自动定制的。本例中，多数学生每个人都选择了多门课程，这就会产生统计需求，比如：统计每个学生的平均成绩和总成绩。如果在该步骤内选择"汇总"，则需要对统计项做进一步的设置。

（4）将查询名称设置为"查询向导—学生成绩信息"，创建完成后显示运行结果，如图 4.11 所示。

学号	姓名	班级名称	课程名称	成绩
200900312101	刘航	外语091	计算机文化基础	89
200900312101	刘航	外语091	flash动画设计	50
200900312101	刘航	外语091	高级语言程序设	65
200900312102	杨迪	外语091	计算机文化基础	70
200900312102	杨迪	外语091	flash动画设计	72.5
200900312102	杨迪	外语091	高级语言程序设	77
200900312201	李倩	外语092	计算机文化基础	67
200900312201	李倩	外语092	flash动画设计	84
200900312201	李倩	外语092	高级语言程序设	97.5
200900312202	郭丽娟	外语092	计算机文化基础	81
200900312202	郭丽娟	外语092	flash动画设计	60
200900312202	郭丽娟	外语092	高级语言程序设	92.5
201000344101	冯范	工设101	计算机文化基础	84
201000344101	冯范	工设101	photoshop	18
201000344101	冯范	工设101	网页设计	85
201000344102	蒋欣桐	工设101	计算机文化基础	66
201000344102	蒋欣桐	工设101	photoshop	90
201000344102	蒋欣桐	工设101	网页设计	89
201000344201	王亚旭	工设102	计算机文化基础	77
201000344201	王亚旭	工设102	photoshop	68
201000344201	王亚旭	工设102	网页设计	72
201000344202	杨东方	工设102	计算机文化基础	83

记录：第 1 项（共 32 项）　无筛选器　搜索

图 4.11　"查询向导—学生成绩信息"查询运行结果

【例4.4】利用向导创建查询，输出学生的"学号""姓名""班级名称""平均成绩""总成绩"5个字段的信息。该查询以"查询向导—学生成绩统计"名称保存。

分析：查询结果是在例 4.3 中进行汇总得到的。因此可以使用"查询向导—学生成绩信息"查询的数据源，在向导的第二步设置汇总要求。具体操作步骤如下：

选择"汇总"单选按钮，然后单击"汇总选项"按钮，弹出"汇总选项"对话框，如图4.12（b）所示，选择"汇总"和"平均"。

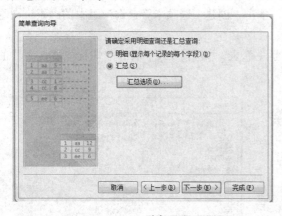
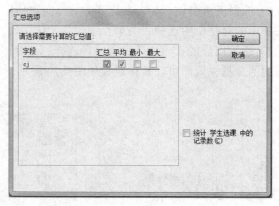

（a）   （b）

图4.12　查询向导—汇总设置

基本设置如图 4.12 所示。运行结果如图 4.13 所示。

学号	姓名	班级名称	cj 之 合计	cj 之 平均值
200900312101	刘航	外语091	204	68
200900312102	杨迪	外语091	219.5	73.1666666667
200900312201	李倩	外语092	248.5	82.8333333333
200900312202	郭丽娟	外语092	233.5	77.8333333333
201000344101	冯范	工设101	187	62.3333333333
201000344102	蒋欣桐	工设101	245	81.6666666667
201000344201	王亚旭	工设102	217	72.3333333333
201000344202	杨东方	工设102	261.5	87.1666666667
201100344101	祈雅菲	工设111	155	77.5
201100344102	贾晓嫚	工设111	188	94
201100344201	张洁天	工设112	166.5	83.25
201100344202	张惠童	工设112	169	84.5

记录：第1项(共 12 项)　　无筛选器　搜索

图4.13　"查询向导—学生成绩统计"查询运行结果

注　意

该结果中不显示"课程名称"。平均成绩是某学生选择的多门课程成绩的平均值，此值不对应于任何一门课。

思考：如果要求统计每门课程的平均成绩，该如何使用向导创建查询？

4.2.2　使用"查找重复项查询向导"创建查询

利用"查找重复项查询向导"创建的查询，可以在表或查询中将字段值重复的记录集中在一起显示。

【例4.5】利用向导创建查询，输出学生的"学号""姓名""性别""班级名称"4个字段的信息，要求将性别一致的信息放在一起。该查询以"查询向导—学生性别信息"名称保存。

分析：信息来源于"学生"表，显示其中 4 个字段，要求性别一致的信息显示在一起。具体操作步骤如下：

（1）选择查找重复项查询向导。在打开的数据库窗体中，单击"创建"选项卡"查询"组中的"查询向导"按钮，在弹出的对话框中选择"查找重复项查询向导"选项，如图4.14所示。

（2）进入向导的第一步设置：确定用以搜索重复字段值的表或查询。本例的重复字段值来源于"性别"，属于"学生"表。所以该步骤选择"表：学生"，如图 4.15 所示。单击"下一步"按钮。

图 4.14　选择"查找重复项查询向导"选项

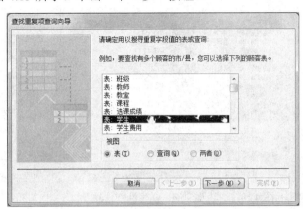

图 4.15　选择重复字段值的表或查询

（3）进入向导的第二步设置：确定可能包含重复信息的字段。选择"性别"，如图 4.16 所示。单击"下一步"按钮。

（4）进入向导的第三步设置：确定查询是否显示除带有重复值的字段之外的其他字段。本例的其他字段是"学号""姓名""班级名称"，如图 4.17 所示。选择完成后，单击"下一步"按钮。

（5）最后一步：设置查询名称，以及运行后进入的视图模式。名称修改为"查询向导—学生性别信息"，要求运行查询显示结果。查询运行结果如图 4.18 所示。

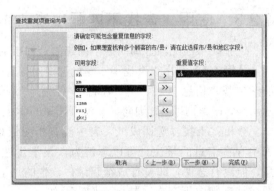

图 4.16　选择"确定可能包含重复信息的字段"

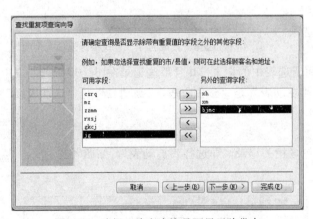

图 4.17　选择"确定查询是否显示除带有
重复值的字段之外的其他字段"

图 4.18　"查询向导—学生性别
信息"查询运行结果

🔒 说 明

图 4.18 所示的查询运行结果显示的字段顺序是向导中选择的顺序。如果要调整列的顺序，可直接拖动，调整查询结果的布局，比如可以改为图 4.19 所示的布局。

思考：如何查询学生的"学号""姓名""班级名称""课程名称""成绩"信息？要求"课程名称"一致的显示在一起。该查询的运行结果如图 4.20 所示。

数据库技术及应用

图 4.19 "查询向导—学生性别信息"
查询运行结果—调整布局后

图 4.20 "查询向导—学生成绩信息的
重复项"查询运行结果

4.2.3 使用"查找不匹配项查询向导"创建查询

"查找不匹配项查询向导"创建的查询指的是在两个相关表中，查询没有相同记录的数据。

【例4.6】利用"查找不匹配项查询向导"，将没有选课的学生基本信息（"学号""姓名""性别""班级名称"）显示出来，该查询以"查询向导—没有选课的学生"名称保存。

分析：查找"选课成绩"表中没有相应信息但"学生"表中存在信息的学生。可以理解为，该学生注册了基本信息，但没有选课，即没有成绩记录，该生的"学号"在"选课成绩"表中不存在。具体操作步骤如下：

（1）选择查找不匹配项查询向导。在打开的数据库窗体中，单击"创建"选项卡"查询"组中的"查询向导"按钮，在弹出的对话框中选择"查找不匹配项查询向导"选项，如图4.21所示。

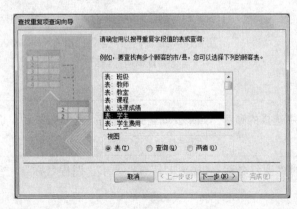

图 4.22 选择"主动表"

（2）进入向导的第一步设置：所建查询将列出下面所选表中的记录，并且那些记录在下一步所选的表中没有相关记录。该设置要求选择"主动表"。本例中的"主动表"是"学生"表，"被动表"是"选课成绩"表。具体设置如图4.22所示。

单击"下一步"按钮，进入向导的第二步设置。

（3）进入向导的第二步设置：确定哪张表或查询包含相关记录，即选择"被动表"，如图4.23所示。然后单击"下一步"按钮。

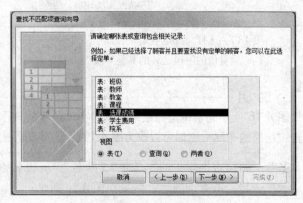

图 4.23 选择"被动表"

图 4.21 选择"查询向导—查找不匹配项查询向导"

-64-

（4）进入向导的第三步设置：确定两张表中都有的信息。本例中，"学生"表和"选课成绩"表都有的信息是"学号"，两张表比较的也是"学号"。所以选择"学号"，通常情况下系统会给一个默认值，该值的依据是两张表之间的关系，如图 4.24 所示。然后单击"下一步"按钮。

（5）进入向导的第四步设置："选择查询结果所需字段"。按照题目要求，设置如图 4.25 所示。然后单击"下一步"按钮。

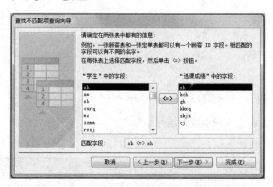

图 4.24　选择"两张表都有的信息"

图 4.25　选择"查询结果所需字段"

（6）进入向导的第五步设置：查询名称和打开方式设置。保存名称为"查询向导—没有成绩的学生"。查询运行后结果为空。

如果查询结果为空，原因可能有两种：一种是查询设置错误；另一种是没有符合查询要求的信息。该例属于第二种。为了验证该查询的正确性，先关闭查询结果浏览窗口，在"学生"表中添加两个自拟的学生信息，再次运行查询，结果如图 4.26 所示。

思考：创建查询，将没有学生选课的课程基本信息显示出来，包括"课程号""课程名""学分"。查询运行结果如图 4.27 所示。

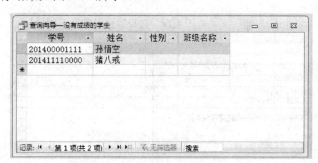

图 4.26　"查询向导—没有成绩的学生
基本信息查询"查询运行结果

图 4.27　"查询向导—没有学生选课的课程
基本信息"查询运行结果

4.2.4　使用"交叉表查询向导"创建查询

"交叉表查询"指将来源于某个表或查询中的字段进行分组，一组列在交叉表左侧，一组列在交叉表上部，并在交叉表行与列交叉处显示表中某个字段的各种计算值。

　注　意

交叉表的本质是显示数据在两层分组下的汇总统计结果，该结果依赖于函数。

【例 4.7】利用"交叉表查询向导"创建交叉表查询，显示学生的"姓名""课程名""成绩"。要求"姓名"位于结果的左侧，"课程名称"位于结果的顶部，在行与列的交叉点显示该学生的该门课程的成绩。该查询以"查询向导—学生成绩信息_交叉表"名称保存。查询运行结果如图 4.28 所示。

图 4.28 "查询向导—学生成绩信息查询_交叉表"查询运行结果

分析：该查询结果的数据源来自"学生""选课成绩""课程"
3 张表，而查询向导不允许从多个表或查询中选择数据源，所以要
先根据选择的信息创建简单查询，然后再创建交叉表查询。本例的
简单查询在前面已经创建，就是"查询向导—学生成绩信息查询"，
接下来要做的就是设置交叉表查询的"行标题""列标题""交叉点
数据"。具体操作步骤如下：

（1）选择交叉表查询向导。在打开的数据库窗体中，单击"创
建"选项卡"查询"组中的"查询向导"按钮，在弹出的对话框中
选择"交叉表查询向导"选项，如图 4.29 所示。

（2）进入向导的第一步设置：选择表或查询作为交叉表查
询数据源，仅允许选择一个表或查询。根据前面的分析，在"视
图"区域选择"查询"单选按钮，选择"查询向导—学生成绩
信息"查询，如图 4.30 所示。

图 4.29 选择"交叉表查询向导"

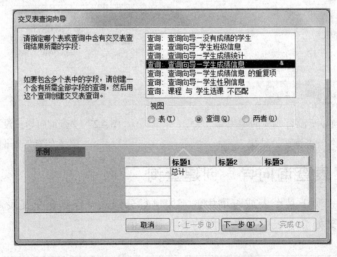

图 4.30 选择"交叉表查询数据源"

（3）进入向导的第二步设置：选择行标题。行标题位于查询结果行的左侧，即每一行的标题。根据前面
的分析，选择"姓名"作为行标题，如图 4.31 所示。

（4）进入向导的第三步设置：选择列标题。列标题位于查询结果所有行的最上方，即每一列的标题。根
据前面的分析，选择"课程名称"作为列标题，如图 4.32 所示。

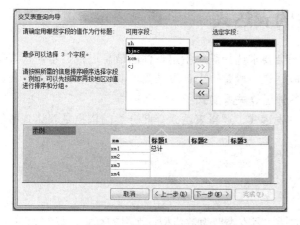
图 4.31　选择"行标题"

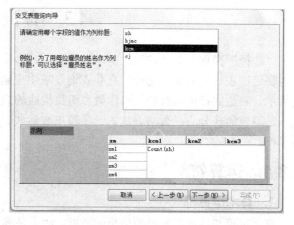
图 4.32　选择"列标题"

（5）进入向导的第四步设置：选择交叉点的数据。交叉点数据是行与列的交叉点显示的数据，往往是一个计算结果。交叉表的本质是显示数据在两重分组后的汇总统计结果。本例中按照行标题"姓名"和列标题"课程名"进行两次分组后，每组数据仅有一行，所以只要把这一行的成绩信息显示出来即可，对于一个成绩数据，图 4.33 右侧列出大多数函数的计算结果是一样的，为准确起见，希望显示的是每一组的第一个数据（尽管每组只有一个数据），所以选择的计算字段为"成绩"，函数是"First"，如图 4.33 所示。

（6）进入向导的第五步设置：查询名称和打开方式设置。保存名称为"查询向导—学生成绩信息查询_交叉表"。查询运行结果如图 4.28 所示。

注 意

交叉表查询的数据源只能是一个表或查询，如果数据来源于多张表，需要先依据查询结果建立查询，然后在查询的基础上做两次分组，然后显示分组后的统计数据。

思考：查询统计每个班级的男生、女生人数。班级名称在查询结果左侧，性别在查询结果上部。查询结果如图 4.34 所示。

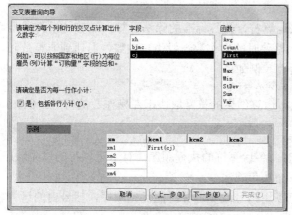
图 4.33　选择"交叉点数据"

图 4.34　交叉表查询—分班级_性别人数统计

提示：数据是"班级名称""性别""人数"（计算字段）。数据来源于"学生"表。计算字段是按照"班级名称"和"性别"做两次分组后，对一组内数据统计个数所得。

利用查询向导，能完成很多基本的查询要求，而且操作简单，按照向导的提示说明进行设置即可。但其局限性也不容忽视，比如不能对结果进行排序、筛选，分组统计不够灵活，不能进行新字段的定义等。为了实现查询的强大功能，需要使用查询设计视图自定义查询条件。

4.3 查询中的表达式

"选择"操作是关系的三大基本操作之一，多数查询会要求选择满足指定条件的信息进行显示。查询条件需要通过表达式表示。另外，有些查询要求生成新字段，该字段是一个计算结果，其计算方法也需要表达式表示。表达式指由运算符、操作数和函数构成的表示各种运算关系的式子。

常用表达式分为：数学表达式、字符串表达式、关系表达式、逻辑表达式。此分类的依据是表达式中的运算符。

4.3.1 运算符

1. 算术运算符

算术运算符的操作数是数值型的数据，如果是字段的话，字段类型为数值型。常用的算术运算符如表4.1所示。

表4.1 常用的算术运算符

运 算 符	运 算 关 系	表达式实例	运 算 结 果
+	加法	4+3	7
-	减法	4-3	1
*	乘法	2*50	100
/	除法	11/2	5.5
\	整除	11\2	5
^	指数运算	5^2	25
Mod	取模运算（求余）	18 Mod 5	3
-	取负	-a（设 a=-8）	8

在表4.1所列的8个运算符当中，取负运算"-"只需要一个操作数，称为单目运算符，其他运算符都需要两个操作数，称为双目运算符。各运算符的含义与数学中基本相同。

需要重点说明的问题如下：

（1）注意"/"与"\"的区别，"/"为浮点数除法运算符，执行标准的除法运算，运算结果为浮点数。"\"为整除运算符，执行整除运算，运算结果为整数。整除时的操作数一般为整型数，当遇到非整数时，首先要对小数部分进行四舍五入取整，然后再进行整除运算。例如：

```
25\4.6      '先将4.6四舍五入为5，再进行计算，结果为5
```

（2）"Mod"是取模运算，用于求两数相除的余数。运算结果的符号取决于左操作数的符号。例如：

```
14 Mod 3      '结果为2
-14 Mod 3     '结果为-2
```

（3）优先级是指当一个表达式中存在多个运算符时，各运算符的执行顺序。算术运算符的优先顺序为：

指数运算→取负→乘法和除法→整除→取模运算→加法和减法

优先级相同时，按照从左到右的顺序执行运算。可以用括号改变运算时的优先顺序，括号内的运算总是优先于括号外的运算。

2. 连接运算符

连接运算符用于将两个文本型数据进行连接，形成一个新的字符串。用于字符串连接运算的运算符有两个："&"和"+"。

"&"运算符用来强制两个表达式作字符串连接。对于非文本类型的数据，先将其转换为文本型，再进行连接运算。"+"运算符具备加法和连接两种运算功能。最常用的是"&"运算符。

例如：要将"学生"表的"班级"和"姓名"字段合成一个字段，将两个文本型字段连接即可，表达式可以写为：[bjmc] & [xm]。

3．关系运算符

关系运算符又称比较运算符，用于对两个类型相同的数据进行比较运算。其比较的结果是一个逻辑值 True 或者 False。常用的关系运算符如表 4.2 所示。

表 4.2　常用的关系运算符

运　算　符	运　算　关　系	表达式实例	运　算　结　果
=	等于	1=2	False
<>	不等于	"1"<>"2"	True
>	大于	"a" > "b"	False
<	小于	"a" < "b"	True
>=	大于或等于	"ab">= "ac"	False
<=	小于或等于	"ab"<= "ac"	True

> **说明**
>
> （1）数值比较：同数学比较运算。
> （2）日期比较：较早的日期小于较晚的日期。
> （3）文本（字符串）比较：如果比较的是单个字符，则比较两个字符的 ASCII 码值。如果不是单个字符，则按字符的 ASCII 码值将两个字符串从左到右逐个比较。

【例 4.8】建立表示以下条件的关系表达式。

（1）"选课成绩"表中的"成绩"字段值在 60（不含 60）分以下。
（2）"学生"表的"入校时间"在 2010 年 9 月 1 日（含 2010 年 9 月 1 日）以后。
（3）"学生"表的"政治面貌"为"团员"。

分析：

（1）数值比较：[cj]<60。
（2）日期比较：[rxsj]>=#2010-9-1#。
（3）文本比较：[zzmm]="团员"。

> **说明**
>
> （1）字段名必须用"["和"]"方括号括起来。
> （2）表达式中的字段名指表结构中的字段名称，而不是字段标题。
> （3）日期型数据必须在日期前后加"#"，用以与数学表达式区别。
> （4）文本型数据必须加双引号。
> （5）所有符号均以英文状态录入。

4．逻辑运算符

逻辑运算符又称布尔运算符，对逻辑型数据进行运算。逻辑运算通常用于表示复杂的关系。常用的逻辑运算符如表 4.3 所示。

表 4.3　常用的逻辑运算符

运　算　符	运算关系	表达式实例	运　算　结　果
Not	非	Not (1 > 0)	值为 False，由真变假或由假变真，即进行取"反"操作
And	与	(4 > 5) And (3 < 4)	值为 False，两个表达式的值均为 True，结果才为 True，否则为 False
Or	或	(4 > 5) Or (3 < 4)	值为 True，两个表达式中只要有一个值为 True，结果就为 True，只有两个表达式的值均为 False，结果才为 False

【例 4.9】 建立表示以下条件的逻辑表达式。

（1）"学生"表中"政治面貌"为"党员"或"团员"。

（2）"选课成绩"表中"成绩"区间为 70~90。

分析：

（1）[zzmm]="党员"和[zzmm]="团员"两个条件要求有一个成立即可，是"或"的关系，所以表达式为：

```
[zzmm]="党员" Or [zzmm]="团员"
```

（2）[cj]>=70 和[cj]<=90 两个条件要求同时成立，是"与"的关系，所以表达式为：

```
[cj]>=70 And [cj]<=90
```

5. 特殊运算符

常用的特殊运算符如表 4.4 所示。

表 4.4　常用的特殊运算符

运　算　符	功　能　说　明
In	用于指定匹配列表，只要一个列表值与查询值一致，表达式返回为 True
Between	用于指定数值或字符范围，查询值在范围内，表达式返回为 True
Is Null	如果字段值为 Null（空值），表达式返回为 True
Is Not Null	如果字段值不是 Null（空值），表达式返回为 True

【例 4.10】 建立表示以下条件的表达式。

（1）"学生"表中"班级名称"为"工设 101""工设 102""工设 111"。

（2）"选课成绩"表中"成绩"区间为 70~90。

（3）"学生"表中"简历"为空值。

分析：

（1）[bjmc]="工设 101"、[bjmc]="工设 102"、[bjmc]="工设 111" 3 个条件是"或"的关系，可以写成逻辑表达式：

```
[bjmc]="工设101" Or [bjmc]="工设102" Or [bjmc]="工设111"
```

也可以利用 In 运算符：

```
[bjmc] In ("工设101","工设102","工设111")
```

🔒 **说　明**

In 后面的括号内是字符串列表，列表含有 3 个值，如果[bjmc]值等于列表中的一个值，该表达式就返回为 True。所以，上述两个表达式等价。

（2）数值区间可以采用先比较运算再逻辑运算的写法，如例 3.9，也可以采用 Between 运算符：

```
[cj] Between 70 And 90
```

🔒 **说　明**

除了表示数值区间，Between 也可以用来表示字符区间，比如[test]字段值在"A"~"M"，表达式为：

```
[test] Between "A" And "M"
```

（3）表达式为：[jl] Is Null

6. Like 运算符

Like 运算符也是一种特殊运算符，用来比较两个字符串的模式是否匹配，即判断一个字串是否符合某一模式，在 Like 表达式中可以使用的通配符如表 4.5 所示。

表 4.5　Like 表达式中可以使用的通配符

通　配　符	含　义	表达式实例	可匹配字符串
*	可匹配任意多个字符	M*	Max，Money
?	可匹配任何单个字符	M?	Me，My

续表

通　配　符	含　　义	表达式实例	可匹配字符串
#	可匹配单个数字字符	123#	1234，1236
[charlist]	可匹配列表中的任何单个字符	[b-f]	b，c，d，e，f
[!charlist]	不允许匹配列表中的任何单个字符	[!b-f]	除 b，c，d，e，f 以外的字母

【例 4.11】建立表示以下条件的表达式。

（1）"学生"表中姓"张"的学生。

（2）"学生"表中姓名有 3 个字，而且最后一个字是"丽"的学生。

（3）"学生"表中"学号"的尾数为"01"的学生。

（4）"学生"表中"学号"的尾数为"01"～"05"的学生。

分析：

（1）学生的"姓名"字段的值以"张"开头，但姓名的长度不确定，所以"张"后应该跟"*"通配符。表达式如下：

```
[xm] Like "张*"
```

（2）学生的"姓名"为 3 个字，最后一个字是"丽"，所以需要使用 2 个"？"通配符代替前面两个未知字符。表达式如下：

```
[xm] Like "??丽"
```

（3）学生"学号"尾部数字确定，学号长度固定，所以既可以使用"*"又可以使用"？"通配符来代替学号前面未知字符，由于学号由数字组成，所以还可以使用"#"通配符。表达式如下：

```
[xh] Like "*01"
```

或：

```
[xh] Like "??????????01"       '说明：10 个"？"代表学号的前 10 位字符
```

或：

```
[xh] Like "##########01"       '说明：10 个"#"代表学号的前 10 位数字
```

（4）学生的"学号"尾部数字是一个区间，所以使用"[ ]"通配符。表达式如下：

```
[xh] Like "*0[1-5]"
```

 说明

Like 运算符及通配符常用于模糊查询。

4.3.2　函数

函数是一种特定的运算，在程序中要使用一个函数时，只要给出函数名和相应的参数，就能得到它的函数值。Access 提供了数百个标准函数，如聚合函数、数值函数、字符串函数、日期/时间函数、类型转换函数等。用户也可以通过 VBA 建立用户自定义函数。函数的使用格式为：

```
函数名 [(参数表)]
```

说明：

（1）参数表中的参数可以有一个或者多个（函数本身的要求），多个参数之间以逗号进行分隔。

（2）方括号表示可选部分。对于没有参数的函数，只需书写函数名，括号可以省略。

（3）函数调用时，参数可以是常量、变量、表达式，也可以是函数。

在查询中恰当地使用函数，能够为用户进行数据处理提供有效的方法，提高查询的效率。下面简单介绍常用标准函数及其功能。

1．聚合函数

聚合函数在聚合表达式中使用，用以计算数值型字段的各种统计值。常用聚合函数如表 4.6 所示。

表 4.6　常用聚合函数

函　数　名	功　　　　能
Avg(字段名)	计算指定字段中的一组值的平均值
Sum(字段名)	计算指定字段中的一组值的总和
Count(字段名)	计算指定字段中的一组值的个数，与字段记录的数值无关
Max(字段名)	计算指定字段中的一组值的最大值
Min(字段名)	计算指定字段中的一组值的最小值

注　意

在使用聚合函数时，如果未对记录进行分组，则计算该字段所有值的统计值。

【例 4.12】 建立表示以下条件的表达式。

（1）计算"选课成绩"表中每个学生的平均成绩。

（2）统计"选课成绩"表中每门课程的最高分。

分析：

（1）"选课成绩"表的主要结构是（学号、课程号、成绩），表中的每行记录的是某个学生的某门课程的成绩，所以统计每个学生的平均成绩时，必须先将学号一致的记录分在同一组，然后在组内计算所有成绩字段的平均值。按照学号分组后，相应的表达式如下：

```
Avg([cj])
```

注　意

如果分组不同，即使表达式一样，计算结果也不同。如果本例中按照课程号分组，表达式不变，统计的则是每门课程的平均成绩。

（2）根据上一题的分析，需要先按课程号分组，然后写表达式，具体如下：

```
Max([cj])
```

2．数值函数

数值函数主要用于进行数值运算和数值处理，如取整、取数据的符号、求三角函数、求对数等，常用数值函数如表 4.7 所示。

表 4.7　常用数值函数

函　数　名	功　　　　能	示　　　例
Abs(x)	求 x 的绝对值	Abs(−3.3) 结果为 3.3
Int(x)	取不大于 x 的最大整数	Int(3.6)　　结果为 3 Int(−3.6)　结果为−4
Fix(x)	取 x 的整数部分	Fix(3.6)　　结果为 3 Fix(−3.6)　结果为−3
Round(x,n)	对 x 进行四舍五入，保留 n 位小数	Round(3.1415926,2)　结果为 3.14
Sgn(x)	判断 x 的符号，若 x>0，返回值为 1；若 x<0，返回值为−1；若 x=0，返回值为 0	Sgn(6)　　结果为 1 Sgn(−6)　结果为−1
Sqr(x)	求 x 的平方根	Sqr(25)　　结果为 5
Exp(x)	求以 e 为底的指数（e^x）	Exp(1)　　结果为 2.718
Log(x)	求 x 的自然对数（Ln x）	Log(10)　结果为 2.303

注 意

和聚合函数不同，数值函数的计算对象是某一个数据，而不是一组数据。所以，如果数值函数的参数是某一字段，则计算结果和该字段值的数量一样多。

【例 4.13】建立表示以下查询条件的表达式。

（1）将"学生费用"表中的书本费抹去角和分。

（2）将"学生费用"表中的书本费四舍五入到角。

分析：

（1）抹去角和分相当于取整操作，对于正整数来说 Int() 和 Fix() 的计算结果一样。所以相应的表达式为：

```
Fix([sbf])  '或者是 Int([sbf])
```

（2）四舍五入函数是 Round()，所以相应的表达式为：

```
Round([sbf],1)
```

说 明

Round() 函数的第二个参数可以不写，使用默认值 0，即四舍五入到个位。

3．字符串函数

字符串函数用于处理字符串，比如取字符串的长度、取子串、去除空串等。该函数可以处理文本型字段值。常用字符串函数如表 4.8 所示。

表 4.8 常用字符串函数

函 数 名	功 能	示 例
Len(s)	求字符串 s 的长度（字符数）	Len("人数 1234") 结果为 6
Left(s, n)	截取字符串 s 左端的 n 个字符，生成子串	Left("ABC123",4) 结果为"ABC1"
Right(s, n)	截取字符串 s 右端的 n 个字符，生成子串	Right("ABC123",4) 结果为"C123"
Mid(s, m, n)	从字符串 s 的第 m 个字符位置开始，取出 n 个字符	Mid("ABC123",2,3) 结果为"BC1"
LTrim(s)	删除字符串 s 左端的空格	LTrim(" ABC ") 结果为"ABC "
RTrim(s)	删除字符串 s 右端的空格	RTrim(" ABC ") 结果为" ABC"
Trim(s)	删除字符串 s 两端的空格	Trim(" 123 ") 结果为"123"

【例 4.14】建立表示以下条件的表达式。

（1）"学生"表中"2009 级"的所有学生。

（2）去除"学生"表中"姓名"字段值的首尾空格。

（3）"课程"表中"课程名称"从第 5 个字到第 6 个字是"设计"的所有课程。

分析：

（1）Left([xh],4)="2009"

（2）Trim([xm])

（3）Mid([kcm],5,2)="设计"

说 明

结合前面讲过的 Like 运算符和通配符，第 3 个条件的表达式还可以写成：

```
[kcm] Like "????设计*"
```

4．日期/时间函数

常用日期/时间函数如表 4.9 所示。

表 4.9　常用日期/时间函数

函　数　名	功　　能	示　　例
Date()	返回当前系统日期	
Time()	返回当前系统时间	
Year(D)	返回日期中的年份数	Year(#2012−1−1#)　结果为 2012
Hour(D)	返回时间中的钟点数	Hour(#13:01:01#)　结果为 13
DateAdd(S1,x, D)	返回添加指定时间间隔的日期，参数 S1 可以是"yyyy"、"q"、"m"、"d"分别表示年数、季度数、月数、天数	DateAdd("yyyy",2,#2012−1−1#)　结果为#2014−1−1# DateAdd("q",2,#2012−1−1#)　　结果为#2012−7−1# DateAdd("m",2,#2012−1−1#)　　结果为#2012−3−1# DateAdd("d",2,#2012−1−1#)　　结果为#2012−1−3#

【例 4.15】建立表示以下条件的表达式。

（1）"学生"表中入学时间不满 1 年的学生。

（2）计算每个学生的生日，表示成"×月×日"。

分析：

（1）如果学生的入学时间加上一年后的日期大于系统日期，可以推断学生入学未满一年，所以表达式可以写成：

```
DateAdd("yyyy",1,[rxsj])>Date()
```

思考：还有没有其他表示方法？

（2）通过函数可以取得一个日期的年月日数字，然后将数字和"月""日"汉字做字符串连接，所以表达式可以写成：

```
Month([csrq]) & "月" & Day([csrq]) & "日"
```

5．类型转换函数

由于运算符使用规则、函数规则以及其他运算需要，有时需要对数据进行类型转换。常用类型转换函数如表 4.10 所示。

表 4.10　常用类型转换函数

函　数　名	功　　能	示　　例
Asc(x)	将字符转换为相应的 ASCII 码值	Asc("A")　　结果为 65
Chr(x)	将 ASCII 码值转换为相应的字符	Chr(97)　　结果为"a"
Str(x)	将数值转换成对应的字符串	Str(123.45)　　结果为" 123.45"
Val(x)	将字符串 x 转换成对应的数值	Val("−123.45")　　结果为−123.45
CDate(x)	将 x 的值强制转换为 Date 类型	CDate("2012−1−1")　结果为#2012−1−1#

> **说　明**
>
> Access 的内置函数很多，没有必要一一学习，可以通过表达式生成器的提示以及帮助文档选择能满足用户需求的函数。应用中最重要的是书写正确的表达式，当然包括函数的正确使用，其中的重点是数据类型的匹配和参数的正确传递。

4.4　使用设计视图创建查询

许多查询向导无法完成的查询，需要使用查询的设计视图创建。查询设计视图提供最完善的查询设置，能在系统允许范围内极大地满足用户的查询需求。首先介绍查询设计视图的界面，单击"创建"选项卡"查询"组中的"查询设计"按钮或打开已经存在的查询，选择设计视图模式打开该界面，如图 4.35 所示。

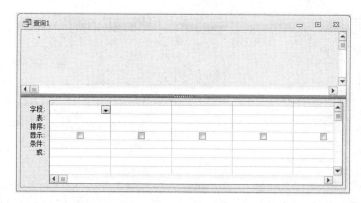

图 4.35 查询的设计视图模式

该设计视图分上下两个区域，上部区域用来设置数据源，在灰色部分右击，在弹出的快捷菜单中选择"显示表"命令，可以选择数据库中存在的表或查询作为数据源；下部区域用来根据要求定制查询，具体说明如下：

（1）字段：指定查询中需要使用的字段，可以是数据源中的字段或表达式。在数据源的列表中通过双击或拖动完成字段的添加，或书写表达式作为字段。查询运行时，前者直接显示相应字段的值，后者显示表达式的计算结果。

（2）表：对应上面的字段，指定字段的来源。如果是通过单击的方式选择字段，该值是系统自动填写的。所以该值一般不需要用户填写，仅供查阅参考。

（3）排序：对应上面的字段，指定查询结果是否按字段值进行升序或降序排列。如果没有排序要求，该行不进行任何设置。

（4）显示：指定对应字段是否显示。

（5）条件：指定查询的条件，只有满足条件的记录才会在查询结果中显示。该值可以是部分的：和上面的"字段"组成完整的条件表达式；也可以是完整的：返回值为逻辑值的条件表达式。如果该行有多个列的值，表示要求多个条件同时成立。

（6）或：指定"或"关系的第二个条件，与上一行条件构成完整的"或"查询条件。如果没有"或"条件，该行无须填写。即使存在两个"或"条件，该行也不一定填写，因为两个条件表达式通过运算符"Or"可以合并为一个条件表达式。如果表达式书写足够熟练，该行一般空白。

下面举例介绍常见查询的创建步骤。

4.4.1 基本查询

基本查询是指从一个或多个表或查询中选择若干字段显示的查询，是最简单的查询。

【例 4.16】创建一个如图 4.36 所示的学生班级信息基本查询。

分析：

（1）显示字段：学号、姓名、性别、班级名称。

（2）数据来源："学生"表。

具体操作步骤如下：

（1）打开查询设计视图，按照提示选择"学生"表作为数据源。如果关闭了此项，可以在设计视图上部任意位置右击，在弹出的快捷菜单中选择"显示表"命令。

（2）拖动或双击数据源中的字段名，该字段就会显示在设计视图下部的"字段"行。同时，该字段所在的表名被自动列出在"表"行，"显示"行的值自动设置为 True。

查询建立完成，设计视图中的设置如图 4.37 所示。

查询创建完成后，单击"查询工具/设计"选项卡"结果"组中的"运行"按钮，或者将设计视图模式修改为"数据表"视图模式，就能够看到查询的结果了，如图 4.36 所示。

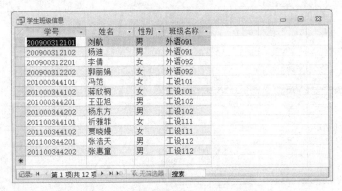 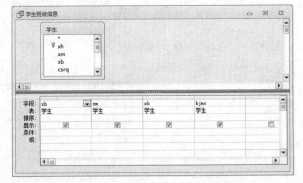

图 4.36　学生班级信息基本查询结果　　　　　图 4.37　例 4.16 查询设计视图设置

【例 4.17】创建一个如图 4.38 所示的学生课程开课学期基本查询。

分析：

（1）显示字段：学号、姓名、课程号、课程名称和开课学期。

（2）数据来源：学号、课程号、开课学期来源于选课成绩表，姓名来源于学生表，课程名称来源于课程表。根据数据库的设计，3 张表之间存在 2 个一对多的关系。

具体操作步骤如下：

（1）打开查询设计视图，选择"学生""选课成绩""课程"表作为数据源。可以看到，由于之前建立过数据库的表关系，所以在"学生"和"选课成绩"之间有一条连线，指示两张表的关系是学号相等。

（2）双击数据源中需要显示的字段名：学生表中的"姓名"，课程表中的"课程名"，选课成绩表中的"学号""课程号""开课学期"。然后使用拖动的方法调整列的位置。

查询建立后，设计视图中的设置如图 4.39 所示。

图 4.38　学生课程开课学期查询结果　　　　　图 4.39　例 4.17 查询设计视图设置

思考：创建一个查询，显示学生的学号、姓名，课程的课程号、课程名及成绩，该如何创建？

4.4.2　含新字段查询

含新字段查询指的是查询结果的新字段列是表达式的计算结果，而不是直接来源于表或查询。

【例 4.18】创建一个如图 4.40 所示的显示学生的年级和政治面貌的查询。

分析：

（1）显示字段：姓名、性别、年级和政治面貌。其中"年级"字段不在学生表中，需要通过表达式计算取得，取学生学号的前 4 位数字作为年级。需要使用表达式 Left([学生]! [xh],4)。想一想，还有什么办法可以计算年级。

（2）数据来源："学生"表。

具体操作步骤如下：

（1）打开查询设计视图，添加数据源"学生"。

（2）双击添加字段：姓名、性别、年级和政治面貌。

（3）"年级"字段是新字段，需要书写表达式。建议初学者在"表达式生成器"中编辑表达式。打开生成器的方法是，右击"字段"行中空白列的空白部分，在弹出的快捷菜单中选择"生成器"命令，弹出"表达式生成器"对话框，如图 4.41 所示。

"表达式生成器"的表达式编辑区域在左上角，函数、表的字段、操作符等组成表达式的元素可以在"表达式生成器"的下部区域从左到右逐步选择。在本例中，表达式是一个字符串函数，所以选择"函数""内置函数""文本""Left"，在"表达式生成器"右下角的列表框中双击"Left"，该函数就被读取到生成器的表达式编辑区，同时还会显示函数需要的参数，如图 4.42 所示。

图 4.40　学生年级和政治面貌查询结果

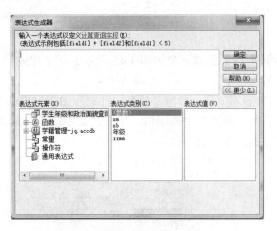

图 4.41　"表达式生成器"对话框

写入函数名称后需要编辑函数的参数，根据提示 Left()函数有两个参数，第一个参数是文本表达式，第二个参数是从左边取子串的长度。由于要求处理学号字段的值，所以该例的第一参数应选择来源于"学生"表的学号字段名，所以删除第一个参数提示，然后依次选择生成器下部的"学籍管理"→"表"→"学生"→"xh"，在生成器右下角的列表框中双击"值"，该字段名就成为 Left()函数的第一个参数。最后修改 Left()函数的第二个参数为数值 4，该表达式编辑完成，如图 4.43 所示。

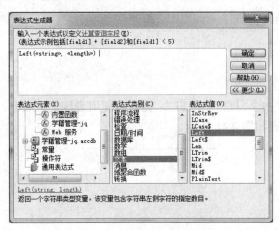

图 4.42　例 4.18 新字段表达式-Left()函数

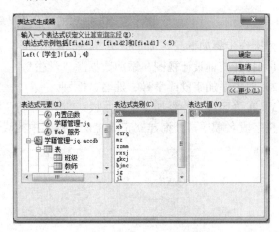

图 4.43　例 4.18 新字段表达式

单击"确定"按钮，返回查询设计视图。观察刚才写入的表达式，形如：表达式1: Left([学生：，其中"表达式1："表示新生成字段显示的字段名，按照题目要求将此部分改为"年级："。如果表达式书写足够熟练，也可以不通过"表达式生成器"而直接书写。

调整字段名顺序，查询建立完成，设计视图中的设置如图 4.44 所示。

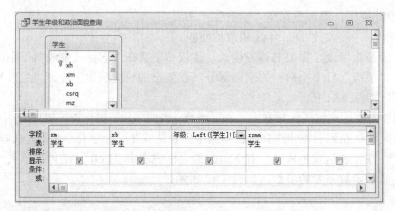

图 4.44　例 4.18 查询设计视图设置

【例 4.19】创建一个如图 4.45 所示的学生出生日期的年月日查询。

分析：

（1）显示字段：学号、姓名、性别和出生日期的年、月、日。其中后三项是由“学生”表的出生日期字段计算所得，属于新生成字段。出生日期字段是日期/时间型数据，使用 Year()、Month()、Day()函数可以取得日期数据的年、月、日。

（2）数据来源：“学生”表。

学生生日年月日查询

学号	姓名	性别	出生年份	出生月份	生日
200900312101	刘航	男	1989	11	12
200900312102	杨迪	男	1987	5	9
200900312201	李倩	女	1989	9	5
200900312202	郭丽娟	女	1987	10	12
201000344101	冯范	女	1990	8	15
201000344102	蒋欣桐	女	1989	6	15
201000344201	王亚旭	男	1989	12	15
201000344202	杨东方	男	1990	3	5
201100344101	祈雅菲	女	1992	5	4
201100344102	贾晓幔	女	1991	10	12
201100344201	张浩天	男	1990	6	1
201100344202	张惠童	男	1988	4	23

记录: 第 1 项(共 12 项 无筛选器 搜索

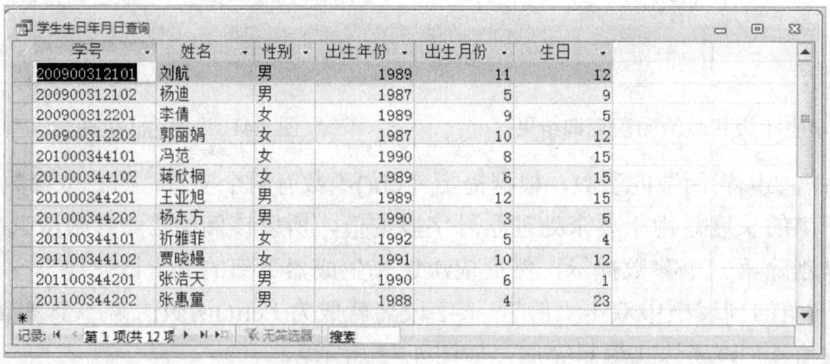

图 4.45　学生出生日期的年月日查询结果

具体操作步骤如下：

（1）打开查询设计视图，添加数据源“学生”。

（2）双击添加字段：学号、姓名、性别。

（3）在“字段”行添加 3 个新字段：“出生年份”“出生月份”“生日”。提示：使用表达式生成器。调整字段名顺序，查询建立完成，设计视图中的设置如图 4.46 所示。

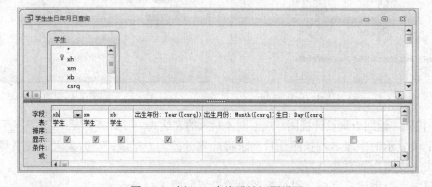

图 4.46　例 4.19 查询设计视图设置

思考：创建一个查询，将学生的出生年份和生日分别显示，如图 4.47 所示。

图 4.47　学生出生年份和生日查询

提示：在例 4.19 中修改，生日的表达式是由月份和生日做字符串连接而成的。

4.4.3　选择查询

选择查询指选择满足指定条件的内容进行显示，条件表达式是创建这种查询的重点。

【例 4.20】创建一个如图 4.48 所示的男生信息查询。

分析：

（1）显示字段：学号、姓名、性别和班级名称。

（2）数据来源："学生"表。

（3）查询条件：性别字段的值是"男"。即查询结果应满足的条件表示式为：[学生]![xb]="男"。

具体操作步骤如下：

（1）打开查询设计视图，添加数据源"学生"表。

（2）双击添加字段：学号、姓名、性别和班级名称。

（3）在"条件"行书写表达式。可以在该列某一行书写完整的表达式，本例也可以简化为图 4.49 所示。

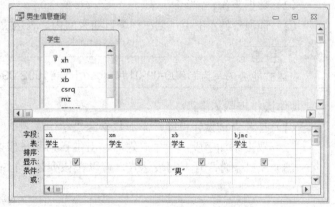

图 4.48　男生信息查询结果　　　　　图 4.49　例 4.20 查询设计视图设置

🔒 说　明

图 4.49 中的条件表达式被拆分为两部分，一部分借用了"字段"行的"xb"，另一部分借用了"条件"行的"男"，再加上条件部分省略不写的运算符"="，就组成完整的表达式：[xb]="男"。如果查询班级名称是"外语091"的学生，查询条件是：[bjmc]="外语091"，也可以在条件行、班级名称列写："外语091"。

说明：

【例 4.21】创建一个如图 4.50 所示的 1990 年 9 月 1 日以前出生的学生信息查询。

分析：

（1）显示字段：学号、姓名、出生日期和班级名称。

（2）数据来源："学生"表。

（3）查询条件：1990 年 9 月 1 日以前出生。条件表达式为：[csrq]<#1990-09-01#。

具体操作步骤如下：

（1）打开查询设计视图，添加数据源"学生"表。

（2）双击添加字段：学号、姓名、出生日期和班级名称。

（3）在"条件"行书写表达式。可以在该列某一行书写完整的表达式，本例也可以简化为图 4.51 所示。

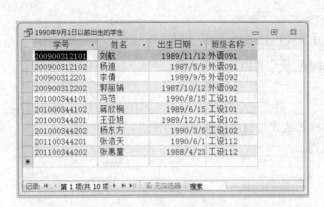

图 4.50　1990 年 9 月 1 日前出生的学生信息查询结果

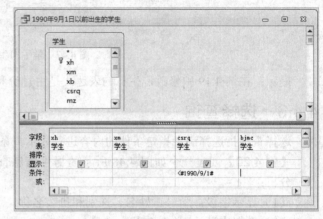

图 4.51　例 4.21 查询设计视图设置

【例 4.22】创建一个出生日期在 1990 年 9 月 1 日和 1992 年 9 月 1 日之间的学生信息查询（含 1990 年 9 月 1 日和 1992 年 9 月 1 日出生的），如图 4.52 所示。

分析：

（1）显示字段：学号、姓名、出生日期和班级名称。

（2）数据来源："学生"表。

（3）查询条件：出生日期在一个日期区间内。表达式为：[csrq]>=#1990-09-01# and [csrq]<=#1992-09-01#。

 注　意

表达式能否书写为#1990-09-01#<=[csrq]<= #1992-09-01#？为什么？

具体操作步骤如下：

（1）打开查询设计视图，添加数据源"学生"表。

（2）双击添加字段：学号、姓名、出生日期和班级名称。

（3）在"条件"行书写表达式。可以在该列某一行书写完整的表达式，本例也可以简化为图 4.53 所示。

图 4.52　学生信息查询-按出生日期区间查询结果

图 4.53　例 4-22 查询设计视图设置

【例 4.23】创建一个出生日期在 1989 年 9 月 1 日之前或者是男性的学生信息查询，如图 4.54 所示。

分析：

（1）显示字段：学号、姓名、性别和出生日期。

（2）数据来源："学生"表。

（3）查询条件：出生日期在一个日期之前或者是男性。有两个条件：[csrq]<#1989-09-01# 和[xb]="男"，两个条件是或的关系，可以使用 OR 运算符连接或是利用查询设计视图将两个条件写在不同行。完整的表达式是：[csrq]<#1989-09-01# OR [xb]="男"。

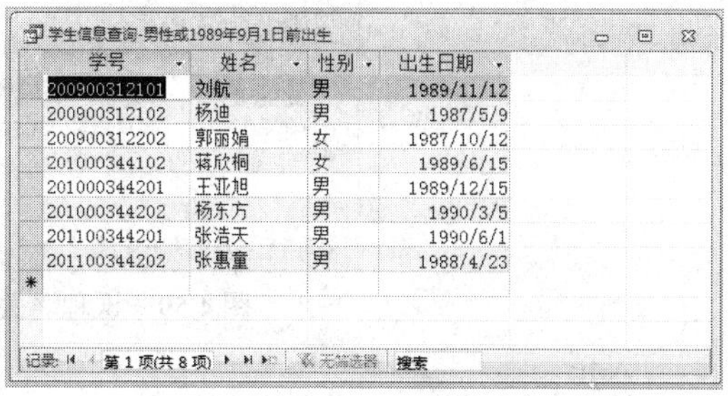

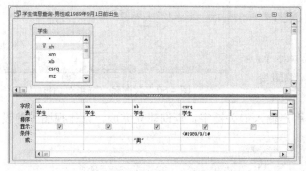

图 4.54 学生信息查询-男性或 1989 年 9 月 1 日前出生查询结果

具体操作步骤如下：

（1）打开查询设计视图，添加数据源"学生"。

（2）双击添加字段：学号、姓名、性别和出生日期。

（3）在"条件"行书写表达式。可以在该列某一行书写完整的表达式，本例也可以简化为图 4.55 所示。

思考：创建一个查询，结果如图 4.56 所示，显示的是 2010-2011-1 学期的学生选课成绩情况，如何创建该查询？

图 4.55 例 4.23 查询设计视图设置

图 4.56 2010-2011-1 学期学生选课查询结果

提示：查询的数据源有时不止一个，需要根据题目要求的字段决定数据来源。

4.4.4 参数查询

参数查询是指查询运行时由用户在对话框内书写参数，然后根据用户的输入选择数据进行显示，是一种特殊的选择查询。参数查询具有极大的灵活性，常作为窗体、报表等 Access 数据库对象的数据源。

【例 4.24】创建一个课程信息查询，用户输入课程名关键字，查询结果输出课程名中含关键字的所有课程信息。查询运行后弹出图 4.57 所示"输入参数值"对话框，如果用户输入"设计"，则查询运行结果如图 4.58 所示。

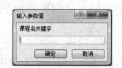

图 4.57 "输入参数值"对话框　　图 4.58 课程名关键字参数查询运行结果——输入"设计"

如果用户输入"动画"，则查询运行结果如图 4.59 所示。

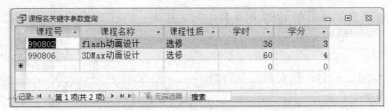

图 4.59　课程名关键字参数查询运行结果——输入"动画"

分析：

（1）显示字段：课程号、课程名称、课程性质、学时、学分。

（2）数据来源："课程"表。

（3）查询条件：由用户在查询运行时输入课程名称的关键字决定，这是本例重点。首先假设：如果需要查询课程名称中包含"动画"关键字的信息，即"动画"字符串的前后可能有零个或任意多个字符组成完整的课程名称，需要使用 Like 运算符和通配符，进行关键字查找。表达式应为：[kcm] like "*动画*"。本例的关键字由用户指定，所以需要使用一个变量来存储用户的输入。

具体操作步骤如下：

（1）打开查询设计视图，添加数据源"课程"表。

（2）双击添加字段：课程号、课程名称、课程性质、学时、学分。

（3）定义变量名：单击"查询工具/设计"选项卡"显示/隐藏"组中的"参数"按钮，弹出"查询参数"对话框，编辑变量名称，如图 4.60 所示。

图 4.60　查询参数编辑对话框

（4）在"条件"行书写表达式。使用参数名称指代用户输入的关键字，查询建立完成，设计视图中的设置如图 4.61 所示。

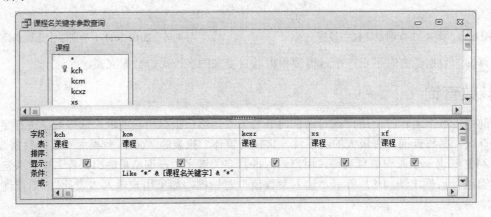

图 4.61　例 4.24 查询设计视图设置

 注 意

表达式不能写为[kcm] like "*课程名关键字*"。因为"课程名关键字"是变量名，需要把通配符和变量做字符连接。

思考：如果要求用户输入学生爱好的关键字（如乒乓球），查询相关的学生信息，查询该如何创建？

4.4.5　排序查询

排序查询指按照一个或多个字段的值排序后显示的查询结果。

【例 4.25】 创建学生选课信息查询，结果按照课程号的升序、成绩的降序显示。结果如图 4.62 所示。

分析：

（1）显示字段：学号、姓名、课程号、课程名称和成绩。

（2）数据来源："学生"表、"课程"表、"选课成绩"表。

（3）排序要求：课程号的升序、成绩的降序。

具体操作步骤如下：

（1）打开查询设计视图，添加数据源"学生""课程""选课成绩"。

（2）双击添加字段：学号、姓名、课程号、课程名称和成绩。

（3）设置排序：在设计视图的"排序"行 "kch" 列单元格右侧单击 ，选择"升序"，在"cj"列选择"降序"。

查询建立完成，设计视图中的设置如图 4.63 所示。

图 4.62　双重排序查询结果

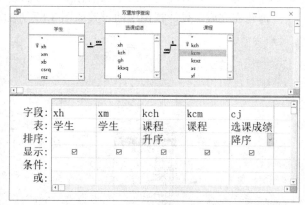

图 4.63　例 4.25 查询设计视图设置

4.4.6　分组统计查询

分组统计查询指的是对一列当中的若干数据做如求平均值、求和等聚合运算的查询。如果不进行分组，聚合运算的对象是一列中的所有数据，最终返回一个结果。如果进行分组，则聚合运算的对象是一列中同一组数据，数据被分为几组就有几个运算结果。

【例 4.26】统计学生的男生、女生人数。结果如图 4.64 所示。

分析：

（1）显示字段：性别和该性别学生人数。第二个字段是统计字段。

（2）数据来源："学生"表。

（3）分组统计要求：不同性别的学生人数。

具体操作步骤如下：

（1）打开查询设计视图，添加数据源"学生"表。

（2）双击添加字段：性别和学号。

（3）设置分组：单击"查询工具/设计"选项卡"显示/隐藏"组中的"汇总"按钮，查询设计视图的下半部分会多出一行"总计"，用来进行分组以及统计设置，如图 4.65 所示。

图 4.64 男生、女生人数统计查询结果

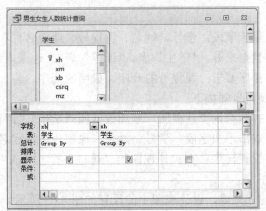

图 4.65 选择"总计"菜单项后的查询设计视图

"总计"行初始将所有字段的值在该行设置为"Group By",即分组,如果需要修改,单击该行某一列右侧的 ✓ ,可以看到如图 4.66 所示的列表。

列表中的"Group By"用来指定分组字段,其余用来做分组统计,如求和、求平均值等。一个查询也可以设置多重分组,分组的顺序从左到右由高到低,和排序的规则相似。本例中的分组字段是性别,性别一样的记录被分为一组,统计每一组记录的行数,可以选择学号进行计数。

查询建立完成,设计视图中的设置如图 4.67 所示。

图 4.66 分组计算下拉列表框

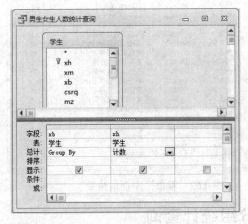

图 4.67 例 4.26 查询设计视图设置

思考:为何该查询只显示两列结果?能否增加需要显示的列数?如果需要统计不同政治面貌的学生人数,该如何创建查询?

【例 4.27】统计每个院系的学生人数。结果如图 4.68 所示。

分析:

(1)显示字段:院系名称和学生人数总计。第二个字段是统计字段。

(2)数据来源:"院系"表和"班级"表。院系名称来源于"院系"表,而"班级"表中有院系名称和该班学生人数。

(3)分组统计要求:不同院系的学生人数。

具体操作步骤如下:

(1)打开查询设计视图,添加数据源"院系"和"班级"。两个表在数据库中的关系是"院系号"相等。

(2)双击添加字段:来源于"院系"表的院系名称和来源于"班级"表的学生人数。

(3)设置分组:分组依据是院系名称,相同院系名称意味着相同的院系号,在"班级"表中院系号一样的被分为一组,每组的学生人数累加即该院系的学生总数。

查询建立完成,设计视图中的设置如图 4.69 所示。

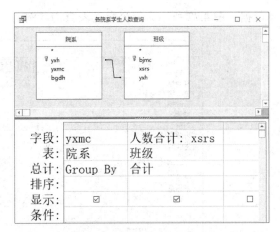

图 4.68　各院系学生人数查询结果　　　　图 4.69　例 4.27 查询设计视图设置

> **说 明**
>
> 数据库会自动为统计字段添加列标题，如需更改，在列标题中的"："号左侧填写自定义的列标题即可。

思考：为何该查询只显示两行结果？能否增加显示的行？

【例 4.28】统计各班级男生、女生人数。结果如图 4.70 所示。

分析：

（1）显示字段：班级名称、性别、人数。

（2）数据来源：3 个字段均来源于"学生"表。

（3）分组依据：先按班级名称分组，再按性别分组，然后统计每组的学生人数（对学号计数）。

具体操作步骤如下：

（1）打开查询设计视图，添加数据源"学生"。

（2）双击添加字段：来源于"学生"表的班级名称、性别、学号字段。

（3）设置分组：分组依据是班级名称和性别。对学号做计数。

查询建立完成，设计视图中的设置如图 4.71 所示。

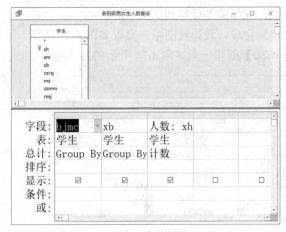

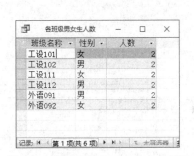

图 4.70　各班级男生、女生人数统计　　　　图 4.71　例 4.28 查询设计视图设置

思考：统计各门课程在各个学期的选课学生数，如何创建该查询？

4.4.7　交叉表查询

交叉表查询是一种特殊的分组查询，其结果形式不同于以上所有查询。交叉表查询根据用户的指定进行两次分组，对分组后的数据做统计计算。交叉表查询的结果既有行标题又有列标题，而行、列标题的内容均来源于原始数据。图 4.72 所示为一个交叉表查询示例。

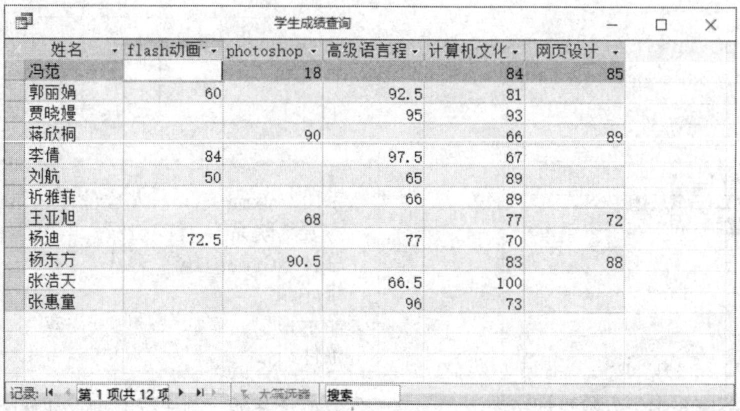

姓名	flash动画	photoshop	高级语言程	计算机文化	网页设计
冯范		18		84	85
郭丽娟	60		92.5	81	
贾晓嫚			95	93	
蒋欣桐		90		66	89
李倩	84		97.5	67	
刘航	50		65	89	
祈雅菲			66	89	
王亚旭		68		77	72
杨迪	72.5		77	70	
杨东方		90.5		83	88
张浩天			66.5	100	
张惠童			96	73	

图 4.72 交叉表查询示例

【例 4.29】创建一个如图 4.72 所示的学生成绩交叉表查询。

分析：

（1）显示字段：姓名、课程名称、成绩。姓名是行标题，课程名称是列标题，成绩是行与列交叉点的数据。

（2）数据来源："学生"表、"选课成绩"表、"课程"表。

（3）交叉表设置：行——姓名，列——课程名称，值——成绩。

具体操作步骤如下：

（1）打开查询设计视图，添加数据源"学生"表、"选课成绩"表、"课程"表。

（2）双击添加字段：姓名、课程名称、成绩。

（3）交叉表设置：单击"查询工具/设计"选项卡"查询类型"组中的"交叉表"按钮，设计视图中多出"总计"行和"交叉表"行。交叉表查询的本质是双重分组查询，所以先设置分组：分组依据是姓名和课程名称，统计分组中的第一条记录"成绩"。

然后设置"交叉表"行，姓名列是"行标题"，位于每条记录的最左侧；课程名称是"列标题"，位于每列的最上端；成绩就是行与列交叉点的值。

查询建立完成，设计视图中的设置如图 4.73 所示。

【例 4.30】创建一个如图 4.74 所示的各班级男生、女生人数交叉表查询。

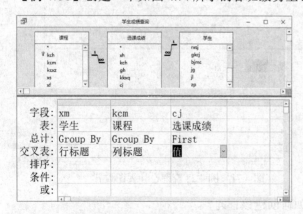

图 4.73 例 4.29 查询设计视图设置

图 4.74 各班级男生、女生人数交叉表查询结果

分析：

（1）显示字段：班级名称、性别和人数。

（2）数据来源："学生"表。

（3）交叉表设置：行——班级名称，列——性别，值——人数。

具体操作步骤如下：

（1）打开查询设计视图，添加数据源"学生"表。

（2）双击添加字段：班级名称、性别、学号。

（3）交叉表设置：分组依据是班级名称和性别，对学号做计数操作；"交叉表"行的班级名称字段为"行标题"，性别为"列标题"，人数为"值"。

查询建立完成，设计视图中的设置如图 4.75 所示。

思考：创建一个交叉表查询，要求行标题为院系名称，列标题为职称，行和列的交叉点上显示教师人数，该如何创建？

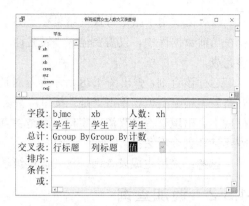

图 4.75　例 4.30 查询设计视图设置

4.5　创建操作查询

Access 2010 操作查询在查询的基础上增加了操作数据的功能。根据查询结果进行的操作包括：生成新表、在已经存在的表中追加新记录、更新数据表中相关数据（列）、删除数据表中相关数据（行）。

4.5.1　生成表查询

生成表查询根据查询结果生成一个新的数据表，需要先建立查询然后设置查询结果将要存放的表的名称。查询运行后，查询结果会被系统存入指定表中。

【例 4.31】创建一个将学生按年级归档的生成表查询。

分析：

（1）显示字段：学生基本信息各字段。

（2）数据来源："学生"表。

（3）选择要求：不同年级。学号的前 4 位数字表示年级，每个年级的学生是一个查询结果，比如 2009 级的学生，条件表达式为：Left([xh],4)="2009"。

（4）根据查询结果生成表：生成表查询是操作查询的一种，需要通过功能菜单设置。

具体操作步骤如下：

（1）打开查询设计视图，添加数据源"学生"。

（2）双击添加字段：学生表的所有字段。

（3）设置选择条件：在"条件"行"xh"列写入表达式：Left([xh],4)="2009"，如图 4.76 所示。

（4）设置生成表查询：单击"查询工具/设计"选项卡"查询类型"组中的"生成表"按钮，弹出"生成表"对话框，如图 4.77 所示。

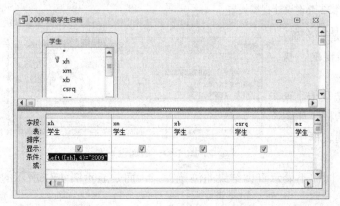

图 4.76　2009 年级学生归档查询设置

图 4.77　"生成表"对话框

该对话框用于指定将查询结果存至哪个新表中，表可以属于当前数据库也可以是其他数据库。如果要求存在当前数据库中，仅需要输入"表名称"，这里输入"2009年级学生归档表"，单击"确定"按钮，查询创建完成。

运行该查询，弹出图4.78所示提示对话框，提示将建立新表，并向新表中粘贴数据，单击"是"按钮，新表创建完成。注意，查询运行后不会出现查询结果浏览窗口，而是将查询结果直接粘贴至新表，需要打开表查看数据。

图4.78　例4.31查询运行结果提示对话框

思考：采用生成表查询，将其他年级学生归档，该如何操作？

4.5.2　追加查询

追加查询将查询结果追加到一个已经存在的表的尾部。遵循数据库范式规则，查询结果的结构和被追加的表的结构必须一致。

【例4.32】 例4.31中生成了"2009年级学生归档"表，现在查询2010年级的党员的基本信息，将其追加到"2009年级学生归档"表尾部。

分析：

（1）显示字段：学生基本信息各字段。

（2）数据来源："学生"表。

（3）选择要求：2010年级并且是党员。条件表达式为：

```
Left([xh],4)="2010" And [zzmm]="党员"
```

（4）根据查询结果追加记录：追加查询是操作查询的一种，需要通过功能菜单设置。

具体操作步骤如下：

（1）打开查询设计视图，添加数据源"学生"。

（2）双击添加字段：学生表的所有字段。

（3）设置选择条件：在"条件"行"xh"列输入表达式：Left([xh],4)="2010"，在同行的"zzmm"列输入表达式："党员"，如图4.79所示。

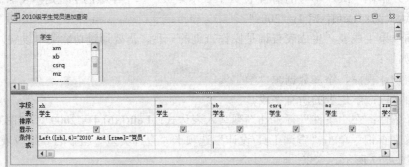

图4.79　例4.32查询设计视图设置

提示：此时可以运行选择查询，检查查询结果是否准确，如果准确再设置"追加查询"。如果查询结果是错误的，执行追加查询后可能造成数据污染。

（4）设置追加查询：单击"查询工具/设计"选项卡"查询类型"组中的"追加"按钮，弹出"追加"对话框，如图4.80所示。在"追加到"区域的"表名称"下拉列表框中选择查询结果所追加的表。

图4.80　追加查询对话框

单击"确定"按钮，查询创建完成。运行后，同样不显示查询结果的浏览窗口，而是显示图4.81所示的提示对话框。

单击"是"按钮，查询结果就被追加到指定表中，打开"2009 年级学生归档表"查看追加结果。

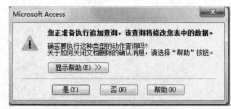 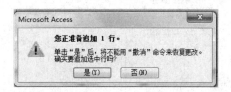

图 4.81　例 4.32 查询运行结果提示对话框

> **注意**
>
> 查询结果的结构和被追加的表的结构必须一致，第（4）步完成后，查询设计视图的下半部分会多出一行"追加到"，该行字段值一般由系统自动添加。如果该行所有字段值如图 4.82 所示，追加查询才可以正常运行；否则，查询无法成功执行。

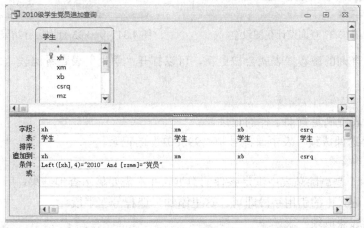

图 4.82　例 4.32 查询设计视图最终设置

4.5.3　更新查询

如果需要成批地修改表中的某列数据，可以选择更新查询。更新查询会根据查询条件，选择满足条件的记录按照更新规则，更新数据列的内容。如果没有更新条件，更新查询会更新所有记录在某一列的值。

【例 4.33】在"学生"表中为所有少数民族学生的高考成绩加上 10 分的校内附加分。

分析：

（1）显示字段：由于仅在源表中修改某列数据，并不需要显示查询结果，所以这里的显示字段只要添加查询设置要求的字段即可。比如有选择条件，就列出表达式中的引用字段。必须填写的字段是更新字段，因为要告诉查询究竟哪个字段需要修改，而且以后还要设置该字段要被修改成什么。所以，这里选择"民族"和"高考成绩"字段。

（2）数据来源："学生"表。

（3）选择要求：少数民族。对应的表达式是：[mz]<>"汉族"。

（4）更新要求：[gkcj]=[gkcj]+10。更新查询是操作查询的一种，需要通过功能区进行设置。

具体操作步骤如下：

（1）打开查询设计视图，添加数据源"学生"表。

（2）双击添加字段：高考成绩。

（3）设置选择条件：在"条件"行"gkcj"列输入表达式：[mz]<>"汉族"。

（4）设置更新查询：单击"查询工具/设计"选项卡"查询类型"组中的"更新"按钮，查询设计视图下半部分发生变化，按要求填写更新规则，如图 4.83 所示。

查询运行后，同样不显示查询结果浏览窗口，而是弹出图 4.84 所示的提示对话框。

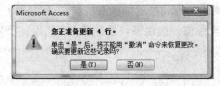

图 4.83　例 3.33 查询设计视图设置　　　　图 4.84　例 3.33 查询运行结果提示对话框

单击"是"按钮，查询的源数据表就会被更新，可以打开"学生"表查看比较。

4.5.4　删除查询

删除查询用来删除表中满足查询条件的记录。

【例 4.34】删除"选课成绩"表中课程号是"990801"的记录。

分析：

（1）显示字段：由于是删除源表中满足条件的数据，并不需要显示查询结果，所以这里的显示字段只要添加满足选择条件的表达式中的引用字段即可。这里添加"课程号"字段。

（2）数据来源："选课成绩"表。

（3）选择要求：[kch]="990801"。

（4）删除查询设置：删除查询是操作查询的一种，需要通过功能区进行设置。

具体操作步骤如下：

（1）打开查询设计视图，添加数据源"选课成绩"。

（2）双击添加字段：课程号。

（3）设置选择条件：在"条件"行"kch"列输入表达式："990801"。

（4）设置删除查询：单击"查询工具/设计"选项卡"查询类型"组中的"删除"按钮，查询设计视图发生变化，如图 4.85 所示。

保存查询，然后运行该查询，弹出图 4.86 所示的提示对话框。

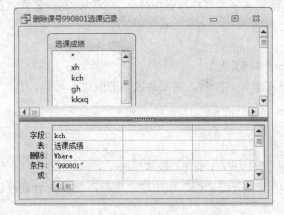

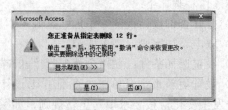

图 4.85　例 4.34 查询设计视图设置　　　　图 4.86　例 4.34 查询运行结果提示对话框

单击"是"按钮，学生选课表中课程号为"990801"的记录就永久地被删除了。

思考：删除学生选课表中由用户指定课程号的记录，该如何创建删除查询？

4.6　创建 SQL 查询

Access 2010 中的查询最终会被翻译成 SQL 语句，由系统执行。SQL 是用于访问和处理数据库的标准计算机语言，比如一般查询会被翻译成 SQL 查询语句，操作查询会被翻译成 SQL 数据操作语句。

SQL（Structured Query Language，结构化查询语言）是一种数据库查询和程序设计语言。SQL 的主要功能包括数据定义、操作和维护。

Access 中的查询可以通过 SQL 视图查看其对应的 SQL 语句，也可以新建一个查询，然后选择 SQL 视图，直接书写 SQL 语句。单击"查询工具/设计"选项卡"结果"组中的"视图"下拉按钮，在弹出的下拉列表中选择"SQL 视图"选项，相应的窗口如图 4.87 所示。

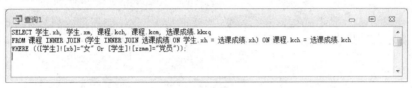

图 4.87　查询的 SQL 视图模式

4.6.1　SQL 语句简介

SQL 包括 6 部分：数据查询语言、数据操作语言、事务处理语言、数据控制语言、数据定义语言和指针控制语言。其中的数据定义语言（DDL）、数据操作语言（DML）和数据控制语言（DCL）是三种主要的应用语句。

数据定义语言（Data Definition Language，DDL）用来建立数据库和表。例如：CREATE、DROP、ALTER 等语句。

数据操作语言（Data Manipulation Language，DML）用来增加、修改、删除和查询数据库中的数据。例如：INSERT（插入）、UPDATE（修改）、DELETE（删除）、SELECT（查询）等语句。

数据控制语言（Data Controlling Language，DCL）用来控制数据库组件的存取许可、存取权限等。例如：GRANT、REVOKE、COMMIT、ROLLBACK 等语句。

4.6.2　SQL 查询语句

数据查询语句即 SELECT 语句是数据操作语言中常用的一个。基本语法格式如下：

```
SELECT select_list
FROM table_source
[ WHERE search_condition ]
[ GROUP BY group_by_expression]
[ HAVING search_condition]
[ ORDER BY order_expression [ ASC | DESC ] ]
```

说明：

（1）SELECT 语句的核心是 SELECT select_list FROM table_source。其中，select_list 指字段名表，是查询需要显示字段的名称的集合，各字段名中间使用逗号间隔，字段可以是直接来源于表或查询，或者是一个表达式；table_source 指查询的数据来源——表或查询。

例如：从"学生"表中选择学号、姓名、性别、班级名称并显示，对应的 SQL 语句如下：

```
SELECT xh, xm, xb, bjmc FROM 学生
```

提示：如果要显示表或查询中的所有字段，字段名表可以用"*"表示。例如：选择学生表的所有字段进行显示，对应的 SQL 语句如下：

```
SELECT * FROM 学生
```

如果查询数据源是多个相关表，那么在 FROM 子句中应指明表连接的类型。比如"学生"表和"选课成绩"表之间的关系是内连接（INNER JOIN），那么如果要显示学生信息以及选课信息，可以使用的 SQL 语句如下：

```
SELECT 学生.xh, 学生.xm, 学生.bjmc, 选课成绩.kch, 选课成绩.kkxq
FROM 学生 INNER JOIN 选课成绩 ON 学生.xh =选课成绩.xh
```

多张表的连接操作。例如：从"学生"表中选择姓名，从"课程"表中选择课程名称，从"选课成绩"表中选择姓名和课程名称对应的学生成绩并显示，对应的 SQL 语句如下：

```
SELECT 学生.xm, 课程.kcm, 选课成绩.cj
FROM 学生 INNER JOIN (课程 INNER JOIN 选课成绩 ON 课程.kch = 选课成绩.kch) ON 学生.xh = 选课成绩.xh
```

（2）WHERE 子句用来设置查询的条件，search_condition 指条件表达式，可以进行筛选或表连接操作。

例如：从"学生"表中选择所有女生的学号、姓名、性别、班级名称显示，对应的 SQL 语句如下：

```
SELECT xh, xm, xb, bjmc
FROM 学生
WHERE xb="女"
```

例如：从"选课成绩"表中选择所有成绩在 70～90 分数据并显示，对应的 SQL 语句如下：

```
SELECT *
FROM 选课成绩
WHERE (cj Between 70 And 90)
```

WHERE 子句还可以用来做连接操作。例如：从"学生"表中选择学号、姓名、班级名称，从"选课成绩"表中选择对应学生的课程号和开课日期并显示，对应的 SQL 语句如下：

```
SELECT 学生.xh, 学生.xm, 学生.bjmc, 选课成绩.kch, 选课成绩.kkxq
FROM 学生, 选课成绩
WHERE 学生.xh =选课成绩.xh
```

含复杂条件的筛选。例如：查询性别为女并且成绩大于或等于 80 分的学生学号、姓名、性别、课程号和成绩，对应的 SQL 语句如下：

```
SELECT 学生.xh, 学生.xm, 学生.xb, 选课成绩.kch, 选课成绩.cj
FROM 学生 INNER JOIN 选课成绩 ON 学生.xh = 选课成绩.xh
WHERE (((学生.xb)="女") AND ((选课成绩.cj)>=80))
```

WHERE 子句内部还可以嵌套 SELECT 语句。例如：查询"选课成绩"表中没有的学生信息，对应的 SQL 语句如下：

```
SELECT xh, xm, xb, bjmc
FROM 学生
WHERE (xh Not In (SELECT xh FROM 选课成绩))
```

（3）GROUP BY 子句用来设置查询的分组依据。例如：统计每个学生的选课门数的 SQL 语句是：

```
SELECT xh, Count(kch) AS 选课门数
FROM 选课成绩
GROUP BY xh
```

说明

"Count(kch) AS 选课门数"是一个新生成的计算字段，字段名为"选课门数"，Count(kch)是在分组内统计课程号出现次数的表达式。

再例如：统计每个学生在每个学期的选课门数的 SQL 语句是：

```
SELECT xh, kkxq, Count(kch) AS 选课门数
FROM 选课成绩
GROUP BY xh, kkxq
```

说明

GROUP BY 子句中包含两个字段名，按照先后顺序，数据先按照学号分组，学号一致的再按照开课学期分组。

（4）HAVING 子句用来指定查询分组后统计值允许的条件，因为 WHERE 子句中不能含有分组统计函数。例如：显示学生选课门数低于 2 门的学生选课门数统计信息，对应的 SQL 语句如下：

```
SELECT xh, Count(kch) AS 选课门数
FROM 选课成绩
GROUP BY xh
HAVING Count(kch)<2
```

（5）ORDER BY 子句用来指定查询结果的排序，可以添加 ASC 或 DESC 关键字。ASC 表示升序，为默认值，DESC 为降序。ORDER BY 不能对 OLE 对象、附件等数据类型的数据进行排序。例如：按照出生日期的升序排列学生基本信息，对应的 SQL 语句如下：

```
SELECT  *
FROM 学生
ORDER BY 学生.csrq ASC
```

4.6.3　SQL 数据操作语句

数据操作语句用于增加、修改、删除数据库中的数据，其操作对象是表的记录。

1. INSERT 语句用来向表中插入记录

语法如下：

```
INSERT INTO table_name [rowset_function] VALUES  expression
```

例如：在"学生"表中插入学号为"201200010001"，姓名为"张一"的一条记录。对应的 SQL 语句如下：

```
INSERT INTO 学生 (xm,xh) VALUES ("201200010001","张一")
```

 说 明

插入的字段值与字段名必须一一对应，并且符合数据表的结构定义。

2. UPDATE 语句用来修改表中的记录

语法如下：

```
UPDATE table_name
SET <update clause> [, <update clause> ...n ]
[WHERE search_condition]
```

例如：将"学生"表中民族不是汉族的信息全部改为"少数民族"。对应的 SQL 语句如下：

```
UPDATE 学生
SET mz="少数民族"
WHERE mz<>"汉族"
```

3. DELETE 语句用来删除表中的记录

语法如下：

```
DELETE FROM table_name WHERE search_condition
```

例如：删除"学生"表中所有女生的记录。

```
DELETE FROM 学生 WHERE xb="女"
```

4.6.4　SQL 数据定义语句

数据定义语句用来建立数据库，建立和修改表的结构。

1. CREATE 语句用来创建数据库或表

创建表的语法格式如下：

```
CREATE TABLE table_name (column_definition)
```

例如：创建"学生成绩"表（xh，kch，cj），对应的 SQL 语句是：

```
CREATE TABLE 学生成绩(xh text (12),kch text (6),cj )
```

🔒 说 明

字段名后的关键字表示字段的属性，这里定义的 "xh" 字段，字段名为 xh，数据类型为文本型，字段长度为 12。

2．DROP 语句用来删除表

语法格式如下：

```
DROP TABLE table_name
```

例如：删除前面创建的"学生成绩"表。对应的 SQL 语句是：

```
DROP TABLE 学生成绩
```

3．ALTER 语句用来修改表的结构

ALTER 语句可用于增加（ADD）、删除（DROP）字段，或修改字段属性。

（1）增加字段的语法格式如下：

```
ALTER TABLE table_name ADD column_definition
```

例如：为新创建的"学生成绩"表（xh，kch，cj）增加备注列（文本型，字段长度 20）。相应的 SQL 语句如下：

```
ALTER TABLE 学生成绩 ADD bz text(20)
```

（2）删除字段的语法格式如下：

```
ALTER TABLE table_name DROP column_name
```

例如：删除备注列。相应的 SQL 语句如下：

```
ALTER TABLE 学生成绩 DROP bz
```

（3）修改字段的语法格式如下：

```
ALTER TABLE table_name
ALTER COLUMN column_name type_name
```

例如：修改备注列为日期/时间类型。相应的 SQL 语句如下：

```
ALTER TABLE 学生成绩
ALTER  COLUMN  bz  date
```

🔒 说 明

SQL 语句的功能强大、语法复杂，这里仅介绍了最基本的语法规则，如有需要可以查询 Access 帮助信息。尽管通过查询的 SQL 视图可以编辑数据定义语句和数据控制语句，但较少使用。最常用的 SQL 语句是 SELECT 语句，如果能熟练使用，将会提高创建查询的效率。

本章介绍了 Access 2010 查询的创建以及使用。查询一般被用来检索数据提取信息，有时也会被应用于操作数据，比如生成、追加表操作以及更新、删除数据。查询可以使用向导或设计视图来创建。使用向导创建查询比较方便快捷但缺乏灵活性，使用设计视图创建查询则要求使用者的操作准确、熟练。查询还可以通过 SQL 语句建立，对使用者的代码书写能力要求较高。总之，能够根据查询要求，选择适合自己的方式，快速、准确地创建查询是本章的学习目的。

习 题 4

一、单选题

1．创建"追加查询"的数据来源是（　　　）。

    A．表或查询　　　　　B．一个表　　　　　　C．多个表　　　　　　D．查询

2．查询向导不能创建的查询类型是（　　　）。

    A．选择查询　　　　　　　　　　　　　　B．交叉表查询

    C．不重复项查询　　　　　　　　　　　　D．参数查询

3. 下列关于查询的说法中错误的是（　　　）。

　　A. 在同一个数据库中，查询和数据表不能同名

　　B. 查询结果随数据源中的数据变化而变化

　　C. 查询的数据来源只能是表

　　D. 查询结果可作为查询、窗体、报表等对象的数据来源

4. 在查询条件中使用通配符 "[]"，其含义是（　　　）。

　　A. 错误的使用方法　　　　　　　　　　B. 通配不在括号内的任意字符

　　C. 通配任意长度的字符　　　　　　　　D. 通配方括号内任一单个字符

5. 在 SQL 的 SELECT 语句中，用于实现选择运算的子句是（　　　）。

　　A. FOR　　　　　　B. IF　　　　　　　C. WHILE　　　　　　D. WHERE

6. 在成绩表中查找成绩≥80 且成绩≤90 的学生的条件表达式是（　　　）。

　　A. 成绩 BETWEEN 80 AND 90　　　　　B. 成绩 BETWEEN 80 TO 90

　　C. 成绩 BETWEEN 79 AND 91　　　　　D. 成绩 BETWEEN 79 TO 91

7. "学生" 表中有 "学号""姓名""性别""入学成绩" 等字段。执行如下 SQL 语句后的结果是（　　　）。

`SELECT AVG(入学成绩) FROM 学生表 GROUP BY 性别`

　　A. 计算并显示所有学生的平均入学成绩

　　B. 计算并显示所有学生的性别和平均入学成绩

　　C. 按性别顺序计算并显示所有学生的平均入学成绩

　　D. 按性别分组计算并显示不同性别学生的平均入学成绩

8. 假设 "公司" 表中有编号、名称、法人等字段，查找公司名称中有 "网络" 二字的公司信息的命令是
（　　　）。

　　A. SELECT * FROM 公司 FOR 名称 =" *网络* "

　　B. SELECT * FROM 公司 FOR 名称 LIKE "*网络*"

　　C. SELECT * FROM 公司 WHERE 名称="*网络*"

　　D. SELECT * FROM 公司 WHERE 名称 LIKE"*网络*"

9. 利用对话框提示用户输入查询条件，这样的查询属于（　　　）。

　　A. 选择查询　　　　　B. 参数查询　　　　　C. 操作查询　　　　　D. SQL 查询

10. 已知 "借阅" 表中有 "借阅编号""借书证号""借阅图书馆藏编号" 等字段，每个读者的一次借书
行为生成一条记录，要求按 "借书证号" 统计出每位读者的借阅次数，SQL 语句是（　　　）。

　　A. SELECT 借书证号,COUNT(借书证号) FROM 借阅

　　B. SELECT 借书证号,COUNT(借书证号) FROM 借阅 GROUP BY 借书证号

　　C. SELECT 借书证号,SUM(借书证号) FROM 借阅

　　D. SELECT 借书证号,SUM(借书证号) FROM 借阅 ORDER BY 借书证号

11. 用于获得字符串 s 最左边的 4 个字符的表达式是（　　　）。

　　A. left(s,4)　　　　B. left(s,1,4)　　　　C. leftstr(s,4)　　　　D. leftstr(s,0,4)

12. 下列关于 SQL 语句的说法中错误的是（　　　）。

　　A. INSERT 语句可以向数据表中追加新的数据记录

　　B. UPDATE 语句用来修改数据表中已经存在的记录

　　C. DELETE 语句用来删除数据表中的记录

　　D. CREATE 语句用来建立表结构并追加新记录

13. 下列有关查询的描述错误的是（　　　）。

　　A. 使用设计器建立的查询，可以查看相应的 SQL 语句，不能修改

　　B. 参数查询只能通过设计器创建

　　C. 交叉表查询会对数据进行两次分组

    D．选择查询可以对数据进行分组统计

14．查询"图书"表中"图书编号"不是 0~4 开头的记录，下列表达式错误的是（　　　）。

    A．[图书编号] like "[!0-4]*"　　　　　　　　B．[图书编号] like "[5-9]*"

    C．LEFT([图书编号],1) LIKE "[5-9]"　　　　D．[图书编号]　NOT　BETWEEN 0 AND 4

15．从"职工"表中查询至少有 3 名职工的部门的职工工资总额的 SQL 语句是（　　　）。

    A．SELECT　部门号,COUNT(*),SUM(工资) FROM　职工 HAVING COUNT (*)>=3

    B．SELECT　部门号,COUNT(*),SUM(工资) FROM　职工 GROUP BY　部门号　HAVING COUNT(*)>=3

    C．SELECT　部门号,COUNT(*),SUM(工资) FROM　职工 GROUP BY　部门号　SET COUNT(*)>=3

    D．SELECT　部门号,COUNT(*),SUM(工资) FROM　职工 GROUP BY　部门号　WHERE COUNT(*)>=3

二、填空题

1．对某字段的数值求和，应该使用_____函数。

2．运算符 IS NULL 用于判断一个字段值是否为_____。

3．查询不但可以查找满足条件的数据，还可以_____数据。

4．查询结果可以被作为_____、_____、_____的数据源。

5．用 SQL 语句实现查询表名为"图书表"中的所有记录，应该使用的 SELECT 语句是_____。

6．如果要求在执行查询时通过输入的学号查询学生信息，可以采用_____。

7．查询出生日期在 1993 年以前的学生数据，查询条件中的表达式应写为_____。

8．要求查询统计学生表中的男女生人数，应使用分组查询，分组字段为性别，统计字段为_____。

9．要求建立通过输入学生姓名关键字查询学生信息的参数查询，第一步要定义参数名称（如 name_key），则查询条件中的表达式应写为_____。

10．操作查询包括_____、_____、_____、_____。

三、操作题

打开"职工信息管理"数据库，按照题目要求建立查询，查询的名称保存为操作题的小题编号。

1．建立职工基本信息查询，要求显示职工的工号、姓名、性别、职称 4 个字段的信息。

2．建立查询，显示职工部门名称、姓名、性别、发放日期、基本工资 5 个字段的信息。

3．建立查询，查找没有职工信息的部门的编号、名称、电话 3 个字段的信息。

4．建立如图 4.88 所示的交叉表查询。

5．建立查询，显示职工的部门名称、姓名、生日 3 个字段的信息。其中生日字段的显示形式如"1 月 1 日"。

6．建立查询，显示部门是"生产部"的职工姓名和性别两个字段。

图 4.88　操作题 4 的查询结果

7．建立查询，显示学历是"本科"或者职称是"初级"的职工的工号、姓名、学历、职称 4 个字段。

8．建立查询，显示基本工资高于 2000 元并且性别是"男"的职工的部门名称、姓名、性别、学历、职称、发放日期、基本工资 7 个字段。

9．建立查询，显示出生日期在 1980 年 1 月 1 日前的职工的部门名称、姓名、出生日期 3 个字段。

10．建立查询，显示出生日期的月份在 4~6 月份的职工的部门名称、姓名、出生日期 3 个字段。

11．建立查询，显示民族是少数民族的职工的部门名称、姓名、民族 3 个字段。

12．建立参数查询，当用户输入"初""中""高"时分别显示职称是"初级""中级""高级"的职工的工号、姓名、学历、职称 4 个字段。

13．建立查询，显示职工的部门编号、部门名称、性别、工号、姓名 5 个字段，显示内容按照部门编号的升序排列，部门编号一致的按照性别的降序排列。

14．建立查询，统计各个部门的职工人数，显示部门名称和职工人数两个字段。

15. 建立查询，统计各个部门，不同性别的职工的人数。

16. 建立查询，显示累计实发工资的金额超过 1 万的职工的姓名和部门名称两个字段。

17. 建立查询，显示每个部门的最高实发工资金额。

18. 建立生成表查询，将少数民族的职工的工号、姓名、性别、职称四个字段存入新表"少数民族职工基本信息"。

19. 建立追加查询，将不是少数民族的并且是高级职称的职工的工号、姓名、性别、职称 4 个字段存入表"少数民族职工基本信息"。

20. 建立更新查询，将所有少数民族的职工的各个月份的基本工资追加 100 元。

21. 建立 SQL 查询，显示性别为"男"的职工的工号、姓名、性别、职称、部门编号。

22. 建立 SQL 查询，显示性别为"女"的职工的工号、姓名、性别、职称、部门名称。

23. 建立 SQL 查询，显示职称是"高级"、并且学历是"硕士"的职工的工号、姓名、性别、职称、学历、部门编号。

24. 建立 SQL 查询，显示职工的工号、姓名、性别、职称、部门名称，显示内容按照部门编号的升序排列。

25. 建立 SQL 查询，显示职工的部门名称、工号、姓名、工资发放日期、实发工资。

第 5 章
创建和使用窗体

窗体是 Access 2010 中的一种数据库对象,是用户和 Access 2010 数据库系统之间的重要接口。本章介绍了窗体的创建和窗体的使用,包括窗体的概念、窗体的组成、窗体的各种创建方法和窗体的外观优化操作。

教学目标

- 了解窗体的概念、组成和视图模式。
- 掌握创建窗体的方法步骤。
- 掌握常用控件的用法
- 熟悉窗体的外观优化操作。

5.1 窗 体 概 述

窗体作为一种非常重要的数据库对象,与数据表相比,本身没有存储数据,但是它提供一种友好的输入、输出界面,使得用户可以方便地输入数据、编辑数据、查询和显示表中的数据,从而提高数据库的使用效率。利用窗体可以将整个应用程序组织起来,形成一个完整的应用程序系统。一个 Access 2010 数据库应用程序开发完成后,基本上所有的操作都是在窗体界面中进行的。

5.1.1 窗体的概念

窗体有多种形式,用户可以根据不同的目的设计不同的窗体。窗体中的信息主要有两类:一类是设计窗体时附加的提示信息,如说明性文字或图形元素,这类信息一般对数据表中每条记录都是相同的,不随记录的变化而变化,属于"静态信息",例如图 5.1 所示的一个"学生"窗体中的每个字段左边的标签文本 "学号""姓名"等对每条学生记录都是相同的,这些即为"静态信息";另一类是所处理的数据表或查询的记录,这类信息与所处理的数据表中的数据密切相关,随着表中每条记录内容的改变而改变,属于"动态信息"。例如图 5.1 中"200900312101""刘航"等是第一条记录对应的学生的学号字段和姓名字段的具体值,这些信息会随着记录的改变而改变,这些信息即为"动态信息"。

图 5.1 "学生"窗体

在数据库的设计过程中,窗体虽然本身不能存储数据,但它却提供了更加灵活的数据输入方式和更加多样的数据显示方式。用户还可以定义窗体的外观,使其更美观、更易使用。

5.1.2 窗体的视图

窗体视图是窗体在具有不同功能和应用范围下呈现的外观表现形式。在 Access 2010 中，窗体有窗体视图、数据表视图、数据透视表视图、数据透视图视图、布局视图和设计视图 6 种视图。其中最常用的是窗体视图、布局视图和设计视图。不同类型的窗体具有不同的视图类型。通常根据任务的不同，选择不同的视图类型。单击"窗体设计工具/设计"选项卡"视图"组中的"视图"下拉按钮，在弹出的下拉菜单中选择相应的选项，可切换到不同的视图类型，如图 5.2 所示。

图 5.2 窗体视图切换选项

1．窗体视图

窗体视图是运行窗体时显示记录数据的窗口，用于查看在设计视图中所建立窗体的运行结果。

2．布局视图

布局视图是用于修改窗体的最直观的视图，可用于在 Access 中对窗体进行几乎所有需要的更改。在布局视图中，窗体实际正在运行。因此，在布局视图中看到的外观与在窗体视图中的外观非常相似。所不同的是可以在此视图中对窗体设计进行更改。

3．设计视图

设计视图是用于创建或修改窗体时所使用的一种视窗，该视图提供了窗体结构的更详细信息，可以显示窗体的页眉、主体和页脚部分。在设计视图中窗体并没有运行。在设计视图中可以进行如下一些操作：

（1）向窗体添加更多类型的控件，如绑定对象框、分页符和图表。

（2）在文本框中编辑文本框控件来源，而不使用属性表。

（3）调整窗体各部分（如窗体页眉或主体部分）的大小。

（4）更改某些无法在布局视图中更改的窗体属性。

4．数据表视图

数据表视图是以行列格式显示数据的窗口。在数据表视图中，可以编辑、添加、修改、删除或查找数据。

5．数据透视表视图

数据透视表视图是以对数据表进行归类统计的形式在窗体中显示数据的一种视图窗口。

6．数据透视图视图

数据透视图视图可以将数据表归类统计，并以图表化的形式进行数据的图形化展示。

5.2 创建窗体

Access 2010 的"创建"选项卡"窗体"组中提供了 6 个创建窗体的功能按钮，即"窗体""窗体设计""空白窗体""窗体向导""导航""其他窗体"。单击"导航"和"其他窗体"下拉按钮，还可以展开一个下拉列表，供用户选择窗体的更详细布局或格式。"窗体"组如图 5.3 所示。

图 5.3 "窗体"组

下面简单介绍"窗体"组中 6 个按钮的功能。

1. "窗体"工具

快速创建窗体的工具。选好数据源后，只需用鼠标单击此按钮便可创建窗体。该工具创建窗体时，数据源的所有字段都放置在窗体上，系统自动布局各个字段的位置。

2. "窗体设计"工具

用户在窗体设计窗口中自定义窗体，是最实用的创建窗体的方法。这种方法将在第5.6节详细讲述。

3. "空白窗体"工具

可以快捷高效地创建一个空白窗体并在布局视图中打开。当计划只在窗体上放置很少的几个字段时，比较适合使用这种方法。

4. "窗体向导"工具

一种辅助指导用户创建窗体的工具。在创建过程中，向导通过一组对话框逐步直观地显示一些提示信息，用户按照向导的提示逐步选择有关记录源、字段、布局和格式等，Access 2010会根据用户的选择自动创建对应的窗体。

5. "导航"工具

用于创建具有导航按钮（即Web形式）的窗体。如果需要将数据库发布到Web，则需要创建导航窗体。Access 2010提供6种不同的布局格式供用户选择。单击"导航"下拉按钮即可选择。不同布局格式的窗体其创建方法是相同的。导航窗体实例在第11章创建主控界面做详细介绍。

6. "其他窗体"工具

使用此工具可以创建6种不同的窗体。

（1）多个项目：使用前面的"窗体"工具创建的窗体，其界面上一次只能显示一条记录。而使用"多个项目"创建的窗体一次可以显示多条记录。多个项目窗体又称连续窗体。

（2）数据表：生成类似数据表形式的窗体。

（3）分割窗体：可以同时提供数据的两种视图，即窗体视图和数据表视图。这两种视图连接到同一数据源，并且总是保持相互同步。如果在窗体的一个部分中选择了一个字段，则会在窗体的另一部分中选择相同的字段。可以在任一部分中添加、编辑或删除数据（只要记录源可更新并允许这些操作）。

（4）模式对话框：生成的窗体总是保持在系统的最前面，用户在未关闭该窗体之前，不能操作其他窗体。

（5）数据透视图：基于数据源生成一个数据透视图窗体。

（6）数据透视表：基于数据源生成一个数据透视表窗体。

综上所述，创建窗体的方法十分丰富。在实际应用中，需要根据具体情况选择合适的方法创建窗体。

5.3 使用"窗体"工具创建窗体

"窗体"工具是一种最简单的创建窗体的方法，利用"窗体"工具由系统根据用户选择的表或查询自动创建一个窗体。在建成的窗体中，表或查询的每一个字段都显示在一行上，并且字段的左边带有一个标签。这种方法创建的窗体每次只能显示一条记录。

【例5.1】在"学籍管理"数据库中，使用"窗体"工具创建"窗体工具-学生"窗体。

具体操作步骤如下：

（1）打开"学籍管理"数据库，在左侧的导航窗格中选择"学生"表作为窗体的数据源，单击"创建"选项卡"窗体"组中的"窗体"按钮，立即自动创建窗体，并以"布局视图"模式显示。

（2）单击"保存"按钮，弹出"另存为"对话框，输入窗体的名称"窗体工具-学生"，单击"确定"按钮即可。创建的窗体如图5.4所示。

使用"窗体"工具创建窗体虽然操作简单，但是所使用的数据源只能有一个，即表或查询，并将该数据源的所有字段导入，其外观格式上也是系统默认的。为此，用户可以在创建完成后，切换到布局视图或设计视图下，删除一些不需要的字段，调整控件的布局。

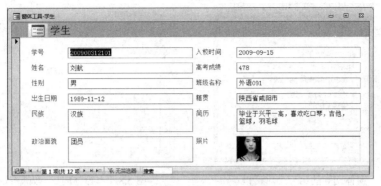

图 5.4　"窗体工具-学生"窗体

5.4　使用"窗体向导"工具创建窗体

如果"窗体"工具不能满足用户的要求，还可以使用"窗体向导"，在一组对话框的提示下，可以实现用户对字段、布局和格式等方面的选择，从而创建较为丰富的窗体。

使用"窗体向导"创建窗体时，其数据源可以来自一个表或查询，也可以来自多个表或查询。

【例 5.2】在"学籍管理"数据库中，基于"教师"查询，创建"窗体向导-教师查询"窗体。

具体操作步骤如下：

（1）打开"学籍管理"数据库，单击"创建"选项卡"窗体"组中的"窗体向导"按钮，弹出"窗体向导"的第一个对话框，在左侧的"表/查询"下拉列表框中选择"查询：教师查询"（之前创建好的查询），这时"可用字段"列表框中将列出所有可用字段，用户可以根据需要选择字段，这里选择了 gh、xm、xb、gzsj、zc 和 yxh 字段，如图 5.5 所示。

（2）单击"下一步"按钮，打开"窗体向导"的第二个对话框，如图 5.6 所示。用户可以根据需要选择窗体使用的布局。这里选择"纵栏表"。

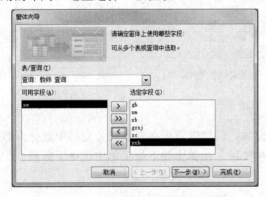
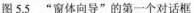

图 5.5　"窗体向导"的第一个对话框

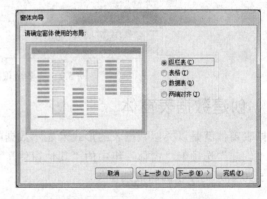

图 5.6　"窗体向导"的第二个对话框

（3）单击"下一步"按钮，打开"窗体向导"的第三个对话框，如图 5.7 所示。在"请为窗体指定标题"文本框中输入窗体名称"窗体向导-教师查询"。如果需要在使用向导完成窗体后，打开窗体查看或输入数据，则应该选中"打开窗体查看或输入信息"单选按钮；如果需要在设计视图中对窗体进行设计和修改，则应该选中"修改窗体设计"单选按钮。这里选择"打开窗体查看或输入信息"单选按钮。

（4）单击"确定"按钮，则窗体创建成功，如图 5.8 所示。

使用向导创建窗体，可以基于一个数据源，也可以基于多个数据源。例如，要创建一个查看学生成绩的窗体，姓名来自学生表，课程名来自课程表，成绩来成绩表。选择字段时需要注意，在图 5.5 中的"表/查询"下拉列表框中，需要多次重新选择数据源，然后再选择添加相关字段。

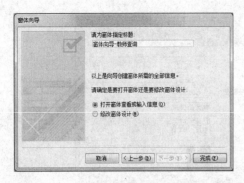

图 5.7　窗体向导的第三个对话框

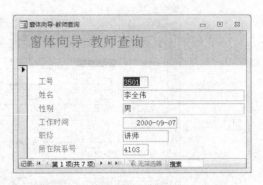

图 5.8　"窗体向导-教师查询"窗体

5.5　使用"其他窗体"工具创建窗体

5.5.1　创建多项目窗体

多个项目就是窗体中显示多条记录的一种窗体布局形式。创建时首先在左侧任务窗格中选择好数据，然后单击"创建"选项卡"窗体"组中的"其他窗体"下拉按钮，在弹出的下拉菜单中选择"多个项目"选项即可。图 5.9 所示为"多个项目-选课成绩"窗体。

图 5.9　"多个项目-选课成绩"窗体

5.5.2　创建数据表窗体

数据表窗体就是以类似数据表的形式来显示数据的窗体。创建时首先在左侧任务窗格中选择好数据，然后单击"创建"选项卡"窗体"组中的"其他窗体"下拉按钮，在弹出的下拉菜单中选择"数据表"选项即可。图 5.10 所示为学生高考成绩窗体。

学号	姓名	性别	班级名称	高考成绩
200900312101	刘航	男	外语091	478
200900312102	杨迪	男	外语091	485
200900312201	李倩	女	外语092	490
200900312202	郭丽娟	女	外语092	468
201000344101	冯范	女	工设101	450
201000344102	蒋欣桐	女	工设101	420
201000344201	王亚旭	男	工设102	412
201000344202	杨东方	男	工设102	430
201100344101	祈雅菲	女	工设111	560
201100344102	贾晓嫚	女	工设111	550
201100344201	张浩天	男	工设112	520
201100344202	张惠童	男	工设112	523

图 5.10　学生高考成绩窗体

5.5.3 创建分割窗体

"分割窗体"可以同时提供数据的两种视图：窗体视图和数据表视图。这两种视图连接到同一数据源，并且总是保持相互同步。在窗体的上半部显示单一记录，在窗体的下半部显示多条记录。分割窗体为用户浏览记录带来了方便，使用户既可以宏观上浏览多条记录，又可以微观上具体地浏览某一条记录。

【例 5.3】以"学生"表作为数据源，创建分割窗体。

具体操作步骤如下：

（1）在"学籍管理"数据库的导航窗格中选择"学生表"作为数据源，单击"创建"选项卡"窗体"组中的"其他窗体"下拉按钮，在弹出的下拉菜单中选择"分割窗体"选项，窗体即创建完成。

（2）单击"保存"按钮，在"另存为"对话框中输入窗体的名字"分割窗体-学生"，单击"确定"按钮，即可得到如图 5.11 所示的窗体。窗体的上半部显示一条具体记录，窗体的下半部显示所有的记录。

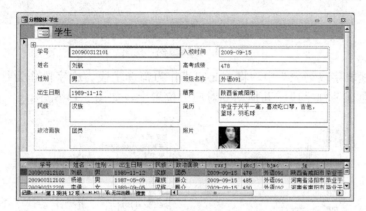

图 5.11 "分割窗体-学生"窗体

（3）单击窗体下半部导航条中的"下一条"记录按钮，则上半部显示的记录同时更新，显示下一条记录的详细信息，如图 5.12 所示。

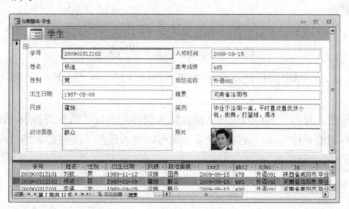

图 5.12 单击下半部 ▸ 按钮后上半部显示下一条记录明细

"分割窗体"适合于数据表中记录数量多，同时又需要浏览某一条记录明细的情况。

5.5.4 创建"数据透视表"窗体

数据透视表视图使用 Office 数据透视表组件，易于进行交互式数据分析。

【例 5.4】在"学籍管理"数据库的导航窗格中选择"教师"表为数据源，创建统计各系不同职称男、女教师人数的数据透视表窗体。

具体操作步骤如下：

（1）在"学籍管理"数据库的导航窗格中选择"教师"表作为数据源，单击"创建"选项卡"窗体"组中的"其他窗体"下拉按钮，在弹出的下拉菜单中选择"数据透视表"选项，即可打开数据透视表视图，如图 5.13 所示。

图 5.13 数据透视表视图

（2）在"数据透视表字段列表"中，将 yxh 字段作为筛选字段、zc 字段作为行字段、xb 字段作为列字段、gh 字段作为汇总或明细字段，并拖动到对应的位置上，如图 5.14 所示。

图 5.14 添加字段到相应的区域

（3）在 gh 字段上右击，在弹出的快捷菜单中选择"自动计算"→"计数"命令，实现汇总计算，如图 5.15 所示。

（4）单击"保存"按钮，弹出"另存为"对话框，输入窗体的名称"数据透视表-教师"，创建完成。在这个数据透视表中，也可以单击右侧的下拉按钮，选择某个院系编号，查看该院系的教师职称分布情况，如图 5.16 所示。

图 5.15 编辑数据透视表对象

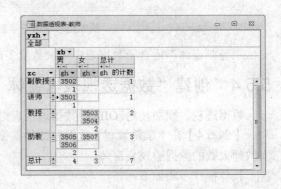

图 5.16 "数据透视表-教师"窗体

5.5.5　创建"数据透视图"窗体

数据透视图可以用图形方式直观地获取数据信息。

【例 5.5】在"学籍管理"数据库中，以"教师"表作为数据源，创建统计各系不同职称教师人数的数据透视图窗体。

具体操作步骤如下：

（1）在"学籍管理"数据库的导航窗格中选择"教师"表作为数据源，单击"创建"选项卡"窗体"组中的"其他窗体"下拉按钮，在弹出的下拉菜单中选择"数据透视图"选项，即可打开数据透视图视图，如图 5.17 所示。

图 5.17　数据透视图视图

（2）在"图表字段列表"中，将 yxh 作为筛选字段、zc 作为分类字段、gh 作为系列字段，并拖动到对应的位置上，如图 5.18 所示。

（3）单击"保存"按钮，弹出"另存为"对话框，输入窗体的名称"数据透视图-教师"，即可得到如图 5.19 所示的窗体。

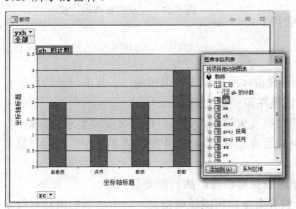

图 5.18　添加字段到合适区域

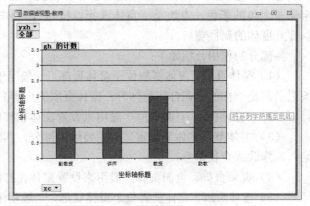

图 5.19　"数据透视图-教师"窗体

5.6　使用"窗体设计"工具自定义窗体

在实际应用中，前面介绍的几种创建窗体的方法往往只能满足一般的需求，不能满足创建较为复杂窗体的要求。如果需要设计出功能更丰富、更具个性化的窗体，就必须在窗体设计视图中自定义窗体，或者先使用向导或其他方法快速创建窗体，然后在设计视图中进行修改。

5.6.1　窗体的设计视图

单击"创建"选项卡"窗体"组中的"窗体设计"按钮，新建一个窗体并以设计视图模式打开，如图 5.20 所示。

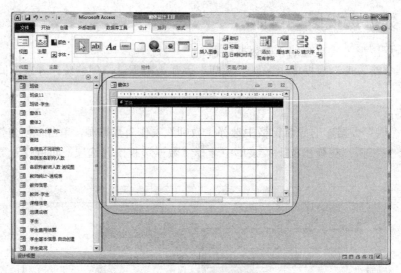

图 5.20　窗体设计视图

1. 窗体设计视图组成

图 5.20 中圈起来的区域即为窗体设计视图区域，用户可以在此处添加需要的控件，布置窗体界面。默认情况下，设计视图中只显示主体节。

窗体完整的设计视图由多个部分组成，按照从上到下的顺序，窗体由窗体页眉、页面页眉、主体、页面页脚和窗体页脚 5 部分组成。每一部分称为一个"节"，完整的窗体设计视图如图 5.21 所示。

设计视图中各个节之间的分界横条称为"节选择器"，单击它可以选择相应的节，上下拖动它可以调整节的高度。窗体左上角的黑色小方块是"窗体选择器按钮"，双击它可以打开窗体的属性窗口。

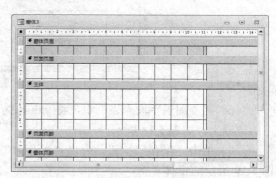

图 5.21　完整的窗体设计视图

各部分的作用介绍如下：

（1）窗体页眉。窗体页眉位于窗体顶部，一般用于设置窗体的标题或使用说明等。其中显示的内容对每条记录都是一样的。在打印窗体时，窗体页眉的内容只出现在第一页的顶部。

（2）页面页眉。页面页眉一般用来设置窗体在打印时的页头信息。例如，每一页都要显示的标题等。

（3）主体节。主体节是窗体的主要组成部分，其组成元素是 Access 2010 提供的各种控件，用于显示、输入、修改或查找信息。

（4）页面页脚。页面页脚一般用来设置窗体在打印时的页脚信息，如日期或页码等。

（5）窗体页脚。窗体页脚位于窗体底部，一般用于放置命令按钮或说明信息。其中显示的内容对每条记录都是一样的。打印时，窗体页脚的内容仅出现在主体节最后一条记录之后。

> **注　意**
>
> 主体节对每个窗体来说都是必需的，其余 4 部分可根据需要选择添加。使用"窗体设计"工具创建窗体时，默认只有主体节。添加其他节的方法是在窗体上右击，在弹出的快捷菜单中选择"窗体页眉/页脚"或"页面页眉/页脚"命令，即可使其出现在设计视图中。

2. "窗体设计工具"选项卡

在窗体设计视图打开后，Access 2010 功能区中增加"窗体设计工具"上下文命令选项卡，该选项卡由"设计""排列""格式"3 个子选项卡组成。

"窗体设计工具/设计"选项卡中包含"视图""主题""控件""页眉/页脚""工具"5 个组，主要提供窗体的设计工具，如图 5.22 所示。

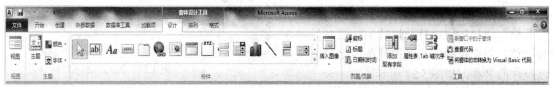

图 5.22　"窗体设计工具/设计"选项卡

　　"窗体设计工具/排列"选项卡包括"表""行和列""合并/拆分""移动""位置""调整大小和排序"6 个组，主要对控件的大小、位置和对齐进行调整，如图 5.23 所示。

图 5.23　"窗体设计工具/排列"选项卡

　　"窗体设计工具/格式"选项卡包括"所选内容""字体""数字""背景""控件格式"5 个组，用来设置控件的各种格式，如图 5.24 所示。

图 5.24　"窗体设计工具/格式"选项卡

1）"窗体设计工具/设计"选项卡

　　"窗体设计工具/设计"选项卡的 5 个组及其功能如下：

　　（1）"视图"组。单击"视图"按钮，在弹出的下拉菜单中选择不同的视图模式，可以根据需要在不同视图之间切换，如图 5.25 所示。

　　（2）"主题"组。要为 Microsoft Access 数据库创建专业外观，需要使用搭配协调的颜色和统一的字体。主题组中包括"主题""颜色""字体"3 个按钮，单击每个按钮都可弹出下拉菜单，如图 5.26 所示。在实际应用中，用户在下拉菜单中选择相应的选项即可。例如，在"主题"下拉菜单中选择某一主题后，所选主题即被应用并使系统的外观发生改变；使用同样的方法来设置系统项目的颜色和字体。

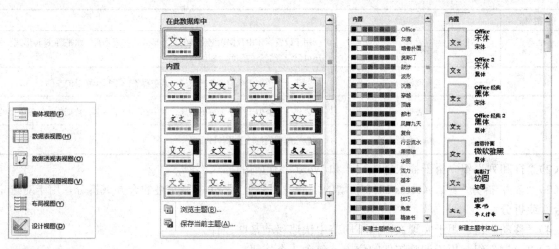

图 5.25　视图组　　　　　　　图 5.26　"主题""颜色""字体"下拉菜单

（3）"控件"组。提供了用于设计窗体的各种控件对象。由于受限于控件的大小，默认情况下，"控件"组窗口只显示部分控件。单击"控件"组中的"其他"下拉按钮，打开控件工具箱，显示出所有控件。当把鼠标移动到控件图标上时，将显示该控件的名称，如图 5.27 所示。

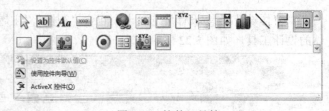

图 5.27　控件工具箱

（4）"页眉/页脚"组。用于设计或美化窗体页眉/页脚或者页面页眉/页脚。各工具按钮的功能如表 5.1 所示。

表 5.1　"页眉/页脚"组中各工具按钮功能简介

按 钮 图 标	名　称	功　能
	徽标	美化窗体工具，用于给窗体添加徽标
	标题	给窗体添加标题
	日期和时间	在窗体中插入日期和时间

（5）"工具"组。一些其他工具按钮的功能如表 5.2 所示。

表 5.2　"工具"组各工具按钮功能简介

按 钮 图 标	名　称	功　能
	添加现有字段	显示相关表的字段列表，用于向窗体增加字段
	属性表	显示窗体或窗体中某个对象的属性框
	Tab 键次序	设置窗体上各控件获得焦点的键次序
	新窗口中的子窗体	在新窗口中添加子窗体
	查看代码	打开当前窗体的 VBA 代码窗口
	将窗体的宏转换为 Visual Basic 代码	将窗体的宏转变为 VBA 代码

2）"窗体设计工具/排列"选项卡

"窗体设计工具/排列"选项卡的 6 个组及其功能如下：

（1）"表"组。包括网格线、堆积、表格和删除布局 4 个工具按钮，其功能如表 5.3 所示。

表 5.3　"表"组各工具按钮功能简介

按 钮 图 标	名　称	功　能
	网格线	用于设置窗体中数据表网格线的显示形式，共有垂直、水平等 8 种形式。另外，还可以设置线条的颜色、粗细和样式
	堆积	创建一个类似于纸质表单的布局，其中标签位于每个字段的左侧
	表格	创建一个类似于电子表格的布局，其中标签位于顶部，数据位于标签下面的列中
	删除布局	删除应用到控件上的各种布局

（2）"行和列"组。用于插入行或列，和 Word 中行/列的插入类似。

（3）"合并/拆分"组。Access 2010 新增的功能，类似于 Word 中单元格的合并或拆分，用于对选定控件进行合并或拆分。

（4）"移动"组。用于实现在窗体不同节中快速移动某些控件。

（5）"位置"组。用于调整控件的位置，包含 3 个按钮。

① 控件边距：调整控件内文本与控件边界之间的距离。

② 控件填充：调整一组控件在窗体中的布局。

③ 定位：调整某控件在窗体中的位置。

（6）"调整大小和排序"组。包含 4 个按钮。

① 大小/空格：调整一组控件的相对位置。

② 对齐：设置一组控件的对齐方式。

③ 置于顶层：将所选对象置于其他所有对象的前面，即不会被遮挡。

④ 置于底层：将所选对象置于其他所有对象的后面。

3）"窗体设计工具/格式"选项卡

"窗体设计工具/格式"选项卡包含的 5 个组及其功能如下：

（1）所选内容：用于选择窗体的某节、窗体中的某个控件或全选。

（2）字体：用于设置选定控件的字体、字号、颜色、是否加粗、是否倾斜等，或者设置文本的对齐方式。

（3）数字：通过下拉列表框选择设置数据的类型和格式。对于数字型数据，还可以设置货币格式、百分数格式或者小数位数等。

（4）背景：用于给窗体设置背景图片。

（5）控件格式：用于给选定控件快速设置样式、更改形状、设置条件格式或填充设置等。

5.6.2　常用控件

控件是窗体上用于显示数据、执行操作、装饰窗体的对象。在窗体中添加的每个对象都是控件。在 Access 2010 中常用的控件有文本框、标签、选项组、切换按钮、选项按钮、复选框、组合框、列表框、命令按钮、图像、未绑定对象框、绑定对象框、子窗体/子报表、分页符、选项卡控件、直线和矩形等，这些控件都放置在"窗体设计工具/设计"选项卡的"控件"组中。控件工具箱见图 5.27。

1．常用控件及其功能

1）文本框

用来显示、输入或编辑窗体的基础记录源数据，接收用户输入的数据，也可以用来显示计算结果。

2）标签

标签用来在窗体上显示一些文本信息，如窗体标题、控件标题或说明信息等。标签没有数据源，不能与数据表的字段相结合。当从一条记录转移到另一条记录时，标签的内容不会变化。可以创建独立的标签，也可以将标签附加到其他控件上，大多数控件在添加时会在其前面自动添加一个标签。例如，当创建一个文本框时，就会附带一个标签来显示文本框的标题。

3）复选框、选项按钮与切换按钮

复选框、选项按钮和切换按钮 3 种控件的功能类似，都可以分别用来表示两种状态之一。例如，是/否、真/假或开/关，用来显示表或查询中"是"或"否"的值。

对于复选框或选项按钮，选中为"是"，不选为"否"；对于切换按钮，按下为"是"，否则为"否"。

4）选项组

一个选项组由一个组框架及一组复选框、单选按钮或切换按钮组成。选项组可以方便用户选择一组确定值中的某一个，适用于二选一或多选一。

5）列表框

列表框能够将一些内容以列表的形式列出，以供用户选择。

6）组合框

组合框兼有列表框和文本框的功能。该控件可以像文本框一样在其中键入值，也可以单击控件的下拉按钮显示一个列表，并从该列表中选择一项。

7）命令按钮

在窗体上使用命令按钮可以用于执行某个操作。例如，可以创建一个命令按钮来打开一个窗体，或者执

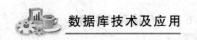

行某个事件。

Access 提供了命令按钮向导，通过该向导可以方便地创建多种不同类型的命令按钮。

8）图像

图像控件用于在窗体或报表上显示图片。图片一旦加入到窗体或报表，便不能在 Access 中修改或编辑。

9）未绑定对象框

未绑定对象框用于在窗体或报表中显示非结合的 OLE 对象，如 Word 文档等。其内容不随当前记录的改变而改变。

10）绑定对象框

绑定对象框用于在窗体或报表中显示数据表中字段类型为 OLE 对象的内容，如"学生"表中的"照片"字段。当前记录改变时，该对象的内容会变化，内容为不同记录的 OLE 对象字段值。

11）分页符

分页符可以使窗体或报表在打印时形成新的一页。使用分页符时，应该尽量把分页符放在其他控件的上面或下面，不要放在中间，以避免把同一个控件的数据分在不同的页中。

12）选项卡

选项卡用于创建一个多页的选项卡窗体或选项卡对话框，这样可以在有限的空间内显示更多的内容或实现更多的功能，同时还可以避免在不同窗口之间切换的麻烦。选项卡控件上可以放置其他的控件，也可以放置创建好的窗体。

13）子窗体/子报表

子窗体/子报表用于在当前窗体或报表中显示其他窗体或报表的数据。

14）直线和矩形

直线和矩形一般用于突出显示重要信息或美化窗体。

15）控件向导

控件向导的功能是：当用户从工具箱选择控件并添加到窗体中后，系统将自动弹出控件向导对话框，指导用户设置控件的常用属性。

在控件工具箱中单击控件向导图标，使其处于凹陷状态，控件向导即被激活。如果不需要控件向导，再次单击该图标，使其恢复平滑状态，控件向导即被关闭。

5.6.3　控件的基本类型

根据控件的用途及其与数据源的关系，控件可分为：结合型、非结合型与计算型。

（1）结合型控件主要用于显示、输入或更新数据库中表的字段值，又称绑定型控件。控件与数据源的字段列表中的字段结合在一起，当给结合型控件输入值时，Access 2010 自动更新当前记录中的对应字段值。大多数允许输入信息的控件都是结合型控件。可以和控件结合的字段类型包括文本、数值、日期、是/否、图片和备注型字段等。

（2）非结合型控件与数据源无关，又称未绑定型控件。当给非结合型控件输入值时，可以保留输入的值，但是它们不会更新表的字段值。非结合型控件可以用于显示文本、线条和图像。

（3）计算型控件以表达式作为数据源，表达式可以使用窗体数据源的字段值，也可以使用窗体中其他控件的数据。计算型控件也是非结合型控件，所以它不会更新表的字段值。

在设计窗体的过程中，Access 2010 提供两种方法将控件与字段结合起来。第一种方法是用户可以将表的一个或多个字段直接拖放到窗体主体节的适当位置，系统将自动创建合适类型的控件，并将该控件与字段结合。第二种方法是如果事先已经创建了未绑定型控件，并且想将它绑定到某字段，则可以先将窗体的"数据源"属性值设置为对应的表或查询，然后将控件的"控件来源"属性值设置为对应的字段。

5.6.4　属性和事件

1．窗体和控件的属性

在 Access 2010 中，窗体、控件或其他数据库对象都有自己的属性。属性决定了窗体及控件的外观和结构。属性的名称及功能一般是 Access 2010 事先定义好的，用户可以通过属性对话框修改属性的值。

选定窗体或控件并单击"窗体设计工具/设计"选项卡"工具"组中的"属性表"按钮，或者在窗体或控件上右击，在弹出的快捷菜单中选择"属性"命令，即可打开"属性表"窗口。图 5.28 所示为命令按钮的属性表窗口。

属性表窗口包含 5 个选项卡，分别是"格式""数据""事件""其他""全部"。前 3 个是主要属性组，最后一个是把前 4 个属性组的项目集中到一起显示。

1）格式属性

"格式"选项卡用于设置控件的外观，如位置、宽度、高度、图片、是否可见等特性，如图 5-28 所示。通常"格式"属性都有一个默认的初始值。而数据、事件和其他属性一般没有默认值。

2）数据属性

"数据"选项卡用于指定 Access 2010 如何对该对象使用数据。例如，在记录源属性中指定窗体所使用的表或查询，另外还可以指定筛选和排序依据等。"数据"属性如图 5.29 所示。

3）事件属性

Access 2010 中允许为对象的事件指定命令或编写代码。常见的事件有"单击""双击""失去焦点"等。单击某事件右侧的 按钮，在打开的窗口中可以使用"宏生成器""表达式生成器"或"代码生成器"调用宏或编写代码，使得事件发生后执行一定的操作，完成一定的任务。"事件"属性如图 5.30 所示。

图 5.28 "格式"属性　　　　图 5.29 "数据"属性　　　　图 5.30 "事件"属性

4）其他属性

"其他"选项卡用于设置控件的其他附加信息。

 注 意

有些属性的设置可以直接在设计视图中通过可视化的设计界面完成，并不一定非要通过属性窗口来完成。

2．窗体和控件的事件

在 Access 2010 中，不同类型的对象可以响应的事件有所不同。但总体来说，Access 2010 中的事件有窗口事件、鼠标事件、键盘事件、操作事件、焦点事件等。

5.6.5　控件的用法

前面对控件已经有了初步的了解，接下来要考虑如何在窗体中使用控件。

1．控件的添加

如果是结合型控件，用户可以将一个或多个字段拖放到主体节的适当位置上，Access 2010 可以自动为该字段结合适当的控件。操作步骤是：单击"窗体设计工具/设计"选项卡"工具"组中的"字段列表"按钮，打开当前窗体数据源的"字段列表"窗口，用户可以从字段列表中选择某个或某些字段，拖放到窗体设计视图的主体节中。此时，Access 2010 自动为每个字段创建一个结合型控件，并在该控件前自动添加一个标签控件。这种方法比较方便、实用，如图 5.31 所示。

用户也可以在控件工具箱中选择所需控件，然后在窗体主体节的适当位置，按下鼠标左键绘制合适大小的控件，释放鼠标后，该控件就会显示在窗体中。然而，使用这种方法创建的控件没有和表中特定的字段建立联系，如果需要可以在控件的属性窗口中进行设置，以建立其和字段的绑定。对于非结合型控件或计算型控件，经常使用该方法。图 5.32 所示为在窗体界面上绘制一个标签控件。

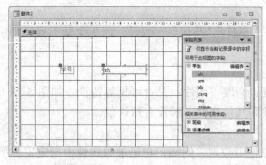

图 5.31　拖动字段到窗体

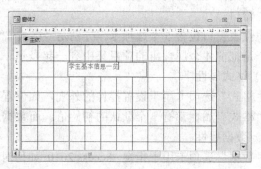

图 5.32　绘制标签控件

2．控件的选择

选择窗体上的控件有多种方法。选择单个控件只需单击该控件；选择多个连续的控件可以按下鼠标左键拖动画矩形框，释放鼠标左键后，被矩形框圈住的连续控件都被选中；选择多个不连续的控件可以先按下【Shift】键或【Ctrl】键不放，然后分别单击各个控件。

3．控件的删除

若要删除窗体上已有的控件，必须切换到设计视图，首先选中待删除的控件，然后按【Delete】键或单击"开始"选项卡"剪贴板"组中的"剪切"按钮，被选定的控件就被删除了。

4．控件大小及间距的调整

在设计视图中，单击选中某控件，其边框上会出现调整大小的控制点，当鼠标变为方向箭头的形状时，可以拖动控制点进行调整，直到所需的大小为止。

对于一组同类控件，如需调整大小一致，可同时选中这些控件，然后单击"窗体设计工具/排列"选项卡"调整大小和排序"组中的"大小/空格"下拉按钮，在弹出的下拉菜单中选择"大小"选项调整。如果需要调整控件之间的间距，则可单击"窗体设计工具/排列"选项卡"调整大小和排序"组中的"大小/空格"下拉按钮，在弹出的下拉菜单中选择"间距"选项调整。控件大小的调整如图 5.33 所示。

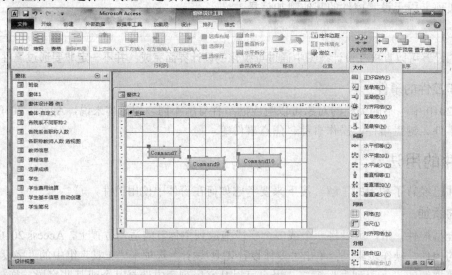

图 5.33　控件大小的调整

5．控件位置的移动

如果只需要移动单个控件的位置，用鼠标选中该控件，然后将鼠标移动到控件左上角的黑色小方块上，按下鼠标拖动到合适的位置为止。也可以选中控件后使用键盘上的方向键移动。

如果需要将一组控件整体移动，先选定这组控件，通过鼠标或键盘上的方向键进行移动。

6．控件的对齐调整

如果需要设置一组控件对齐，或者需要设置一组控件的间距。可以先选中这组控件，然后单击"窗体设计工具/排列"选项卡"调整大小和排序"组中的"对齐"下拉按钮，在弹出的下拉菜单中可分别设置控件"对齐到网格""靠左""靠右""靠上""靠下"等对齐方式。控件对齐及间距调整如图 5.34 所示。

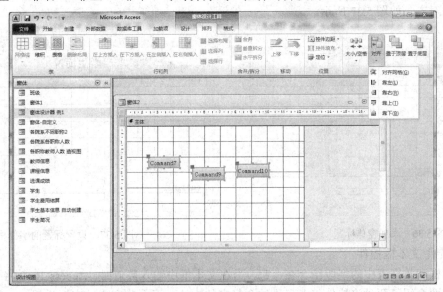

图 5.34　控件对齐及间距调整

5.6.6　使用控件自定义窗体实例

1．标签和文本框的使用

1）创建一个带有页眉和页脚的空白窗体

具体操作步骤如下：

（1）单击"创建"选项卡"窗体"组中的"空白窗体"按钮，创建一个空白窗体并在布局视图中打开。

（2）将窗体视图切换到"设计视图"，右击窗体中的"主体"部分，在弹出的快捷菜单中选择"窗体页眉/页脚"命令向窗体添加页眉和页脚。如图 5.35 所示，窗体页眉和窗体页脚都被添加进来，调整各部分的高度，调整窗体的宽度。

2）向窗体页眉添加标题

在 Access 2010 所有控件中，标签是最简单的控件。默认情况下，标签是未绑定和静态的，除非通过 Access 宏或 VBA 代码更改"标题"属性的值。

可以通过标签控件在窗体页眉部分添加标题。例如，给上面的空白窗体添加标题"学生简况"。具体操作步骤如下：

（1）单击"窗体设计工具/设计"选项卡"控件"组中的"标签"按钮。将鼠标移动到窗体页眉区域，指针会变为标签按钮和十字准线的符号，十字准线的中心点决定控件左上角的位置。

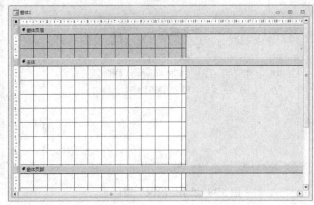

图 5.35　给窗体添加页眉和页脚

（2）按下鼠标左键，同时将十字线拖动到标签的右下角位置，标签绘制完成。在标签框内输入文字"学生简况"，如图 5.36 所示。

（3）调整标题标签的大小和位置。把鼠标移动到标签左上角的灰色点上，按下鼠标拖动，可以移动标签的位置；把鼠标移动到标签周围的黄色控制点上，按下鼠标拖动，可以改变标签的大小。

（4）单击标签左上角的灰色点，选中标签，单击"窗体设计工具/格式"选项卡"字体"组中的按钮，可以对标题的字体、字号等各种字体样式进行设置。如将图 5.36 中的标题字体格式设置为宋体，20 号，黑色粗体，文本居中对齐，如图 5.37 所示。

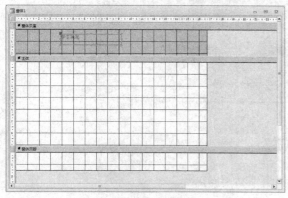

图 5.36　添加窗体标题　　　　　　　　　　图 5.37　设置标题的字体格式

3）创建绑定型文本框控件

绑定型文本框和数据表中的字段结合在一起，当在文本框中输入数值时，Access 2010 将自动更新当前记录中的字段。前面介绍了两种将控件与表字段结合起来的方法，下面分别通过实例说明。

【例 5.6】利用文本框控件和"学生"表中的数据，创建图 5.38 所示的窗体，便于浏览学生的一些基本情况。

在该实例中，窗体中显示的是学生表中的数据，因此学生表是数据源。如何实现控件与表字段的绑定呢，这里可以打开"学籍管理"数据库表的字段列表窗口，把相关字段拖动到窗体主体节的适当位置即可实现。

具体操作步骤如下：

（1）以设计视图模式打开上面的"学生简况"窗体。单击"窗体设计工具/设计"选项卡"工具"组中的"添加现有字段"按钮，打开"字段列表"窗口，单击并展开"学生"表的各个字段，如图 5.39 所示。

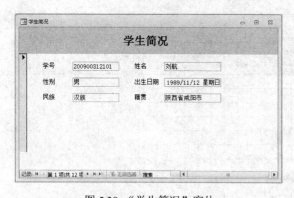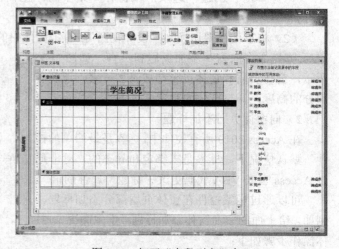

图 5.38　"学生简况"窗体　　　　　　　　　图 5.39　打开"字段列表"窗口

（2）选择"xh"字段，按下鼠标左键将其拖放到窗体主体节的合适位置。使用同样的方法将 xm、xb、csrq、mz 和 jg 字段也拖放到窗体主体节中，则 Access 会根据各字段的数据类型和默认的属性设置，为字段创建合适的控件并设置某些属性。在这里，Access 为各字段创建了结合型文本框，并在文本框前添加了一个标签，显示字段标题，如图 5.40 所示。

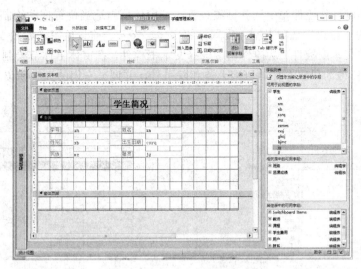

图 5.40　向窗体中添加相关字段

（3）将字段拖动到窗体的主体节后，控件可能摆放的不整齐，利用"控件用法"部分介绍的方法，调整控件的大小及控件之间的对齐。

（4）按住【Ctrl】键，选择主体节中的所有控件，单击"窗体设计工具/格式"选项卡"字体"组中的设置字体颜色按钮，将字体颜色设置为黑色，效果如图 5.41 所示。

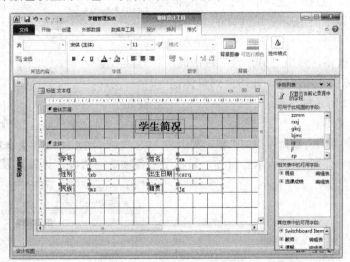

图 5.41　设置控件字体颜色

（5）单击"保存"按钮，弹出"另存为"对话框，输入窗体的名称"学生简况"，单击"确定"按钮。切换到"窗体视图"，即可得到图 5.38 所示的窗体，通过窗体下方自带的记录浏览按钮可以分条浏览学生的基本信息。窗体创建工作完成。

【例 5.7】通过设置未绑定控件的数据源的方法，创建图 5.42 所示的"数据源绑定-班级"窗体。

具体操作步骤如下。

（1）创建空白窗体。单击"创建"选项卡"窗体"组中的"窗体设计"按钮，系统将创建一个窗体并以设计视图的模式打开。

（2）添加窗体页眉节和窗体页脚节。在窗体上右击，在弹出的快捷菜单中选择"窗体页眉/页脚"命令即可。

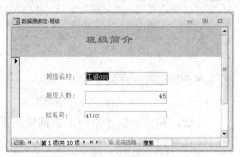

图 5.42　"数据源绑定-班级"窗体

（3）创建窗体的标题。从控件箱中选择标签控件，在窗体页眉适当位置拖动绘制，并输入文字"班级简介"，在标签的属性表的"格式"选项卡中，设置标签字体、字号、前景色等，如图5.43所示。

（4）添加未绑定的文本框控件。从控件箱中选择文本框控件，在窗体主体节绘制3个未绑定的文本框控件，把它们的标题分别修改为班级名称、班级人数和院系号，并调整它们的大小和位置，如图5.44所示。

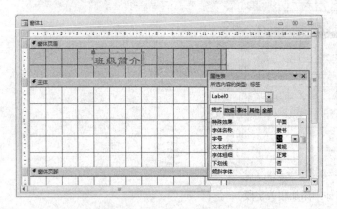

图5.43 使用标签控件创建窗体的标题

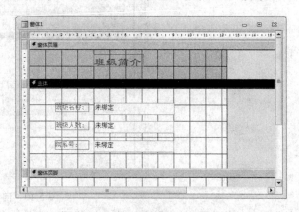

图5.44 添加未绑定文本框

（5）设置窗体和控件的数据源。在窗体属性表的"数据"选项卡中，设置记录源为"班级"表。在第一个未绑定文本框属性表的"数据"选项卡中，设置其控件来源为 bjmc 字段，如图5.45所示。用同样的方法设置另外两个文本框控件。

（6）单击"保存"按钮，弹出"另存为"对话框，输入窗体的名称"数据源绑定-班级"，并切换到窗体视图模式，即可得到图5.42所示的窗体。

4）计算型文本框的使用

【例5.8】基于"学籍管理"数据库中的"学生费用"表（见图5.46），创建一个如图5.47所示的窗体，显示学生各项费用情况，计算并显示费用余额情况。

图5.45 设置窗体和控件的数据源

图5.46 "学生费用"表

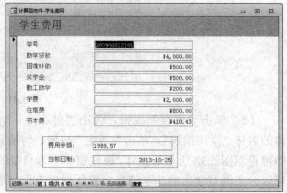

图5.47 "学生费用"窗体

分析：和前面例子不同，本例中用于显示费用余额和当前日期的两个文本框属于计算型控件，其内容是通过计算得到的。

具体操作步骤如下：

（1）创建基本窗体。使用"窗体向导"工具，选择"学生费用"表的所有字段，创建"学生费用结算"窗体，创建完成后，该窗体如图5.48所示。

（2）添加计算控件。切换到窗体的设计视图，在窗体主体节的底部添加两个文本框，并将其前面的标题分别改为"费用余额"和"当前日期"。第一个文本框将显示某学生当前的费用余额，是通过计算得到的，因此在其中输入"=[zxdk]+[knbz]+[jxj]+[qgzx]-[xf]-[zsf]-[sbf]"。第二个文本框用于显示系统当前日期，可以由date()函数计算得到，因此在其中写入"=date()"，如图 5.49 所示。

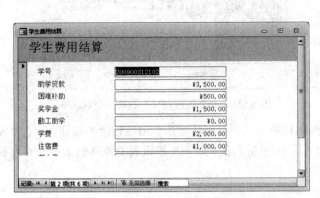

图 5.48　添加"学生费用"表中相关字段后的窗体

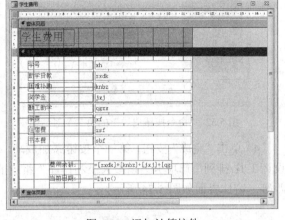

图 5.49　添加计算控件

为了窗体界面整齐、突出计算结果，可以使用工具箱中的矩形控件，在其外围画一个矩形框。为了窗体的美观，再对窗体中控件的大小、相对位置等进行调整。

（3）单击"保存"按钮，弹出"另存为"对话框，输入窗体的名称"计算型控件-学生费用"。切换到"窗体视图"，即可得到图 5.47 所示的窗体。

2．添加按钮

默认情况下，系统会自动在窗体底端添加一个记录导航栏，如果用户希望自定义导航按钮，则可以利用控件箱中的按钮控件制作。

【例 5.9】对例 5.7 中创建的窗体进行修改，添加一组按钮用于浏览信息，如图 5.50 所示。

具体操作步骤如下：

（1）打开例 5.7 中创建的窗体，将窗体另存为"按钮-信息浏览"窗体，并切换到设计视图。在控件工具箱中单击控件向导图标，使其处于凹陷状态，即激活控件向导。在控件工具箱中选择按钮控件，在窗体页脚合适位置绘制一个按钮，同时弹出"命令按钮向导"的第一个对话框，在"类别"列表框中选择"记录导航"，在"操作"列表框中选择"转至第一项记录"，如图 5.51 所示。

图 5.50　记录浏览按钮

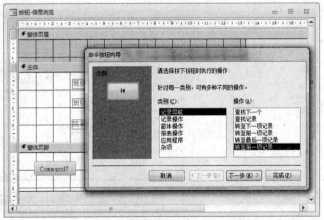

图 5.51　"命令按钮向导"的第一个对话框

（2）单击"下一步"按钮，打开"命令按钮向导"的第二个对话框，如图 5.52 所示，这里选择按钮上显示的是"文本"，内容为"第一项记录"。

（3）单击"下一步"按钮，打开"命令按钮向导"的第三个对话框，如图 5.53 所示，此处可以修改按钮的名称，这里使用默认名称。

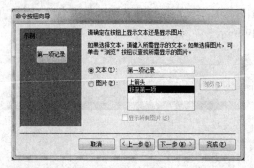

图 5.52 "命令按钮向导"的第二个对话框

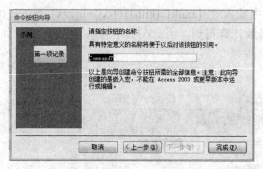

图 5.53 "命令按钮向导"的第三个对话框

（4）单击"完成"按钮，第一个按钮添加成功。按同样的方法，添加其他几个浏览记录的按钮，单击"窗体设计工具/排列"选项卡"调整大小和排序"组中的"大小/空格"和"对齐"按钮调整控件的大小、对齐和间距等。窗体界面如图 5.54 所示。

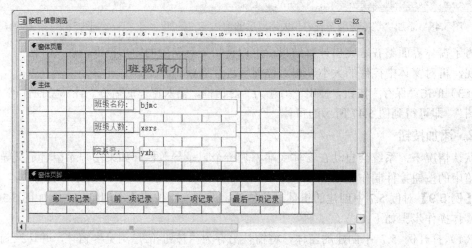

图 5.54 命令按钮制作完成

（5）取消系统自动添加的记录导航栏。在窗体上右击，在弹出的快捷菜单中选择"属性"命令，打开"属性表"窗口，在"格式"选项卡下设置"窗体导航"属性为"否"，如图 5.55 所示。

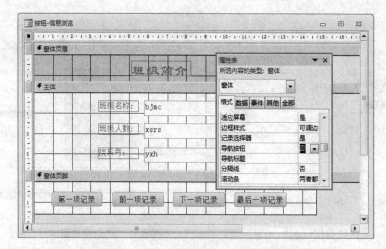

图 5.55 取消系统自动添加的记录导航栏

（6）保存窗体，切换到窗体视图，即可得到图 5.50 所示的窗体，可以使用按钮来浏览记录。

3. 复选框、选项按钮、切换按钮及选项组的使用

1）复选框、选项按钮和切换按钮

在大多数情况下，复选框是表示"是/否"值的最佳控件。这是在窗体或报表中添加"是/否"字段时创建的默认控件类型。此外，控件工具箱中还有选项按钮和切换按钮，它们三者的功能类似，只是外观有所不同，如图 5.56 所示。

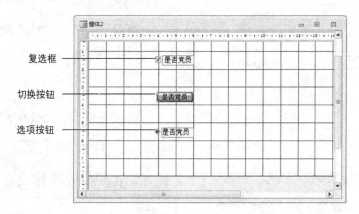

图 5.56 复选框、选项按钮和切换按钮外观的不同

2）创建选项组控件

选项组控件由一个组框和一组复选框、选项按钮或切换按钮组成，适合于二选一或多选一的情况，当用户单击选择选项组中某一项值，就可以为字段选定数据值，这样就省去了烦琐的人工输入。

【例 5.10】创建"课程信息录入"窗体，用于录入各门课程的信息到"课程"表中。要求"课程性质"字段的值在窗体中通过选项组控件来实现录入，如图 5.57 所示。

具体操作步骤如下：

（1）在"学籍管理"数据库左侧的对象窗口中选择"课程"表作为数据源，单击"创建"选项卡"窗体"组中的"窗体"按钮，创建"课程信息录入"窗体，并以布局视图显示，如图 5.58 所示。

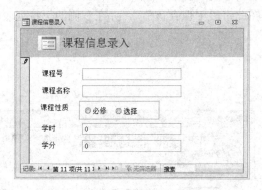

图 5.57 课程信息录入窗体

图 5.58 快速创建"课程"窗体

（2）切换到窗体的设计视图，单击窗体主 体节左上的按钮，选中整个布局，然后在控件上右击，在弹出快捷的菜单中选择"布局"→"删除布局"命令，这样就可以单独操作各个控件，如图 5.59 所示。

（3）删除 kcxz 文本框及其前面的标签，单击"窗体设计工具/设计"选项卡"控件"组中的"其他"下拉按钮，在弹出的下拉菜单中选择"使用控件向导"选项，它可以帮助用户来创建选项组，如图 5.60 所示。

（4）选择控件工具箱中的"选项组"控件，在主体节文本框 kcm 下面绘制选项组 frame32，并在弹出的"选项组向导"第一个对话框中"请为每个选项指定标签"框中分别输入必修、选修，如图 5.61 所示。

（5）单击"下一步"按钮，在弹出的对话框中设置默认选项为必修，如图 5.62 所示。

图 5.59　删除布局

图 5.60　选择"使用控件向导"选项

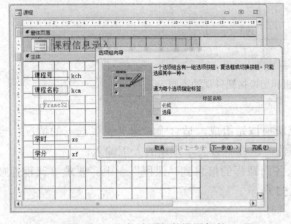

图 5.61　添加选项组并设置标签

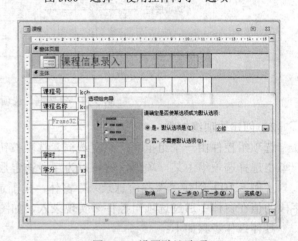

图 5.62　设置默认选项

（6）单击"下一步"按钮，在弹出的对话框中给两个选项分别赋值为 1 和 2，如图 5.63 所示。

（7）单击"下一步"按钮，在弹出的对话框中选择"在此字段中保存该值"，并在右侧的下拉列表框中选择 kcxz 字段，如图 5.64 所示。

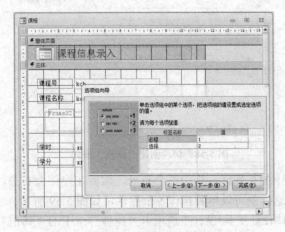

图 5.63　设置标签的值

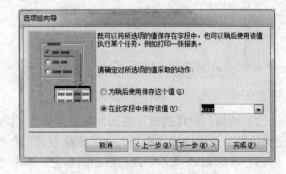

图 5.64　设置选项组和表字段绑定

（8）单击"下一步"按钮，在弹出的对话框中选择选项组内控件的类型和样式，这里选择控件类型为"选项按钮"，样式为"蚀刻"，如图 5.65 所示。

（9）单击"下一步"按钮，在弹出的对话框中设置选项组的标题为"课程性质"，如图 5.66 所示。

图 5.65　设置选项组控件类型和样式

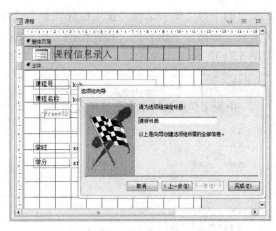

图 5.66　设置选项组标题

（10）单击"完成"按钮，并设置选项组标题及其内部标签的颜色为黑色，调整控件的位置，使其工整美观，窗体即创建完成。可以在此窗体中录入各门课程的信息，单击窗体下方的记录导航按钮的"下一条"按钮，可以逐条录入记录，并存储在"课程表"中。其中 kcxz 字段的值不需要输入，通过在选项组中选取即可，如图 5.67 所示。

图 5.67　录入课程信息

4．组合框和列表框的使用

如果窗体中输入的某项数据总是取自于一个表或查询中的记录的数据，而且数据是固定内容的某一组值，可以使用组合框或列表框来完成。这样既可以保证数据的正确，也可以提高数据的输入速度。例如，在输入教师基本信息时，职称的取值通常为教授、副教授、讲师、助教和其他，若将这些值放在组合框或列表框中，用户在输入数据时只需选择即可完成，这样既可以提高录入速度，又可以减少错误。

组合框和列表框既有相同之处，也有不同之处。列表框可以包含一行或几行数据，用户只能从列表框中选择，不能输入新值。通过组合框既可以从固定选项中选择，也可以输入文本，兼有列表框和文本框的功能。如图 5.68 所示，左边是列表框控件，右边是组合框控件。

【例 5.11】创建"教师信息录入"窗体，用于教师基本信息的录入。要求"职称"字段的值在窗体中通过组合框控件实现录入，如图 5.69 所示。

图 5.68　列表框和文本框

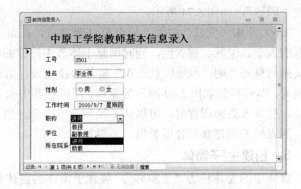

图 5.69　"教师信息录入"窗体

具体操作步骤如下：

（1）利用前面所讲知识，初步创建"教师信息录入"窗体，并创建与数据源"教师"表之间的连接，如图 5.70 所示。

（2）切换到窗体的设计视图模式，单击"窗体设计工具/设计"选项卡"控件"组中的"其他"下拉按钮，在弹出的下拉菜单中选择"使用控件向导"选项，然后选中组合框控件，在图5.70中"工作时间"及对应的文本框下面画一个组合框，在弹出的"组合框向导"第一个对话框中选择"自行键入所需的值"单选按钮，如图5.71所示。

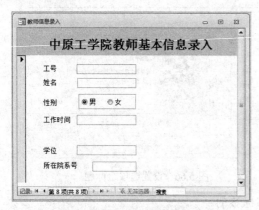

图5.70 初步创建"教师信息录入"窗体

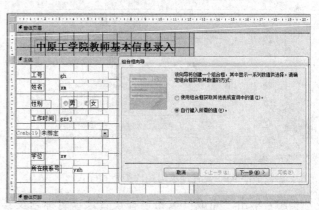

图5.71 "组合框向导"的第一个对话框

（3）单击"下一步"按钮，在弹出的对话框中设置列数为1列，在"第1列"下面分别输入"教授""副教授""讲师""助教"等值，如图5.72所示。

（4）单击"下一步"按钮，在弹出的对话框中选择"将该数值保存在这个字段中"单选按钮，同时选择字段zc，如图5.73所示。

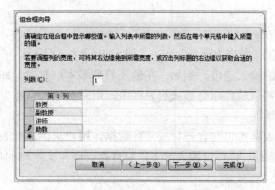

图5.72 "组合框向导"的第二个对话框

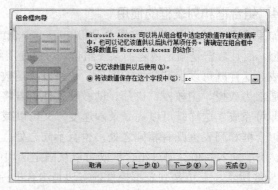

图5.73 "组合框向导"的第三个对话框

（5）单击"下一步"按钮，在弹出的对话框中为组合框指定标签"职称"，如图5.74所示。

（6）单击"完成"按钮，组合框创建完成，在窗体中调整组合框的大小、位置、前景色，同时调整主体节中控件的相对位置，使其排列整齐，则"教师信息录入"窗体创建完成，切换到窗体视图模式，即可得到如图5.69所示的窗体，即可在其中录入教师基本信息。在录入教师职称时，可以从下拉列表中选择，也可以输入。

列表框的创建和组合框类似，不再赘述。

5. 创建主/子窗体

窗体中的窗体称为"子窗体"，包含子窗体的窗体称为"主窗体"。"主窗体"和"子窗体"主要用于显示具有一对多关系的表或

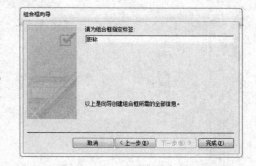

图5.74 "组合框向导"的最后一个对话框

查询中的数据。在这类窗体中，"主窗体"和"子窗体"彼此链接，"主窗体"与"子窗体"的信息保持同步更新，即当"主窗体"中的记录发生变化时，"子窗体"中的记录同步发生变化。

"主窗体"可以包含多个"子窗体"，还可以嵌套"子窗体"，最多可以嵌套7层子窗体。

创建主/子窗体，可以使用"窗体向导"工具，也可以使用子窗体/子报表控件，还可以将已有的窗体作为

子窗体添加到另一个窗体中，下面将分别进行介绍。

1）使用窗体向导创建主/子窗体

【例 5.12】在"学籍管理"数据库中，基于"班级"表和"学生"表，使用窗体向导创建"向导-主子窗体-班级学生"窗体。

具体操作步骤如下：

（1）打开"学籍管理"数据库窗口，单击"创建"选项卡"窗体"组中的"窗体向导"按钮。

（2）打开"窗体向导"的第一个对话框，如图 5.75 所示。在左侧的"表/查询"下拉列表中选择"班级"表，在左侧的"可用字段"列表框中选择 bjmc 和 yxh 字段，添加到"选定字段"下拉列表框中选择作为主窗体的数据源。再次在"表/查询"下拉列表框中选择"学生"表，在左侧的"可用字段"列表框中选择 xh、xm、xb、csrq、mz、zzmm、gkcj、bjmc 和 jl 字段，添加到"选定字段"列表框中，作为子窗体的数据源，如图 5.76 所示。

图 5.75 选择班级表中相关字段

图 5.76 选择学生表中相关字段

（3）单击"下一步"按钮，打开图 5.77 所示对话框，用户需要确定查看数据的方式，即确定主窗体和子窗体，选择"通过班级"，即"班级"表作为主窗体的数据源，同时选中"带有子窗体的窗体"单选按钮。

（4）单击"下一步"按钮，屏幕显示确定子窗体使用布局对话框，有"表格"和"数据表"两种布局，这里选择"数据表"。

（5）单击"下一步"按钮，屏幕显示指定窗体标题的对话框。在该对话框中，输入主窗体的名称"向导-主子窗体-班级学生"，输入子窗体的名称"学生"。

（6）单击"完成"按钮，生成如图 5.78 所示的主/子窗体。

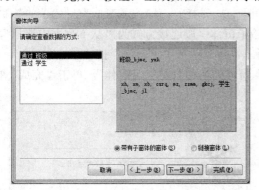

图 5.77 确定数据查看方式

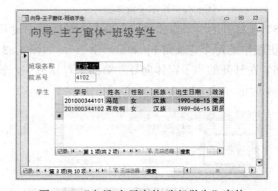

图 5.78 "向导-主子窗体-班级学生"窗体

2）使用子窗体/子报表控件创建主/子窗体

【例 5.13】使用控件箱中的子窗体/子报表控件重做例 5.12。

分析：在 Access 2010 中，如果之前已经在"班级"表和"学生"表之间建立了一对多的关系（见图 5.79），那么当选择"班级"表后，单击"创建"选项卡"窗体"组中的"窗体"按钮，则自动创建主/子窗体。保存窗体并命名为"自动创建主子窗体-班级学生"，窗体如图 5.80 所示。

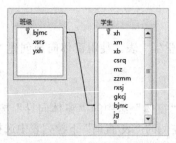

图 5.79 "一对多"关系

图 5.80 "自动创建主子窗体-班级学生"窗体

使用子窗体/子报表控件创建主/子窗体的具体操作步骤如下：

（1）创建主窗体。在导航窗格中选择"班级"表，单击"创建"选项卡"窗体"组中的"窗体"按钮，快速创建"班级"窗体。

（2）把"班级"窗体切换到设计视图，通过鼠标调整窗体主体节的大小，单击"窗体设计工具/设计"选项卡"控件"组中的"子窗体/子报表"按钮，在窗体主体节合适位置绘制子窗体，Access 2010 将同时自动打开"子窗体向导"第一个对话框，如图 5.81 所示。

（3）选择用于创建子窗体或子报表的数据源为"使用现有的表或查询"，单击"下一步"按钮。

（4）在打开的"子窗体向导"第二个对话框的"表/查询"下拉列表框中选择"表：学生"，添加全部字段，如图 5.82 所示，然后单击"下一步"按钮。

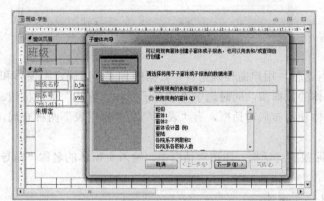

图 5.81 绘制子窗体控件

图 5.82 选择子窗体的数据源为"学生"表的全部字段

（5）在打开的"子窗体向导"第三个对话框中设置主/子窗体字段连接方式为"从下列表中选择"，并选择"对班级中的每个记录用 bjmc 显示学生"，如图 5.83 所示，然后单击"下一步"按钮。

（6）在打开的"子窗体向导"第四个对话框中，输入窗体的名称"学生子窗体"，单击"完成"按钮，如图 5.84 所示。

图 5.83 确定主窗体和子窗体之间的链接关系

图 5.84 输入子窗体的名称

（7）窗体创建完成，即可得到如图 5.85 所示的窗体。

3）将已有的窗体作为子窗体

与第 2 种方法不同的是，在绘制子窗体控件后弹出的对话框（见图 5.81）中，选择用于作为子窗体或子报表的数据来源时，选中"使用现有的窗体"单选按钮，并在下面的列表框中选择事先创建好、准备用作子窗体的窗体。

6．创建选项卡窗体

当需要在一个窗体中显示的内容较多且无法在一个页面全部显示时，可以对信息进行分类，使用选项卡控件进行分页显示。查看信息时，用户只需要单击选项卡上相应的标签，即可进行页面切换。

【例 5.14】创建图 5.86 所示的"师生信息统计"窗体，本窗体包括教师信息统计和学生信息统计，使用选项卡控件分别显示这两部分的相关信息。

分析：对教师信息和学生信息，放在两个选项卡中分别进行显示。

图 5.85　"控件-主子窗体-班级学生"窗体

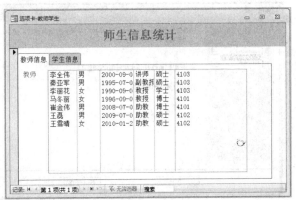

图 5.86　"选项卡-教师学生"窗体

具体操作步骤如下：

（1）打开窗体设计视图，在页眉节合适位置绘制标签，并把标题修改为"师生信息统计"。单击"窗体设计工具/设计"选项卡"控件"组中的"选项卡"按钮，在主体节放置选项卡的位置拖动鼠标绘制一个充满主体节的矩形，如图 5.87 所示。

（2）在"页 2"选项卡上右击，在弹出的快捷菜单中选择"属性"命令，打开"页 2"的"属性表"窗口，将其标题修改为"教师信息"，如图 5.88 所示。同样将"页 3"的标题修改为"学生信息"。

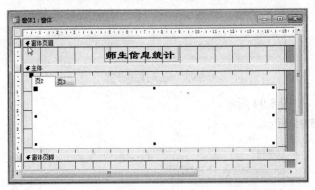

图 5.87　添加选项卡控件

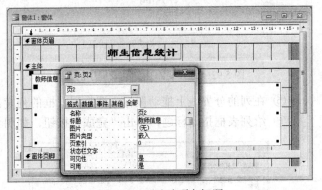

图 5.88　更改选项卡标题

注　意

如果还需要添加新的一页，可以直接右击选项卡，在弹出的快捷菜单中选择"插入页"命令。

（3）在"教师信息"选项卡上添加一个列表框控件，用来显示教师基本信息。具体操作步骤如下：

① 选择"教师信息"选项卡，单击"窗体设计工具/设计"选项卡"控件"组中的"列表框"控件，在窗体主体节的合适位置添加列表框控件，如图 5.89 所示，同时弹出"列表框向导"的第一个对话框，如图 5.90

所示。在该对话框中，选中"使用列表框查阅表或查询中的值"单选按钮。

② 单击"下一步"按钮，弹出"列表框向导"的第二个对话框，在"请选择为列表框提供数值的表或查询"列表框中选择"表：教师"，如图5.91所示，然后单击"下一步"按钮。

③ 选择"教师"表中的所有字段作为列表框中的列，如图5.92所示。

④ 设置列表框中数据排序的字段，同时设置排序方式，如图5.93所示。

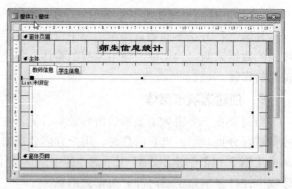

图5.89 添加列表框控件

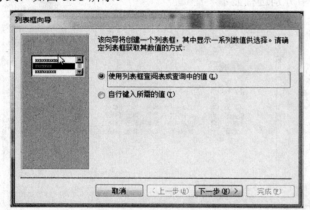

图5.90 列表框向导第一个对话框

图5.91 列表框向导第二个对话框

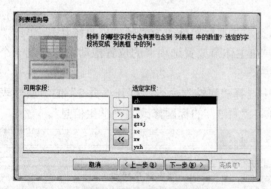

图5.92 选择要添加到列表框中的字段

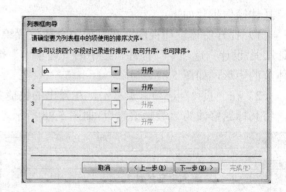

图5.93 记录排序设置

⑤ 在列的分界线上拖动鼠标，调整列表框的列宽，如图5.94所示。

⑥ 给列表框指定标题，单击"完成"按钮，如图5.95所示。

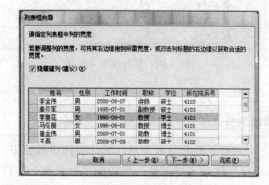

图5.94 调整列宽

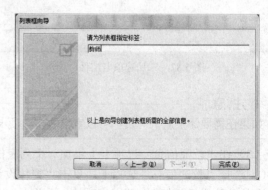

图5.95 指定列表框标题

⑦ "教师信息"选项卡的创建完成。

（4）用同样的方法创建"学生信息"选项卡。

（5）保存窗体并命名为"选项卡-教师学生"，切换到窗体视图下查看，即可得到图 5.86 所示的窗体。

5.7　优化窗体的外观

一个设计合理的窗体，不仅要在功能上满足用户的需要，还应该注重界面的美观。美观的窗体可以赏心悦目，有利于提高工作效率。为了进一步优化窗体的外观，可以对窗体的背景颜色和背景图片进行设置，也可以对控件的背景色、前景色和字体字形等方面进行设置。在 Access 2010 中，可以应用系统内置的主题为所有窗体创建统一的外观风格，也可以在单个窗体的属性窗口进行个性化设置。

5.7.1　应用主题

"主题"是从整体上来设计系统的外观，使所有窗体具有同一风格和色调。具体来说，主题提供一套统一的设计元素和配色方案，为数据库系统的所有窗体提供一套完整的格式集合。利用主题，可以快速地创建具有专业水准、精美时尚的数据库系统。

"窗体设计工具/设计"选项卡"主题"组中包括"主题""颜色""字体"3 个工具。"主题"工具提供了 44 套主题供用户选择。

【例 5.15】对"学籍管理"数据库应用系统提供的主题。

具体操作步骤如下：

（1）在"学籍管理"数据库中，以布局视图模式打开某窗体，如"窗体工具-学生"窗体。

（2）单击"窗体设计工具/设计"选项卡"主题"组中的"主题"下拉按钮，在弹出的下拉菜单中选择使用的主题。

（3）可以发现，页眉的背景颜色、标题文字等格式发生改变。

5.7.2　设置窗体的格式属性

窗体创建完成后，如果对系统的默认格式不满意，可以在设计视图中重新打开窗体，通过窗体的属性表来设置其格式。

【例 5.16】打开"窗体工具-学生"窗体的属性表窗口，对其格式属性进行设置。

具体操作步骤如下：

在设计视图下打开窗体，单击"窗体设计工具/设计"选项卡"工具"组中的"属性表"按钮，打开窗体的"属性表"，在属性表中设置窗体的属性值：分隔线为"否"，滚动条为"两者均无"，关闭按钮为"是"，最大化/最小化按钮为"无"，如图 5.96 所示。

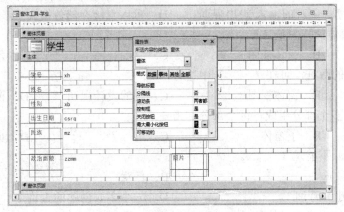

图 5.96　设置窗体的格式属性

5.7.3 在窗体中添加图片

在窗体中使用图片可以装饰和美化窗体，在窗体中添加图片有两种方法：第一种先在窗体合适的位置添加图像控件，然后在图像控件的属性窗口中设置图片属性为选定的图片文件；第二种方法是在窗体的属性窗口中设置其图片属性为选定的图片。第一种方法一般用于给窗体设置徽标，第二种方法一般用于给窗体设置背景图片。

【例 5.17】给"学籍管理"数据库中的"登录"窗体设置公司徽标。

具体操作步骤如下：

（1）以设计视图的模式打开窗体。

（2）单击"窗体设计工具/设计"选项卡"控件"组中的"插入图像"下拉按钮，在弹出的下拉菜单中选择"浏览"选项，弹出"插入图片"对话框，选择要使用的图片，单击"确定"按钮，如图 5.97 所示。

（3）在窗体页眉中，绘制一个合适大小的矩形，则选定的图片就作为公司徽标插入到所画的矩形中，如图 5.98 所示。

图 5.97　"插入图片"对话框

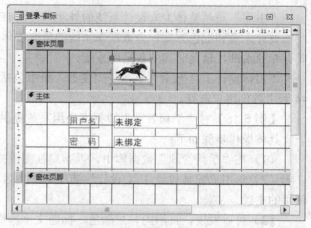

图 5.98　在窗体页眉节插入图片

一般徽标应使用 bmp 图像，这样数据会比较小。另外，也可单击"窗体设计工具/设计"选项卡"页眉/页脚"组中的"徽标"按钮插入徽标。

习　题　5

一、选择题

1．下面关于窗体的作用叙述错误的是（　　）。
    A．可以接收用户输入的数据或命令　　　　B．可以编辑、显示数据库中的数据
    C．可以构造方便、美观的输入/输出界面　　D．可以直接存储数据

2．不属于 Access 窗体的视图是（　　）。
    A．设计视图　　　　B．窗体视图　　　　C．版面视图　　　　D．数据表视图

3．要修改数据表中的数据，可在（　　）中进行。
    A．报表　　　　B．窗体视图　　　　C．表的设计视图　　　　D．窗体的设计视图

4．Access 的窗体由多个部分组成，每个部分称为一个（　　）。
    A．控件　　　　B．子窗体　　　　C．节　　　　D．页

5．创建窗体的数据源不能是（　　）。
    A．一个表　　　　　　　　　　　　　　B．任意
    C．一个单表创建的查询　　　　　　　　D．一个多表创建的查询

6．以下选项不是窗体组成部分的是（　　）。
    A．窗体页眉　　　　B．窗体页脚　　　　C．主体　　　　D．窗体设计器

7. 在窗体中创建一个标题，可以使用（　　）控件。

   A．文本框　　　　　B．列表框　　　　　　C．标签　　　　　D．组合框

8. 下面关于组合框和列表框的叙述中（　　）是正确的。

   A．可以在组合框中输入数据而列表框不能

   B．可以在列表框中输入数据而组合框不能

   C．列表框和组合框可以包含一列或几列数据

   D．在列表框和组合框中都可以输入数据

9. 以下不是控件类型的是（　　）。

   A．结合型　　　　　B．非结合型　　　　　C．计算型　　　　　D．非计算型

10. 文本框可以作为计算控件，控件的来源属性中的计算表达式一般要以（　　）开头。

   A．字母　　　　　　B．等号　　　　　　C．双引号　　　　　D．括号

11. 新建一个窗体，默认的标题为"窗体1"，为把窗体标题修改为"输入数据"，应设置窗体的（　　）。

   A．名称属性　　　　B．菜单栏属性　　　C．标题属性　　　　D．工具栏属性

12. 主窗体和子窗体通常用于显示具有（　　）关系的多个表或查询的数据。

   A．一对一　　　　　B．一对多　　　　　C．多对一　　　　　D．多对多

13. 用表达式作为数据源的控件类型是（　　）。

   A．结合型　　　　　B．非结合型　　　　C．计算型　　　　　D．以上都是

14. 当窗体中的内容较多而无法在一页中显示时，可以使用（　　）进行分页。

   A．命令按钮控件　B．组合框控件　　　C．选项卡控件　　　D．选项组控件

15. 在窗体的设计视图中添加一个文本框控件时，（　　）是正确的。

   A．会自动添加一个附加标签　　　　　　B．文本框的附加标签不能被删除

   C．不会添加附加标签　　　　　　　　　D．都不对

二、填空题

1. 窗体是用户和 Access 应用程序之间的主要_____。

2. 窗体中的信息主要有两类，一类是设计的提示信息，另一类是所处理_____的记录。

3. 窗体中的数据来源主要包括表和_____。

4. 窗体通常由窗体页眉、窗体页脚、页面页眉、页面页脚及_____5 部分组成。

5. 使用窗体设计器，一是可以创建窗体，二是可以_____。

6. 对象的_____描述了对象的状态和特性。

7. 控件的类型可以分为_____、_____和_____。

8. 计算型控件用_____作为数据源。

9. 窗体中的窗体称为_____，其中可以创建为_____式或数据表窗体。

10. 若窗体的数据源由多个相关表的部分数据组成，一般先创建一个_____，然后在此基础上创建窗体。

三、简答题

1. 窗体有哪几种视图模式？各有什么特点？

2. 窗体的主要创建方法有哪些？

3. 设计视图由哪几部分组成？各有什么功能？

4. 简述控件工具箱中的常用控件及其功能。

5. 窗体或控件的属性分为哪几类？

6. 什么是子窗体？怎么创建主/子窗体？

7. 选项卡窗体的功能有哪些？如何创建？

8. 美化窗体有哪些方法？

四、操作题

1．利用"窗体向导"创建一个"职工基本信息"窗体，如图 5.99 所示。

2．基于"部门"表和"职工"表，创建图 5.100 所示的主/子窗体。

图 5.99 "职工基本信息"窗体界面　　　　　　　　　图 5.100 "部门-职工"窗体界面

3．在设计视图中修改第 1 题中创建的"职工基本信息"窗体，添加一组导航按钮用于记录的浏览，如图 5.101 所示。

4．创建数据透视图窗体，以柱形图的形式显示职工男女人数的对比，如图 5.102 所示。

图 5.101 导航按钮窗体界面　　　　　　　　　　图 5.102 数据透视图界面

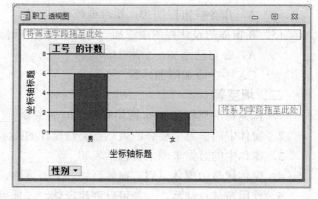

5．创建职工信息录入窗体，用于录入职工的信息，如果 5.103 所示。

图 5.103 职工信息录入窗体

第 6 章 报　表

在数据库的应用过程中，除了能对数据进行存储和查询，还应能对数据进行输出和打印，如打印学生成绩、上交财务报表、制作产品信息标签等。在 Access 2010 中，这些功能可以通过制作报表来实现，使用报表还可以将数据综合整理并将结果按特定的格式输出或打印，或转换为 PDF 或 XPS 文件，或导出为其他文件格式。Access 2010 提供了丰富的报表模板，增加了布局视图，支持行的交替背景色，用户可以轻松地完成复杂的打印工作。

教学目标

- 了解 Access 报表的类型及组成。
- 熟练使用向导和设计视图创建报表。
- 掌握报表的分组、排序和汇总。
- 了解报表的计算和子报表。
- 掌握报表的编辑和打印设置。

6.1　认 识 报 表

6.1.1　报表的功能

报表是 Access 2010 数据库中的第四大对象，是为数据的显示和打印而存在的，它可以以多种形式组织数据库中的信息并输出，可读性更强，信息量更大，大大提高了用户管理与分析数据的效率。前面的章节已经系统地介绍了表、查询和窗体这三大对象，表对数据进行存储，查询对数据进行筛选，窗体对数据进行查看，而报表则是对数据进行输出，它提供了其他数据库对象无法比拟的数据视图和分类能力。

报表的数据源可以是表或查询，用户不仅可以按自己的需求设计报表的格式，决定数据显示的详细程度，还可以对数据进行排序、分组和汇总统计，甚至设计包含子报表的形式或生成图形、图表，然后将需要的内容输出到屏幕或进行打印。尽管报表设计的控件和形式与窗体非常相似，但它的功能却有本质不同，报表只是用来设计以何种样式打印数据信息。

6.1.2　报表的类型

Access 2010 提供了丰富多样的报表形式，能够创建格式清晰、内容丰富的报表，以满足用户的不同需求。根据布局形式可以分为 4 种类型：纵栏式报表、表格式报表、标签式报表和图表式报表。

1．纵栏式报表

纵栏式报表的显示形式类似纵栏式窗体，以垂直方式在页面中排列报表上的数据，数据源的一个字段显示为一行，每一条记录会占据若干行的空间，不同于窗体的是它只能查看或打印数据，而不能输入或更改数据，使用频率较少，如图 6.1 所示。

2．表格式报表

表格式报表的显示形式类似 Access 数据表，以整齐的行、列形式显示数据。在表格式报表中，每一条记录显示在同一行，每一个字段显示在同一列。除了显示源数据，表格式报表还可以对数据进行分组和汇总，应用中较常见，如图 6.2 所示。

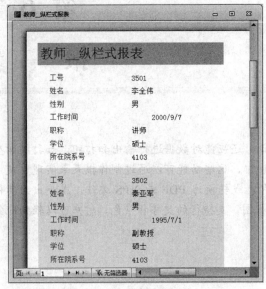

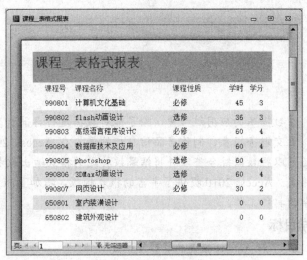

图 6.1　纵栏式报表　　　　　　　　　　　　　　图 6.2　表格式报表

3．标签式报表

标签式报表类似常见的胸卡、座位卡、工资条等，可以将特定的数据提取出来，在一页中设计多个大小、格式一致的卡片式标签，打印裁剪后用于粘贴或标识物品，经常用于创建如邮件地址、个人信息等适合页面尺寸较小的短信息，如图 6.3 所示。

4．图表式报表

图表式报表是将数据信息以类似 Excel 图形或图表的形式显示的一种报表，可以直观地表示出数据之间的关系以及分析和统计的信息，如图 6.4 所示。

图 6.3　标签式报表　　　　　　　　　　　　　　图 6.4　图表式报表

6.1.3　报表的视图

Access 2010 提供了报表视图、打印预览、布局视图和设计视图共 4 种视图方式，便于用户根据需求选择合适的显示方式进行快捷高效的编辑。

1．报表视图

报表视图的功能跟窗体视图相似，在屏幕上显示报表最终生成的结果。在报表视图中，无法再对报表的格式和内容进行修改，也无法显示多列报表的实际运行效果，但可以通过快捷菜单对报表中的记录进行筛选、查找等操作。

2．打印预览

打印预览是报表打印时的显示效果，和报表视图的显示相似，不同的是打印预览可以完整地显示报表的外观和对页面进行设置。对于已创建多个列的报表（如标签式报表），只有在打印预览中才能查看这些列的输出效果。

3．布局视图

布局视图和报表视图非常相似，显示具有最终结果的报表，每个控件都显示真实数据，因此该视图非常适合执行影响窗体外观和可用性的任务。在布局视图中，查看数据的同时还可以重新排列字段、精确调整控件的大小位置或者应用自定义样式，还可以向报表添加分组、排序或汇总，但布局视图中没有标识出分页符和报表中列的格式。此外，布局视图是唯一可用于 Web 数据库的报表设计器，只能在布局视图中对 Web 数据库中的报表进行设计方面的更改。

4．设计视图

设计视图用于报表的自定义创建和修改。与布局视图相比，在设计视图中无法看到报表的具体数据，但设计视图显示了更加详细的报表结构，用户可以根据需要安排报表的结构和格式、调整报表节的大小、向报表中添加更多种类的控件以及设置控件属性，当然还可以美化报表。

报表的 4 种视图各有特性，对比结果如表 6.1 所示。合理地选择视图方式可以使报表的编辑更加轻松方便。

表 6.1　报表的 4 种视图比较

视图方式	能否显示运行结果	能否显示多列报表	能否修改报表控件	能否增加报表控件	能否更改报表属性
报表视图	√	×	×	×	×
打印预览	√	√	×	×	×
布局视图	√	×	√	部分	部分
设计视图	×	×	√	√	√

6.1.4　报表的结构

在报表设计视图中，可以看到一个或多个"带状"的区域，每个区域称为一个报表节，每个节都具有特定的功能，节内可放置若干个控件，报表就是由各种节和控件组成的。在设计时，每一节的宽度都和报表一致，而每节的高度可以通过拖动节指示器的上边缘进行调整。某些没有显示的节可以通过报表右键快捷菜单选择是否启用，比如报表页眉和报表页脚，而组页眉和组页脚则必须在报表中添加分组后才会出现。一个报表至少包含一个主体节，通常还有报表页眉、报表页脚、页面页眉、页面页脚以及由用户设置分组后产生的一个或多个组页眉和组页脚。需要特别注意的是，在设计视图中显示的报表结构与最终打印输出时的效果有所不同，需要根据后面的实例仔细体会。各节的位置及其常见用法如表 6.2 所示。

表 6.2　报表节的位置及其常见用法

报 表 节	位 置	常 见 用 法
报表页眉	只在打印输出报表时第一页的顶部出现一次，且位于该页面页眉上方	报表标题、徽标、日期和时间、单位等信息
报表页脚	只在打印输出报表时最后一页的最后一条记录之后出现一次，且位于该页面页脚上方	制表人、审核人、日期或报表汇总信息（如求和、计数、平均值等）
主体	打印输出时根据记录数重复出现在报表的主要正文位置	放置各种控件并与数据源中字段绑定
页面页眉	打印输出时出现在报表每个页面的顶部	报表页标题或每一列字段名
页面页脚	打印输出时出现在报表每个页面的底部	页码、页汇总信息（如求和、计数、平均值等）
组页眉	打印输出时出现在每组记录的开头	作为分组依据的字段名或分组标题
组页脚	打印输出时出现在每组记录的末尾	组汇总信息（如求和、计数、平均值等）

控件是用于显示数据和执行操作的对象。利用控件，可以查看和处理数据库应用程序中的数据。最常用的控件是文本框，其他控件包括命令按钮、标签、复选框和子窗体/子报表控件等。在 Access 报表中，控件出现的位置不同，效果也不一样。Access 报表控件的类型包括绑定控件、未绑定控件、计算控件和 ActiveX 控件 4 种。

1．绑定控件

其数据源是表或查询中的字段，使用绑定控件可以显示数据库中字段的值。常见的绑定控件包括文本框、组合框、列表框等。图 6.5 所示为报表设计视图中主体节内的控件。

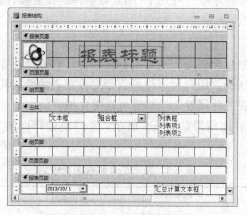

图 6.5　报表的设计视图及结构

2．未绑定控件

未绑定控件不具有数据源，通常用于显示信息性文本或装饰性图片。常见的未绑定控件包括标签、直线、矩形、图像。图 6.5 所示为报表设计视图中报表页眉节内的徽标、标题控件。

3．计算控件

计算控件属于有源控件，但其数据源是计算表达式而非字段。文本框是最常见的计算控件，图 6.5 所示为用于汇总的文本框控件。

4．ActiveX 控件

ActiveX 控件是一种特殊类型的控件，它既可以像文本框那样简单，也可以像工具栏、对话框或小应用程序那样复杂。图 6.5 所示为报表设计视图中报表页脚节内用于选择日期的"MicrosoftDateandTimePickerControl"控件。

6.2　创　建　报　表

创建报表的过程与创建窗体类似。Access 2010 提供了 3 种创建报表的方式：使用报表工具自动创建报表、使用报表向导创建基于选项参数的报表、使用设计视图创建自定义格式与功能的复杂报表，通过这 3 种方式可以创建具有基本显示功能的简单报表。由于报表的类型众多，本节将逐一介绍上节所述的各种报表的创建方法。

6.2.1　快速创建报表

使用报表工具是创建报表的最快捷的方式，但只能创建简单的表格式报表。此方式创建的报表只能选择单个表或者查询作为数据源并且包含该数据源的所有字段和记录。

【例 6.1】使用报表工具创建图 6.6 所示的"教师信息"报表。

具体操作步骤如下：

（1）打开"学籍管理"数据库，在左侧导航窗格中单击"表"对象组中的"教师"表作为数据源。

（2）单击"创建"选项卡"报表"组中的"报表"按钮。

（3）Access 将自动在布局视图中生成和显示报表，如图 6.6 所示。

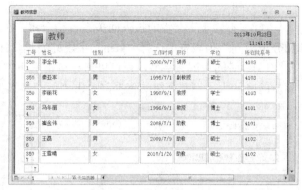

图 6.6　"教师信息"报表

（4）默认的报表名称与数据源名称相同，保存报表并重命名为"教师信息"。

报表工具可能无法创建用户最终需要的报表，但对于迅速输出基本数据极其有用，随后可以在布局视图或设计视图中再修改报表，以便更好地满足用户需求。

6.2.2　向导创建报表

虽然使用报表工具可以快速地创建报表，但数据源只能选择一个表或者查询以及报表必须显示数据源中的所有字段，在很大程度上限制了报表的实用性设计要求。而使用报表向导则可以选择多个表或者查询作为数据源，并且可以指定显示数据源中的部分或全部字段，还可以设置数据的分组和排序方式或进行汇总统计。

【例 6.2】使用报表向导创建"学生成绩__课程分组"报表，要求按课程名分组并按成绩升序排列，汇总显示每门课程的平均分，如图 6.7 所示。

具体操作步骤如下：

（1）打开"学籍管理"数据库，单击"创建"选项卡"报表"组中的"报表向导"按钮，打开"报表向导"对话框。

（2）在"表/查询"下拉列表框中选择"表：学生"作为数据源，并从左侧"可用字段"列表框中选择"xm"字段添加到右侧"选定字段"列表框中，继续添加"课程"表中的"kcm"字段和"选课成绩"表中的"cj"字段，如图 6.8 所示，单击"下一步"按钮。

图 6.7　"学生成绩__课程分组"报表

图 6.8　选择报表数据源和字段

-135-

（3）如果上一步选定的数据源字段来源于多张相关表，则会进入当前显示的查看方式设置对话框，否则直接进入下一步的分组设置对话框。在"请确定查看数据的方式"列表框中会根据数据源中相关表的表间关系列出按照表名进行自动分组的选项，本例选择"通过选课成绩"即不自动分组，如图 6.9 所示，单击"下一步"按钮。

（4）不同于上一步的按表间关系自动分组，在当前对话框中可以用任意字段设置分组级别。在"是否添加分组级别"列表框中选择"kcm"字段并添加，注意观察右侧预览图的变化，如图 6.10 所示。如果分组字段为日期/时间型或数字型，还可以通过单击右下方的"分组选项"按钮，按照"年""月""日"等时间段或数值的区间大小调整分组的依据，单击"下一步"按钮。

图 6.9　确定查看方式

图 6.10　设置分组级别

（5）在排序设置区域选择"cj"为排序字段，并在其后指定为"升序"，如图 6.11 所示。

（6）单击排序列表下方的"汇总选项"按钮，弹出"汇总选项"对话框，设置"cj"字段的汇总值为"平均"，如图 6.12 所示。需要注意的是，如果在上一步操作中没有设置分组，或者即使设置了分组但报表信息中不包含数字或货币等数值类型的字段，则不会出现"汇总选项"按钮。单击"确定"按钮关闭对话框，单击"下一步"按钮。

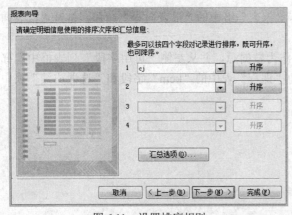

图 6.11　设置排序规则

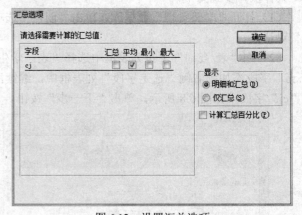

图 6.12　设置汇总选项

（7）在布局方式设置区域可以根据需要选择不同的布局和方向，通过左侧预览图可观察效果，选中下方"调整字段宽度使所有字段都能显示在一页中"复选框，如图 6.13 所示。同样需要注意的是，如果之前没有设置分组，则这一步中的三个布局方式的选项会变为"纵栏表""表格"和"两端对齐"。单击"下一步"按钮。

（8）在"请为报表指定标题"文本框中输入报表标题"学生成绩__课程分组"，并选择创建报表后的操作"预览报表"，如图 6.14 所示。单击"完成"按钮，创建的报表如图 6.7 所示。

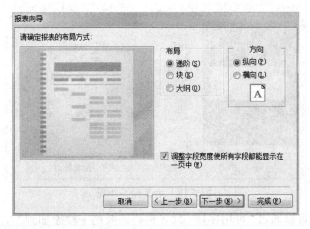

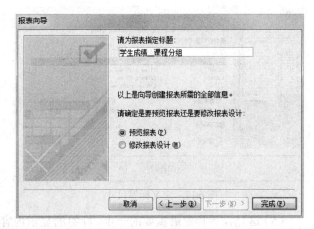

图 6.13 确定布局方式   图 6.14 指定报表标题

报表向导虽然能在创建报表的同时轻松完成诸如分组、排序、汇总等功能，极大地提高了报表设计的灵活性，但创建的报表在内容和格式上仍然存在一些不尽如人意的地方（比如上例中显示的汇总信息），所以还需要通过其他方式修改以更好地满足用户需求。

6.2.3 创建标签式报表

标签式报表是一种特殊格式的报表，它以记录为单位，创建大小、格式完全相同的独立区域。标签在实际应用中非常普遍，常用于制作信封、成绩通知单、商品标签等，标签式报表也很适合作为 Word 邮件合并中的数据源文件。Access 2010 提供了标签向导，可以快速创建各种规格和形式的标签式报表。

【例 6.3】使用标签向导创建图 6.15 所示的"学生成绩__标签卡"报表。

具体操作步骤如下：

（1）打开"学籍管理"数据库，创建图 6.16 所示的"学生成绩"交叉表查询（相关知识可参阅第 4 章），并在导航窗格中单击"查询"对象组中新建的"学生成绩"查询作为数据源。

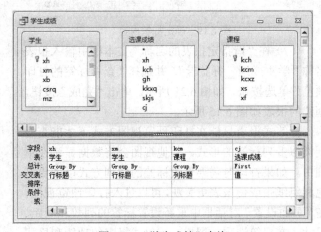

图 6.15 "学生成绩__标签卡"报表   图 6.16 "学生成绩"查询

（2）单击"创建"选项卡"报表"组中的"标签"按钮，打开"标签向导"对话框。

（3）可通过列表框选择系统提供的标签尺寸以及度量单位和标签类型，也可以单击"自定义"按钮新建符合需求的标签尺寸，会有更详细的对话框帮助用户进行设置，这里选择默认尺寸，如图 6.17 所示，单击"下一步"按钮。

（4）可以使用"字体""字号""字体粗细""文本颜色"等选项设置标签的文本外观，如图 6.18 所示，单击"下一步"按钮。

图 6.17　定义标签尺寸

图 6.18　定义标签外观

（5）这是设计标签最重要的一步。标签的显示内容可以通过"可用字段"列表框将需要的字段添加到"原型标签"中，也可以在"原型标签"中直接输入所需文本。本例中采用两种方式相结合来设置由说明文字和字段名组成的标签内容，如图 6.19 所示。需要注意的是，使用标签向导只能添加以下数据类型的字段："文本""数字""日期/时间""货币""是/否""附件"，单击"下一步"按钮。

（6）在"可用字段"列表框中选择"xh"字段添加到"排序依据"列表框中，如图 6.20 所示，单击"下一步"按钮。

图 6.19　确定标签内容

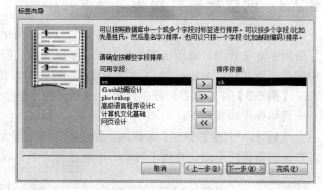

图 6.20　设置排序字段

（7）在"请指定报表的名称"文本框中输入报表名称"学生成绩__标签卡"，并选择"查看标签的打印预览"单选按钮，如图 6.21 所示。单击"完成"按钮，创建的报表如图 6.15 所示。

标签式报表只能在打印预览视图方式下才能查看到类似多列标签的形式，其他视图会将数据显示在单列中。如果打印时需要更改标签的排列方式以便更好地利用纸张或使报表更美观，可以进入打印预览视图，在"页面设置"对话框中重新设置标签的列数和间距、尺寸、布局等选项。同样，标签式报表的功能和格式如不能满足需求，还可以在布局视图或设计视图中修改以达到目的。

图 6.21　指定报表名称

6.2.4　创建图表报表

图表报表是一种特殊形式的报表，它利用与 Excel 图表相同的形式反映数据之间的关系，使对数据的浏览与分析更直观、形象。Access 2010 在功能区中没有直接提供图表向导选项，但可以通过在设计视图下添加"图表"控件打开图表向导。

【例 6.4】 使用图表向导创建图 6.22 所示的"选课统计__图表"
报表。

　　具体操作步骤如下：

　　（1）打开"学籍管理"数据库，创建图 6.23 所示的"选课人数"
汇总查询（相关知识可参阅第 4 章）。

　　（2）单击"创建"选项卡"报表"组中的"报表设计"按钮，
创建一个空报表并进入设计视图。

　　（3）单击"报表设计工具/设计"选项卡"控件"组中的"图表"
按钮，并在报表的主体节中的任意位置通过单击或拖动添加一个图表
控件，同时打开"图表向导"对话框，在列表框中选择新建的"选课
人数"查询作为数据源，如图 6.24 所示，单击"下一步"按钮。

图 6.22　"选课统计__图表"报表

图 6.23　"选课人数"查询

图 6.24　选择图表数据源

> **说明**
>
> 　　第（3）步在设计视图下向报表中添加某些特定控件时，可以通过自动打开的控件向导设置控件的属性，也
> 可以不借助向导人工完成。单击"报表设计工具/设计"选项卡"控件"组中的"其他"下拉按钮，即可展开所
> 有控件及功能选项列表，此处可打开或关闭控件向导。但无论控件向导是开启或关闭状态，添加图表控件时图表
> 向导总是出现。

　　（4）将"可用字段"列表框中的两个字段添加到"用于图表的字段"列表框中，如图 6.25 所示，单击
"下一步"按钮。

　　（5）选择图表类型为"饼图"，如图 6.26 所示，单击"下一步"按钮。

图 6.25　选择图表字段

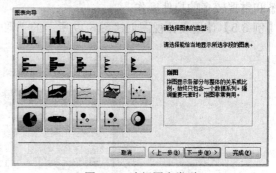

图 6.26　选择图表类型

　　（6）这是设计图表最关键的一步。系统默认已将"kcm"字段放在了示例图表的"系列"框中，将"选
课人数"字段的合计放在了示例图表的"数据"框中，如图 6.27 所示。单击左上角"预览图表"按钮可以查
看图表的预览，若要更改图表的显示方式，可将右侧字段按钮重新拖放到左侧"系列"和"数据"框中，或
双击字段名更改汇总方式，此处保持不变，单击"下一步"按钮。

　　（7）输入图表标题"选课人数比例图"，选择"是，显示图例"并单击"完成"按钮，返回报表的设计

数据库技术及应用

视图，可以看到图表标题不同于报表标题，如图 6.28 所示。切换到打印预览，创建的报表如图 6.22 所示。保存报表并重命名为"选课统计__图表"。

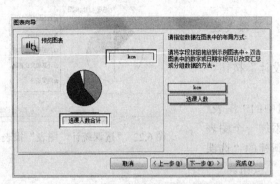

图 6.27　指定图表布局

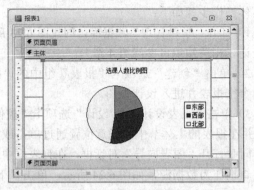

图 6.28　图表的设计视图

6.2.5　创建复杂报表

使用报表工具或报表向导创建的报表都是由 Access 2010 提供的设计器自动生成的，虽然很多参数或选项可由用户定义，但仍有一些功能和格式不能自由设置，因而并不能满足用户的需求。而使用设计视图创建报表，则可以完全按照用户的需求定义功能、设置格式，具有更高的灵活性和实用性。

使用设计视图创建报表的方式有两种，即单击"创建"选项卡"报表"组中的"报表设计"和"空报表"按钮。两种方式唯一的区别在于用"报表设计"创建报表时默认进入设计视图，各种控件及显示的数据完全需要自己添加和设置，而用"空报表"创建报表时则默认进入布局视图，可以在字段列表中将需要的字段通过双击或拖动快速添加到报表中，极大地简化了自定义报表的制作过程。但无论使用哪种方式创建报表，都可以在各种视图方式间随意切换，由于操作相似，所以本章着重介绍使用"报表设计"功能在设计视图中创建报表。

使用设计视图创建报表的操作主要包括以下几个步骤：

（1）设置报表的数据源，可通过在报表的"记录源"属性中选择表或查询实现，也可通过添加现有字段自动生成嵌入式查询实现，还可以利用查询设计器自由创建嵌入式查询实现。

（2）根据需求确定报表的结构和样式，包括添加和删除报表节，调整各节大小、背景、格式、可见性等操作。

（3）向报表中添加各种功能的控件，可选择使用控件向导简化控件的添加和设置过程。

（4）调整控件的布局、对齐、位置以及格式、数据、事件等属性以实现显示数据或计算汇总等功能，需要熟悉和掌握较多的控件操作。

【例 6.5】使用设计视图创建图 6.29 所示的"课表预览"报表。

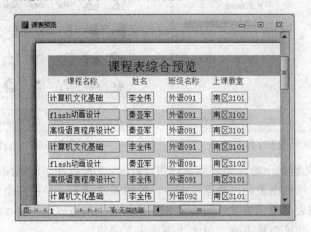

图 6.29　"课表预览"报表

具体操作步骤如下：

（1）打开"学籍管理"数据库，单击"创建"选项卡"报表"组中的"报表设计"按钮，创建一个空报表并进入设计视图。

（2）单击"报表设计工具/设计"选项卡"工具"组中的"添加现有字段"按钮或按【Alt+F8】组合键，打开"字段列表"窗格并单击其中的"显示所有表"，列表中将显示数据库中所有可用的表，如图 6.30 所示。

（3）展开"课程"表的可用字段，选择"kcm"字段并双击或拖放到报表的"主体"节中，将自动创建一个带有"课程名称"标签的文本框控件并已与"kcm"字段绑定。通过下方"相关表中的可用字段"列表选择"选课成绩"表中的"skjs"字段用相同的方法添加到"主体"节，依次再添加"教师"表中的"xm"字段和"学生"表中的"bjmc"字段，如图 6.31 所示。

图 6.30　显示所有字段

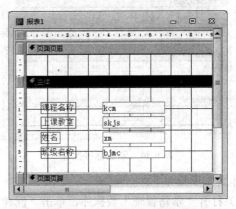

图 6.31　添加字段至报表

（4）单击"报表设计工具/设计"选项卡"工具"组中的"属性表"按钮或按【F4】键或在右键快捷菜单中选择"属性"命令，打开"属性表"窗口，单击列表框并选择"报表"，选择"数据"选项卡，第一行"记录源"属性框中可根据需要选择现有的表或查询作为数据源，或者利用属性框最右侧的"查询生成器"按钮创建以 SQL 语句实现的嵌入式查询作为数据源。注意观察并分析"记录源"属性中自动生成的内容（相关知识可参阅前面章节）。

（5）通过剪切、粘贴的方法将"主体"节中的"课程名称"等 4 个标签控件单独移动到"页面页眉"节中，然后调整标签控件和文本框控件的大小和位置使之格式整齐，如图 6.32 所示。

（6）在报表的空白区域右击，在弹出的快捷菜单中选择"报表页眉/页脚"命令，在报表中将添加"报表页眉"和"报表页脚"节。单击"报表设计工具/设计"选项卡"页眉/页脚"组中的"标题"按钮，"报表页眉"节中将自动添加标签控件用以显示报表标题，在其中输入"课程表综合预览"并调整格式，如图 6.33 所示。

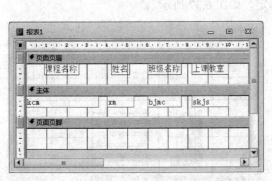

图 6.32　调整控件布局

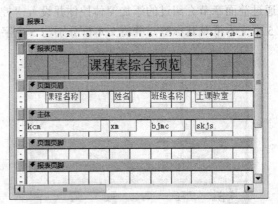

图 6.33　添加报表页眉和标题

（7）单击"报表设计工具/设计"选项卡"控件"组中的"标签"按钮，并在"报表页脚"节中通过单击或拖动添加一个标签控件，在其中输入"制表人：XXX"并调整格式，如图 6.34 所示。

（8）拖动"报表页脚"节的节指示器的上边缘，隐藏"页面页脚"节，同时调整其他各节的高度，也可切换到布局视图，在查看报表显示效果的同时再进行格式调整。切换到打印预览，创建的报表如图 6.29 所示。保存报表并重命名为"课表预览"。

在上一个实例中，报表的数据源设置方式上，是通过在"字段列表"对话框中添加数据库中的现有字段来自动生成嵌入式查询实现的。下面的实例将通过人工创建嵌入式查询作为数据源，在设计视图中创建一个具有交互功能的参数报表。

【例 6.6】使用设计视图创建图 6.35 所示的"班级查询"报表，能够查询不同班级的学生基本情况。

图 6.34 添加标签控件

图 6.35 "班级查询"报表

具体操作步骤如下：

（1）打开"学籍管理"数据库，单击"创建"选项卡"报表"组中的"报表设计"按钮，创建一个空报表并进入设计视图。

（2）如果"属性表"窗口未自动打开，单击"报表设计工具/设计"选项卡"工具"组中的"属性表"按钮或按【F4】键或在右键快捷菜单中选择"属性"命令，打开"属性表"窗口，单击列表框并选择"报表"，选择"数据"选项卡，单击第一行"记录源"属性框最右侧的"查询生成器"按钮，在打开的查询生成器中即可自由创建一个嵌入式查询作为当前报表的数据源。按照题目要求，添加"学生"表中的"xh""xm""xb""mz""bjmc"5 个字段到查询生成器中，并且设置以班级作为参数的查询条件，如图 6.36 所示。关闭查询生成器并按照提示保存，再次观察并分析"记录源"属性框中显示的 SQL 语句，同时观察在左侧导航窗格中是否增加了新的数据库查询对象。

（3）单击"报表设计工具/设计"选项卡"工具"组中的"添加现有字段"按钮或按【Alt+F8】组合键，打开"字段列表"对话框，列表中将显示当前报表的数据源，也就是在上一步的查询中添加的 5 个字段。可以通过上个实例中介绍的双击或拖放的方式将 5 个字段分别添加到报表的"页面页眉"和"主体"节中，也可以通过前面章节介绍过的添加窗体控件并设置"控件来源"的方式在报表的"页面页眉"和"主体"节中添加 5 个文本框及其标签，并将文本框分别与 5 个字段绑定，如图 6.37 所示。

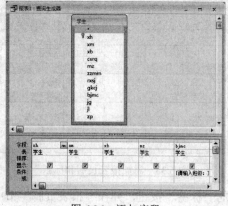

图 6.36 添加字段

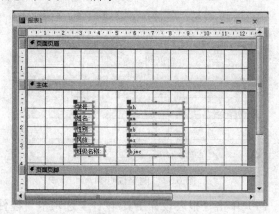

图 6.37 绑定字段

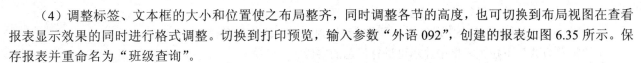

（4）调整标签、文本框的大小和位置使之布局整齐，同时调整各节的高度，也可切换到布局视图在查看报表显示效果的同时进行格式调整。切换到打印预览，输入参数"外语092"，创建的报表如图 6.35 所示。保存报表并重命名为"班级查询"。

这个实例创建的报表是一种具有交互功能的参数报表，可以根据用户指定的条件对数据库中的记录进行查询并打印输出，具有更好的实用性。而这种交互式参数报表设计的核心环节其实只是作为数据源的参数查询，和前面章节介绍的查询设计方法并无区别，只是以无名的嵌入式查询作为报表的数据源而已。

通过以上实例可见，Access 2010 报表的创建有多种方式，每一种方式都具有各自的特点：

（1）使用报表工具创建报表：只能选择一个表或查询作为报表的数据源，快速创建包括所有字段及记录的同名报表。此方式快速简单，但是实用性不强。

（2）使用报表向导创建报表：在报表向导中可根据实际需求，选择多个表或查询中的某些字段作为报表的数据源，还可以创建分组和汇总，但是，依然无法实现数据记录的筛选和计算等功能。

（3）使用设计视图创建报表：在设计视图中，可以从"字段列表"对话框中添加现有字段，或者从控件组中添加多种类型的控件，具有更高的灵活性和实用性，但要求用户熟悉报表的结构和控件的操作。

在实际应用中，应根据设计需求选择合适的方式。较普遍的做法是：先使用向导初步创建报表，然后在设计视图或布局视图中编辑修改报表。这样既提高了创建报表的效率，又保证了报表编辑的灵活性。

6.3　高　级　报　表

无论采用何种方式创建的报表，都可以在设计视图中做进一步的编辑。使用设计视图可以完全按用户的需求创建报表或修改报表，利用各种控件和专业功能，使报表内容更加丰富，信息更加完善，成为高级报表。

6.3.1　分组、排序和汇总

报表除了可以输出原始数据之外，还拥有强大的数据分析管理功能，它可以将数据进行分组、排序和汇总。分组是将具有共同特征的相关记录组成一个集合，在显示和打印时集中在一起，并且可以为同组记录设置要显示的概要和汇总信息，比如对同一门课程的数据或同一个班级的数据进行分组，使内容精简扼要，提高报表的可读性。排序是将记录按照一定的顺序排列输出以实现特定的需求。汇总可对报表中的数据以整体或分组进行统计并输出，便于对报表信息进行分析总结，例如报表中经常出现的总成绩、平均成绩、总人数、最高金额等。

使用报表向导创建报表时，可以通过向导对话框设置排序等功能，其他方式创建的报表，则可以在布局视图或者设计视图中实现。一个报表中最多可以定义 10 个分组和排序级别。

1．创建分组、排序和汇总

在布局视图或设计视图下新建或打开报表后，单击"报表设计工具/设计"选项卡"分组和汇总"组中的"分组和排序"按钮，会在窗口下方打开"分组、排序和汇总"窗口，单击"添加组"按钮或"添加排序"按钮，选择所需的字段后就可以向报表添加分组级别或排序级别。单击"更多"按钮，则显示所有功能选项，再通过设置这些选项来定义汇总等功能。另一种快速设置汇总的方法是在报表中选择和要汇总的字段绑定的文本框后，单击"报表设计工具/设计"选项卡"分组和汇总"组中的"合计"按钮，选择一种汇总方式后即可在组页脚或报表页脚中自动添加汇总控件。

分组或排序级别选项说明如下：

（1）分组形式/排序依据。选择作为分组或排序规则的字段。

（2）排序顺序。选择下拉列表中的"升序"或"降序"更改排序顺序。

（3）分组间隔。确定记录的分组方式。例如，可根据文本字段的第一个字符进行分组，从而将以"A"开头的所有文本字段分为一组，将以"B"开头的所有文本字段分为另一组，依此类推。对于日期字段，可以按照日、周、月、季度进行分组，也可输入自定义间隔。

（4）汇总。可以添加多个字段的汇总，并且可以对同一字段执行多种类型的汇总。

① "汇总方式"下拉列表框中显示可进行汇总的字段。

② "类型"下拉列表框中显示可执行的汇总类型，不同类型的字段可选的汇总类型也不同。

③ "显示总计"可选择是否在报表页脚中添加对整个报表的汇总。

④ "显示组小计占总计的百分比"可选择是否在组页脚中添加每个组的汇总占整个报表汇总的百分比。

⑤ "在组页眉中显示小计"或"在组页脚中显示小计"可指定组汇总显示的位置。

> **说明**
>
> 同一字段只能设置一种汇总方式。设置了某一字段的所有汇总选项之后，可从"汇总方式"下拉列表框中选择另一字段，重复上述设置对该字段进行汇总，否则单击对话框以外的任意位置关闭"汇总"对话框。

（5）标题。用于更改汇总字段的标题。此设置可用于列标题，还可用于标记页眉与页脚中的汇总字段。单击"有标题"后面的"单击添加"蓝色文本，在打开的"缩放"对话框中输入新的标题，然后单击"确定"按钮。

（6）有/无页眉节和有/无页脚节。用于添加或删除每个组前面的页眉节或页脚节。当删除包含控件的页眉节时，Access 2010 会询问是否确定要删除该控件。

（7）组内记录与页面关系。此设置用于确定在打印报表时页面上组的布局方式。有时需要将组尽可能地放在一起，以减少查看整个组时翻页的次数。不过，由于大多数页面在底部都会留有一些空白，因此这往往会增加打印报表所需的纸张数。

① 不将组放在同一页上：如果不在意组内数据记录被分页符截断，则可以使用此选项。例如，一个包含50 条记录的组，可能有 20 条记录位于上一页的底部，而剩下的 30 条记录位于下一页的顶部。

② 将整个组放在同一页上：如果页面中的剩余空间容纳不下某个组，则 Access 将使这些空间保留为空白，从下一页开始打印该组。较大的组仍需要跨越多个页面，但此选项将把组中分页符的数量尽可能减至最少。

③ 将页眉和第一条记录放在同一页上：对于包含组页眉的组，确保组页眉不会单独打印在页面的底部。如果 Access 确定在该页眉之后没有足够的空间至少打印一行数据，则该组将从下一页开始。

【例 6.7】使用设计视图创建"学生成绩_姓名分组"报表，要求按学生姓名分组并按成绩降序排列，汇总显示每个学生的选课科目数和平均分，如图 6.38 所示。

具体操作步骤如下：

（1）打开"学籍管理"数据库，利用上节的知识在设计视图中建立图 6.39 所示的显示学生成绩的简单报表。

图 6.38　"学生成绩_姓名分组"报表

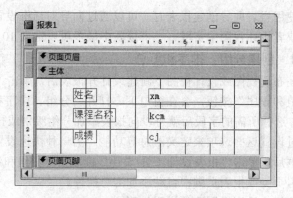

图 6.39　简单的学生成绩报表

（2）单击"报表设计工具/设计"选项卡"分组和汇总"组中的"分组和排序"按钮，在窗口下方打开"分组、排序和汇总"窗口，如图 6.40 所示。

（3）单击"添加组"按钮，在弹出的选择字段列表框中选择"xm"字段，同时报表中自动添加"xm 页眉"节即组页眉节，如图 6.41 所示。

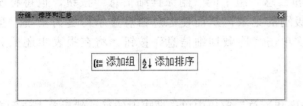

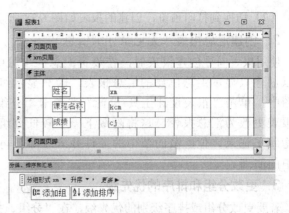

<table>
<tr><td>图 6.40 "分组、排序和汇总" 对话框</td><td>图 6.41 添加分组和组页眉</td></tr>
</table>

（4）单击分组设置行中的"更多"按钮，展开选项，单击汇总设置打开汇总选项列表，如图 6.42 所示，对"kcm"字段进行"记录计数"汇总设置，同样的方式再对"cj"字段进行"平均值"汇总设置，完成后"xm页脚"节即组页脚节中将自动添加相应文本框控件实现汇总，在对应控件的前面添加标签控件"选课科目""平均分"用以显示汇总名称，如图 6.43 所示。

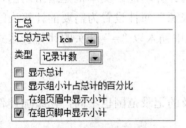

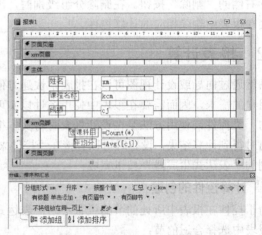

<table>
<tr><td>图 6.42 汇总选项列表</td><td>图 6.43 添加汇总和组页脚</td></tr>
</table>

（5）单击"添加排序"按钮，在弹出的选择字段列表框中选择"cj"字段，在其后的排序顺序列表框中选择"降序"，如图 6.44 所示。

（6）将"主体"节中用以显示姓名的文本框控件通过剪切移动到"xm 页眉"节中，将显示姓名、课程名称和成绩的标签控件移动到"页面页脚"节中。为使报表结构清晰，再在分组的明细和汇总间以及分组间添加横线分隔，调整所有控件的大小、位置、对齐和格式，如图 6.45 所示。

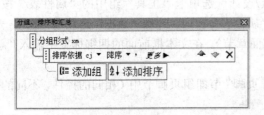

<table>
<tr><td>图 6.44 添加排序</td><td>图 6.45 调整分组字段的控件位置</td></tr>
</table>

（7）切换到打印预览，创建的报表如图 6.38 所示。保存报表并重命名为"学生成绩__姓名分组"。

2．创建汇总报表（无记录详细信息）

使用报表向导创建报表时，在设置汇总的步骤中取消"明细和汇总"选项并选择"仅汇总"选项，可以创建只显示汇总信息的汇总报表，即只显示组页眉和组页脚中的信息。在报表的设计视图或布局视图中，单击"报表设计工具/设计"选项卡"分组和汇总"组中的"隐藏详细信息"按钮，也可将明细报表更改为汇总报表，这将隐藏下一个较低分组级别的记录，从而使汇总信息显示得更为紧凑。虽然隐藏了记录，但隐藏的节中的控件并未删除，再次单击"隐藏详细信息"按钮，将在报表中还原分组中的明细。

3．更改分组和排序的优先级

若要更改分组或排序级别的优先级，在"分组、排序和汇总"窗口中单击要更改的行，然后单击该行右侧的向上或向下箭头，或者上下拖动该行左侧的选择器。例如，可在上例创建的报表中调整以"xm"创建的分组和以"cj"创建的排序的优先级，观察报表显示结果的变化。

4．删除分组、排序和汇总

若要删除分组或排序级别，在"分组、排序和汇总"窗口中单击要删除的行，然后按【Delete】键或单击该行右侧的"删除"按钮。在删除分组级别时，组页眉或组页脚中的任何控件都将被删除。若要删除汇总可直接在报表中删除相应的计算控件。

6.3.2　报表计算

虽然通过向导或设计视图可以在报表中快速方便地添加汇总，但可选择的汇总类型有限，可能依然无法满足用户的需求，因而需要在报表中使用控件以实现更多样化的计算功能。文本框是最常用的可以实现计算功能的一类控件，使用方法是在设计报表时将文本框的"控件来源"属性设置为需要的计算表达式即可在报表输出时得到计算结果，设置时可以直接在"控件来源"属性框中输入以"="开头的计算表达式或借助属性框右侧的"表达式生成器"按钮完成。

1．计算控件的创建

由于控件在报表中所处的节的位置不同，表达式计算时涉及的记录范围也不同，在添加控件时要根据需求在报表中选择合适的节：

（1）报表页眉/页脚节：计算时包括报表中的所有记录。

（2）页面页眉/页脚节：计算时只包括每一页中的记录。

（3）组页眉/页脚节：计算时只包括每个分组中的记录。

【例 6.8】在例 6.7 创建的"学生成绩__姓名分组"报表中添加对每个学生的总成绩和所有学生总成绩的汇总，如图 6.46 所示。

具体操作步骤如下：

（1）打开"学籍管理"数据库，在设计视图中打开例 6.7 创建的"学生成绩__姓名分组"报表。

（2）右击报表的空白区域，在弹出的快捷菜单中选择"报表页眉/页脚"命令，在报表中将添加"报表页眉"和"报表页脚"节。单击"报表设计工具/设计"选项卡"控件"组中的"文本框"按钮，并在"报表页脚"节中通过单击或拖动添加一个文本框控件，如图 6.47 所示。

（3）选定添加的文本框控件，单击"报表设计工具/设计"选项卡"工具"组中的"属性表"按钮或按【F4】键或在右键快捷菜单中选择"属性"命令，打开"属性表"窗口，选择"数据"选项卡，在第一行"数据来源"属性框中输入"=Sum([cj])"（相关知识可参阅前面章节）。在文本框前面的捆绑标签中输入"总成绩"用以显示汇总名称，如图 6.48 所示。

（4）将设置好的文本框控件及捆绑标签复制到"xm 页脚"节即组页脚节中（相同的控件，不同的位置），调整控件的大小、位置、对齐和格式，如图 6.49 所示。

图 6.46　汇总总成绩的"学生　　　　　图 6.47　添加报表页眉/页脚和文本框
成绩__姓名分组"报表

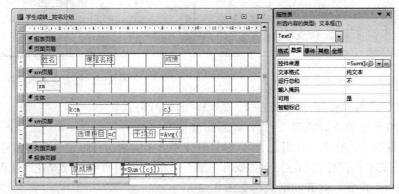

图 6.48　设置文本框属性

（5）切换到打印预览，创建的报表如图 6.46 所示。保存报表。

2．为记录添加编号

报表中的记录有时非常多，在浏览时若想统计总记录数或某一分组内的记录数就会很困难。文本框的"运行总和"属性可用于对整个报表或分组级别中的记录进行累加计算，因而可以借助文本框的这个属性对报表的全部记录或分组报表中的组内记录设置编号，添加的编号将作为行号显示在每一条记录的前面，给用户的浏览和统计带来极大的方便。

【例 6.9】在例 6.2 创建的"学生成绩__课程分组"报表中对课程和学生分别添加编号，如图 6.50 所示。

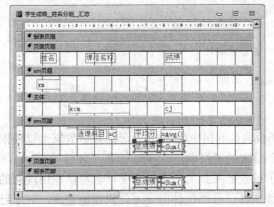

图 6.49　添加组汇总和报表汇总

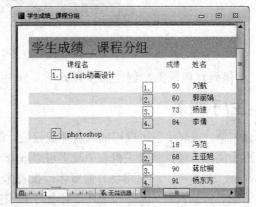

图 6.50　添加编号的"学生成绩__课程分组"报表

操作步骤如下：

（1）打开"学籍管理"数据库，在设计视图中打开例6.2创建的"学生成绩__课程分组"报表。

（2）单击"报表设计工具/设计"选项卡"控件"组中的"文本框"按钮，并在"主体"节中通过单击或拖动添加一个文本框控件，放置在"cj"文本框控件的前面并删除文本框左侧的捆绑标签，同时删除向导自动生成的并不美观的汇总控件，如图6.51所示。

（3）选定添加的文本框控件，单击"报表设计工具/设计"选项卡"工具"组中的"属性表"按钮或按【F4】键或在右键快捷菜单中选择"属性"命令，打开"属性表"窗口，按图6.52所示规则设置文本框的属性。

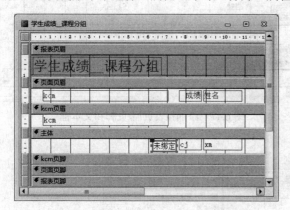

图 6.51　添加文本框控件

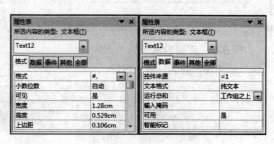

图 6.52　设置文本框属性

"格式"属性框中输入"#."，产生形如1．2．3．的编号格式。

"控件来源"属性框中输入表达式"=1"，即起始编号。

"运行总和"属性框中选择"工作组之上"，编号时按照分组级别对每组记录分别编号。

（4）将设置好的文本框控件复制粘贴到"kcm页眉"节即组页眉节中，放置在"课程名"文本框控件的前面，调整控件的大小、位置、对齐和格式，如图6.53所示。

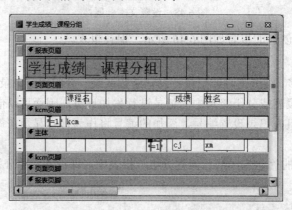

图 6.53　添加组编号和记录编号

（5）切换到打印预览，创建的报表如图6.50所示。保存报表。

6.3.3　主/子报表

与窗体相似，报表中也可以再插入窗体或报表，即子报表。利用主/子报表的形式显示数据可以使报表的浏览分析更加高效方便。一个主报表中最多可以嵌套7个层次的子报表。

在 Access 2010 中，可以将现有的窗体或报表作为子报表插入到另一个报表中，也可以利用现有的表或查询新建子报表再插入到另一个报表中。添加子报表的操作可以借助控件向导方便快捷地完成，对于已有的窗体或报表则可以通过从导航窗格中将对象拖放到报表中更快速地实现。

采用主/子报表形式时,两个报表的数据源必须符合"一对多"或"一对一"的关系,一般情况下,主报表显示"一对多"关系中的主表记录,子报表则显示子表(相关表)记录。在添加子报表的过程中,如果要将子表链接到主表,必须确保子表和主表的数据源具有相同的链接字段。

1.使用子报表向导创建子报表

子报表作为报表中的一种控件,可以借助控件向导方便快捷地完成。

【例6.10】采用主/子报表的形式创建图6.54所示的"学生信息明细__主报表"报表。

具体操作步骤如下:

(1)打开"学籍管理"数据库,使用设计视图创建图6.55所示的显示学生信息的简单报表(相关知识可参阅本章前节)。

图6.54 "学生信息明细__主报表"报表

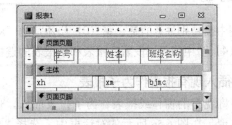

图6.55 简单的学生信息报表

(2)单击"报表设计工具/设计"选项卡"控件"组中的"子窗体/子报表"按钮,在报表的"主体"节中通过单击或拖动添加一个子报表控件,同时打开"子报表向导"对话框,选择"使用现有的表和查询"单选按钮,如图6.56所示,单击"下一步"按钮。

(3)在"表/查询"下拉列表框中选择"表:学生"作为数据源,并从左侧"可用字段"列表框中选择"xh"字段添加到右侧"选定字段"列表框中,继续添加"课程"表中的"kcm"字段和"选课成绩"表中的"cj"字段,如图6.57所示,单击"下一步"按钮。

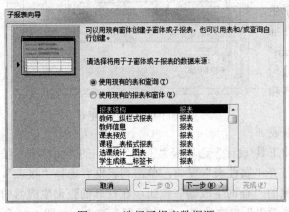

图6.56 选择子报表数据源

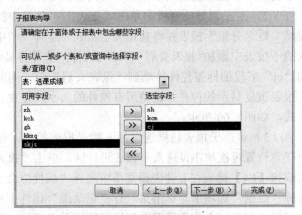

图6.57 选择子报表字段

(4)这是添加子报表最重要的一步。在确定主/子报表的链接字段对话框中选择"自行定义"单选按钮,下方两组列表框用来选择主表和子表的链接字段,此处均选择"xh"字段,如图6.58所示,单击"下一步"按钮。

(5)输入子报表的名称"学生成绩__子报表",单击"完成"按钮,返回报表的设计视图,删除子报表中用以显示"xh"字段的标签和文本框控件以及子报表的名称标签,以避免和主报表重复显示,调整所有控件的大小、位置、对齐和格式,如图6.59所示。切换到打印预览,创建的报表如图6.54所示。保存报表并重命名为"学生信息明细__主报表"。

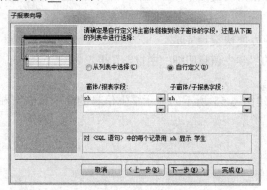

图6.58 设置链接字段

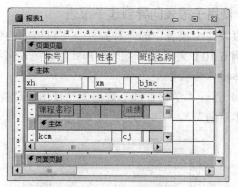

图6.59 创建子报表

 说 明

本例中需特别注意的是,第(3)步添加的"xh"字段虽然在最后一步需要被删除,但并非多余,如若不添加,第(4)步中将无法设置主报表和子报表的链接字段。

2. 插入现有报表作为子报表

若要将现有的窗体或报表作为子报表插入,也可通过子报表向导或从导航窗格中将对象拖放到报表中更快速地实现。在图6.56所示的对话框中,选择"使用现有的报表和窗体"单选按钮,并在列表框中选择作为子报表的报表,下一步按照向导的提示设置主报表和子报表的链接字段后即可完成子报表的插入。下面以实例来讲解用第二种拖放的方式插入子报表。

【例6.11】创建与例6.10相同的报表,要求将例6.7创建的"学生成绩__姓名分组"报表作为子报表插入。

具体操作步骤如下:

(1)打开"学籍管理"数据库,使用设计视图创建图6.55所示的显示学生信息的简单报表(相关知识可参阅本章前节)。

(2)在左侧导航窗格中单击"报表"对象组中的"学生成绩__姓名分组"报表并将其拖放至报表"主体"节中。在插入的子报表中添加"报表页眉"和"报表页脚"节并将显示"kcm"和"cj"字段的标签控件移动到"报表页眉"节,同时删除与主报表重复显示的控件并调整所有控件的大小、位置、对齐和格式,如图6.60所示。

图6.60 插入子报表

(3)单击子报表边框选定插入的子报表控件,在子报表中任意位置再次单击以进入子报表设计区。单击"报表设计工具/设计"选项卡"工具"组中的"属性表"按钮或按【F4】键或在右键快捷菜单中选择"属性"命令,打开"属性表"窗口,单击列表框并选择"报表",选择"数据"选项卡,单击第一行"记录源"属性框最右侧的"查询生成器"按钮,在打开的查询生成器中即可自由创建一个作为子报表数据源的嵌入式查询。添加"学生"表中的"xh"字段到查询中,如图6.61所示。关闭查询生成器并按照提示保存更改后的查询。

(4)单击子报表边框再次选定插入的子报表控件,在右侧打开的"属性表"窗口的列表框中确认显示为"学生成绩__姓名分组"子报表,选择"数据"选项卡,单击"链接主字段"或"链接子字段"属性框右侧的按钮,弹出"子报表字段链接器"对话框,选择"xh"字段,如图6.62所示。单击"确定"按钮关闭对话框。

（5）设置好链接字段的属性表如图 6.63 所示。切换到打印预览，创建的报表如图 6.54 所示。保存报表并重命名为"学生信息明细__插入"。

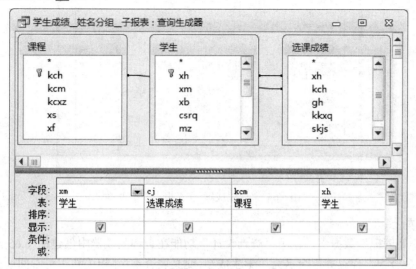

图 6.61　更改子报表的数据源

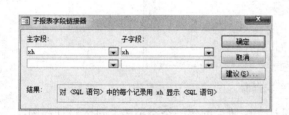

图 6.62　设置链接字段

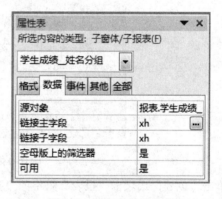

图 6.63　子报表的属性表

🔒 **说 明**

（1）由于在子报表中不能显示"页面页眉"和"页面页脚"节的内容，所以在第（2）步中调整控件位置时只能放置在"报表页眉""报表页脚"和"主体"节。为了减少子报表所占空间以使页面更紧凑美观，可将"页面页眉"和"页面页脚"节直接删除。

（2）第（2）步中调整子报表结构时可根据需要保留或删除原报表中的"xm 页眉"和"xm 页脚"节。

（3）第（3）步更新子报表数据源是为了第（4）步能和主报表进行链接。因子表"学生成绩__姓名分组"的原始数据源和主表的数据源不具有相同的链接字段，因此要将"xh"字段添加到子表的数据源中使之能和主表链接。

6.3.4　交叉报表

前面几个实例已经说明，表或查询都可以作为报表的数据源，交叉表查询当然也不例外。但是如何在报表中显示如交叉表查询一样的布局效果呢？因为交叉表的行标题和列标题都不是字段名，而是某个字段的值，所以在设计视图中能不能像字段一样添加到报表中呢？带着这个疑问，希望通过下面的实例能把这个问题解释清楚并掌握一种建立交叉报表的技巧。

【例 6.12】尝试采用主/子报表的形式创建图 6.64 所示的"学生成绩_交叉报表"报表。

学生成绩_交叉报表

学号	姓名	flash动画设计	photoshop	高级语言程序设计C	计算机文化基础	网页设计
200900	刘航	50		65	89	
200900	杨迪	72.5		77	70	
200900	李倩	84		97.5	67	
200900	郭丽	60		92.5	81	
201000	冯范		18		84	85
201000	蒋欣		90		66	89
201000	王亚		68		77	72
201000	杨东		90.5		83	88
201100	祈雅			66	89	
201100	贾晓			95	93	
201100	张浩			66.5	100	
201100	张惠			96	73	

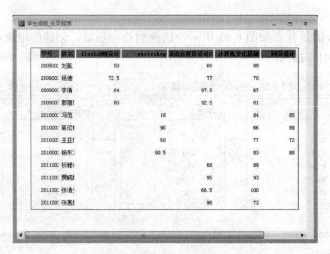

图 6.64 “学生成绩_交叉报表”报表

具体操作步骤如下：

（1）打开“学籍管理”数据库，使用“查询设计”功能在查询生成器中创建图 6.65 所示的显示学生各门课程成绩的交叉表查询，保存并重命名为“学生成绩_交叉表查询”（相关知识可参阅前面章节）。

学生成绩_交叉表查询

学号	姓名	flash动画	photoshop	高级语言程	计算机文化	网页设计
200900312101	刘航	50		65	89	
200900312102	杨迪	72.5		77	70	
200900312201	李倩	84		97.5	67	
200900312202	郭丽娟	60		92.5	81	
201000344101	冯范		18		84	85
201000344102	蒋欣桐		90		66	89
201000344201	王亚旭		68		77	72
201000344202	杨东方		90.5		83	88
201100344101	祈雅菲			66	89	
201100344102	贾晓熳			95	93	
201100344201	张浩天			66.5	100	
201100344202	张惠童			96	73	

记录: 第 1 项(共 12 项 无筛选器 搜索

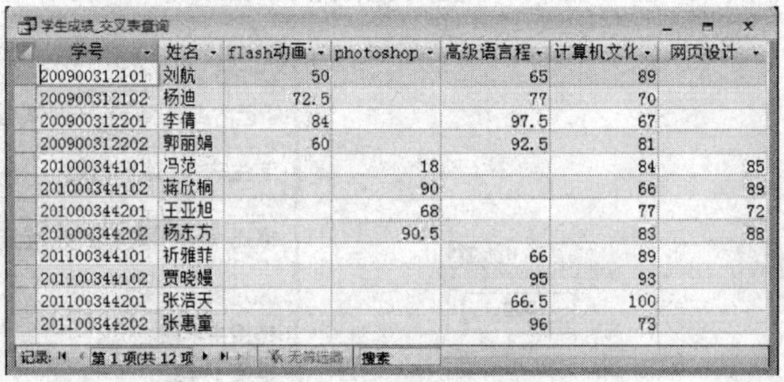

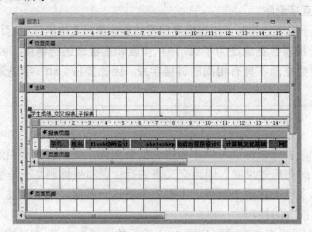

图 6.65　交差表查询

（2）单击“创建”选项卡“报表”组中的“报表设计”按钮，创建一个空报表并进入设计视图。

（3）在左侧导航窗格中单击“查询”对象组中新创建的“学生成绩__交叉表查询”并将其拖放至报表“主体”节中，在弹出的“子报表向导”对话框中以“学生成绩_交叉报表_子报表”保存并关闭。创建子报表同样也可以使用前文所述的方法，单击“报表设计工具/设计”选项卡“控件”组中的“子窗体/子报表”按钮，通过单击或拖动在报表的“主体”节中添加一个子报表控件，同时利用打开的“子报表向导”对话框完成创建。完成的主/子报表如图 6.66 所示。

图 6.66　创建完成的主/子报表

（4）调整报表中各节的高度和所有控件的大小、位置，也可切换到布局视图在查看报表显示效果的同时进行格式调整。切换到打印预览，创建的报表如图 6.64 所示。保存报表并重命名为"学生成绩_交叉报表"。

从创建过程来看，这个实例本身并无难点，只是采用主/子报表的方式创建了一个主表空白只有子表的报表。但通过对生成的报表进行分析研究后就会发现，其实不用主/子报表的方式而采用前文所述的直接在报表中添加控件或字段的方式也可以创建这样一个类似交叉表查询的报表。因为一旦选择了交叉表查询作为数据源，查询中的行标题在报表中就会转换为字段名，就可以以文本框控件的形式添加到报表中。但是如何将这些文本框布局美观却是一个费时费力的过程，而采用主/子报表的方式创建则可以省去报表布局的烦琐工作，简单调整即可打印输出一个完美的交叉报表。与其说这是一类报表不如说这只是一个技巧。

6.3.5　弹出式模式报表

弹出式报表是以弹出式窗口打开报表，并始终保持在其他窗口上方，以提醒用户优先完成报表中的操作。所谓模式，就是在完成既定操作之前不能进行其他操作。模式对话框最常见的应用就是各种登录界面，用户在登录之前是不能做其他操作的。类似于模式对话框，也可以创建具有模式的报表，在模式报表被关闭之前其他数据库对象都无法操作。灵活利用弹出式和模式的特点，可以创建各种窗体和报表，用来接收用户输入的数据和显示数据库中的信息，并能减少错误的发生，增强数据的保密性。

【例 6.13】将例 6.5 创建的"课表预览"报表设置为弹出式模式报表。

具体操作步骤如下：

（1）打开"学籍管理"数据库，在设计视图中打开例 6.5 创建的"课表预览"报表。

（2）单击"报表设计工具/设计"选项卡"工具"组中的"属性表"按钮或按【F4】键或在右键快捷菜单中选择"属性"命令，打开"属性表"窗口，单击列表框并选择"报表"，选择"其他"选项卡，将第一行"弹出方式"属性框中的默认值由"否"改为"是"，如图 6.67 所示。

（3）切换到报表视图或打印预览，可以发现，报表以弹出式窗口打开并且始终保持在所有数据库窗口的上方，还能在整个窗口中任意移动，报表显示更加灵活并且目标突出。保存报表并切换回设计视图。

（4）在"属性表"窗口的"其他"选项卡中，将第二行"模式"属性框中的默认值由"否"改为"是"，如图 6.68 所示。

（5）再次切换到报表视图或打印预览，可以发现，报表不仅以弹出式窗口打开、始终在前、任意移动，并且只能对当前报表做操作，其他对象或窗口均不可使用，这样的严格限制使得在打开报表时误操作的几率大大减少，目的提示性更强。保存报表并关闭。

图 6.67　设置"弹出方式"为"是"

图 6.68　设置"模式"为"是"

6.4　报表技巧

除了上述介绍的创建报表和修改报表的方式，还有一些报表设计中的小技巧却是无法通过设计器的交互操作实现的，这一节将选择一些简单实用的技巧加以介绍，其中将会用到很多 VBA 代码的知识，感兴趣的读者可以参阅后面 VBA 程序设计章节的内容进行学习。

6.4.1　为控件设置与众不同的名称

如果你使用报表向导来创建报表，或者在设计视图中通过"字段列表"窗口双击或拖放添加字段，Access 会自动用数据源中的字段名为新文本框命名。例如，如果你从"字段列表"窗口通过拖放向报表中添加了"学费"字段，这个新添加的文本框的"名称"属性和"控件来源"属性都将被设置为"学费"。如果报表中的另一个控件引用了这个文本框，或者把这个文本框的"控件来源"属性修改为计算表达式，比如"=[学费]*1.2"，当用户浏览报表时就会看到"# 错误"信息。这是因为 Access 不会分辨表达式中的"学费"到底是控件名称还是数据源中的字段名。所以，有时候必须将控件的名称修改成一个与众不同的名字，才能使 Access 区别字段名和控件名。

6.4.2　在打印预览时隐藏其他窗体

通常情况下，如果你在 Access 中设置的文档显示方式是"重叠窗口"，那么一个以"打印预览"视图显示的报表可能会被屏幕上同时打开的其他窗体遮盖。解决这个问题最简单的办法就是在打开报表进行打印预览时将其他窗体全部隐藏，当报表关闭时再把窗体还原显示。

利用下面设计的 RunReport() function 过程，就能实现在打开一个报表的同时隐藏其他窗体。为了使窗体在报表关闭后能还原显示，还设计了 MakeFormsVisible() function 过程，同时需要将报表的事件属性中的"关闭"设置为"=MakeFormsVisible(-1)"，VBA 代码如下：

```
Function RunReport(ReportName As String)
Dim intError Code As Integer Do Cmd. Open ReportReportName, acPreviewintErrorCode=MakeForms
Visible(False)
End Function

Function MakeFormsVisible (YesNoFlagAs Boolean)
Dim intCounter As Integer
On Error GoToHandleError
For intCounter=0 To Forms.Count-1
Forms(intCounter).Visible=YesNoFlag
Next intCounter
ExitHere:
Exit Function
HandleError:
Msgbox "Error " &Err.Number& ": " &Err.DescriptionFor intCounter=0 To Forms.Count-1
Forms(intCounter).Visible=True
NextResume ExitHere
End Function
```

6.4.3　向报表中添加更多信息

当你通过窗体浏览数据时，可以肯定数据一定是最新的。但是当你浏览一个打印出来的报表时，就不能确定数据是不是陈旧的了。在打印报表时增加一些附加信息往往能增加报表的实用性，尤其是一些用户看不到的报表属性可能会为设计者和用户分析报表中的问题提供帮助。大部分报表属性都可以利用未绑定文本框添加到报表中，只是在设置文本框的"控件来源"时要注意表达式中的各种属性都必须放入[ ]中。下面以向报表中添加一个用户名为例简单说明。

通过窗体的介绍和使用，你可能已经发现，如果一个未绑定文本框的"控件来源"属性中包含未声明的"参数"，则运行时 Access 会弹出一个对话框要求输入必要的信息作为文本框的内容来显示。利用同样的方式，在报表设计中将一个未绑定文本框的"控件来源"设置为"=[请输入你的姓名]"，报表运行时就会弹出一个有"请输入你的姓名"这样的提示信息的对话框，而你输入的姓名就会被打印在报表上。表达式中如果有多个"参数"也会分别弹出多个对话框请求数据。

报表中的未绑定文本框还可以被报表中的其他控件引用。"参数"对话框出现在报表准备打印之前，这就意味着在对话框中输入的数据可以被其他表达式、计算或者报表中隐藏的 VBA 代码所使用。

6.4.4　隐藏页面页眉

有时只需要在报表的第一页显示页面页眉和页脚，比如一份多页的发票或发货单上包含的条款与条件只需要在第一页页眉显示一次就够了，其他页面则不需要再显示。若要实现这个功能，可先在报表中添加一个未绑定文本框控件，删除附带的标签，设置文本的颜色为白色以及文本框的边框为透明，使其看起来"隐形"，因此这个文本框可以放置在报表中的任意位置。然后将文本框的"控件来源"属性设置为"=HideHeader()"。HideHeader() function 过程的 VBA 代码如下：

```
Function HideHeader()
  Reports![ReportName].页面页眉.Visible=False HideHeader=True
End Function
```

从代码中可以发现，这个功能其实是在第一页页眉打印完之后通过处理"隐形"的文本框时将页面页眉设置为不可见而实现的。需要注意的是，要将添加的文本框"隐形"，不能直接将文本框的"可见"属性设置为"否"，否则文本框将不会响应事件。

6.4.5　增加运行时的强调效果

报表中的控件可以隐藏，这使得减少报表里杂乱和无用的信息成为可能，用户甚至可以用一个控件来决定是否显示另一个控件。具体来说，可以在设计报表时通过将某个控件的"可见"属性设置为"否"来隐藏这个控件，当这个控件包含的信息需要显示时则可以通过运行时的代码将"可见"属性再设置为"是"来显示这个控件。类似的，还可以在运行时通过某个控件的属性值决定另一个控件是否显示或者如何显示。

例如，某个数据库中包含多种产品的库存、售价、是否断码等信息，为了清晰地查看断码产品的信息并且将产品的价格调整为半价，可以采用通过是否断码来决定某种产品是否以特殊字体显示并且价格显示为原价的一半。具体过程描述如下：首先将报表中真正用来显示产品价格的文本框设置为未绑定文本框，而另外添加一个绑定价格字段的文本框，但是将其"可见"属性设置为"否"以隐藏，在报表中再添加一个绑定断码字段的复选框，同样将其隐藏，最后再添加一个绑定库存字段的文本框用以显示库存数量，但依然先设置为隐藏。接下来，针对只有断码的产品才需要用斜体粗体显示库存以及半价，而未断码的产品则只显示原价不显示库存，设计了以下 sub 过程。

```
Private Sub Detail_Format(Cancel As Integer,FormatCount As Integer)
  If Me![断码] Then
    Me!品名.FontItalic=True
    Me!售价.FontItalic=True
    Me!售价.FontBold=True
    Me!售价=Me![原价]*0.5
    Me!库存数量.Visible=True
  Else
    Me!品名.FontItalic=False
    Me!售价.FontItalic=False
    Me!售价.FontBold=False
    Me!售价=Me![原价]
    Me!库存数量.Visible=False
  End If
End Sub
```

在这个过程中，当断码字段值为"真"值时，相应的品名、售价都以斜体粗体显示并且售价改为半价，同时增加库存显示。最后只需要让报表主体节的"格式化"属性响应 Detail_Format() sub 过程就可以实现了。

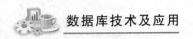

这样设计的报表在运行时会随着数据的变化用不同的格式显示需要突出强调的信息，要点更加清晰。

6.4.6 避免空报表

如果 Access 无法找到可以显示在报表主体节中的有效数据，当打开报表时会看到"# 错误"这样的信息。为了避免此类问题，可以在报表的"打开"事件属性中添加 Report_NoData()sub 过程检查有效数据，当没有数据可显示时就设置一个标志以取消报表的显示和打印。

```
Private Sub Report_NoData(Cancel As Integer)
  MsgBox" There are no records for this report. "
  Cancel=True
End Sub
```

当 Access 试图打开报表但是在报表的数据源中找不到可显示的数据时，上述事件就会触发，此时 Access 会停止打开报表，同时用户会看到一个包含上述自定义信息的对话框，这样就避免了产生一个空报表。

6.5 报 表 布 局

在设计报表的过程中，除了使用报表工具或报表向导可以生成样式工整的报表，如果在布局视图或设计视图中创建报表时，则需要用户自己设计报表的外观，而布局功能可以帮助用户快速便捷地设计出符合要求的报表。

6.5.1 布局的概念

在对报表中的各种控件进行布局时最复杂的操作莫过于将控件按需求进行排列，在调整大小、位置或对齐方式时不仅要求美观，有时还要考虑实际数据的长短，当报表中的控件较多时就会是一项费时费力的任务，而 Access 2010 提供的布局功能恰好可以帮助用户完成这一系列烦琐而又细致的工作。

布局就是帮助用户在报表中对齐控件以及调整控件大小的参考，并且在布局视图和设计视图中都可用，通过布局网格线，可以更轻松地水平对齐或垂直对齐多个控件。布局是一系列控件组，可以将它们作为一个整体来调整，这样就可以轻松重排字段、行、列或整个布局。

在 Access 2010 中，对于发布到 Web 的报表必须使用布局。使用 Web 报表可以通过浏览器从 SharePoint 服务器检索、审查或打印 Web 数据库中的数据。但是，即使不发布到网站，使用布局也可以帮助用户创建外观整洁且专业的报表。

Access 2010 中的布局大致可分为 3 种形式：

（1）表格式布局类似于电子表格，按简单的列表格式呈现数据。其中标签位于顶部，数据位于标签下面的列中。

（2）堆积式布局类似于在银行或者网上购物时填写的表单，其中标签位于每个字段的左侧。当报表包含的数据太多，无法以表格形式显示时，可以使用堆积式布局。

（3）混合布局使用表格式和堆积式的组合。例如，可以将记录中的一些字段放置在同一行上，并堆积同一记录的其他字段。

6.5.2 布局的创建

由报表工具自动创建的表格式报表默认使用布局，布局也可以在布局视图或设计视图中手动创建，但布局的删除只能在设计视图中完成。

布局视图和设计视图都可用于对 Access 中的报表进行设计方面的更改。虽然可以使用其中任意一种视图来执行许多相同的设计任务，但是在需要更改报表外观时布局视图最合适，因为可以重新排列字段、更改其大小或者应用自定义样式，同时还可以查看数据。更重要的是，布局视图还提供了经过改进的布局功能，能够像表格一样拆分行列和单元格。

如图 6.69 所示，创建布局以及对布局进行调整可通过"报表布局工具/排列"选项卡快速完成。创建布局的操作主要包括以下几个方面。

图 6.69 功能区的"排列"上下文选项卡

1. 自动创建布局并添加控件

当创建报表时，Access 自动创建布局并放置控件的情况包括以下两种：

（1）单击"创建"选项卡"报表"组中的按钮创建新报表。

（2）创建一个空报表，然后从"字段列表"窗口中添加字段。

2. 对已有的控件创建布局

（1）在导航窗格中右击要在其中添加布局的报表，在弹出的快捷菜单中选择"布局视图"命令。

（2）选择要添加到布局的控件。按住【Ctrl】键或【Shift】键选择多个控件。

（3）单击"报表布局工具/排列"选项卡"表"组中的"堆积"或"表格"按钮，Access 将创建布局并将控件放置在布局中。

3. 调整行或列的大小

（1）在需要调整大小的行或列中选择一个单元格，如果要调整多个行或列，则按住【Ctrl】键或【Shift】键然后在每个行或列中选择一个单元格。

（2）将鼠标指针放在某一选定单元格的边缘上，然后单击并拖动该边缘直到该单元格的大小符合需要。

4. 从布局中删除控件

选择要删除的控件，然后按【Delete】键，Access 将删除该控件。如果存在与该控件关联的标签，将同时删除该标签。从布局中删除控件不会删除布局中的基础行或列。

5. 从布局中删除行或列

右击要删除的行或列中的一个单元格，在弹出的快捷菜单中选择"删除行"或"删除列"命令，Access 将删除该行或列，包括该行或列中包含的任何控件。

6. 在布局中移动控件

若要移动控件，只需将它拖动到布局中的新位置即可。Access 将自动添加新列或新行，具体取决于拖动控件的位置。如果移动一个控件时未移动与它关联的标签（或反之），则该控件和标签将不再相互关联。

7. 合并单元格

若要为控件腾出更多空间，可将任意数量的连续空单元格合并到一起，或者将包含控件的单元格与其他连续的空单元格合并，但是无法合并两个已包含控件的单元格。

（1）按住【Ctrl】键或【Shift】键，单击选中所有要合并的单元格。

（2）单击"报表布局工具/排列"选项卡"合并/拆分"组中的"合并"按钮。

8. 拆分单元格

可将布局中的任意单元格垂直或水平拆分为两个更小的单元格。如果要拆分的单元格包含控件，则该控件将被移动到拆分后的两个单元格中的左单元格中（如果水平拆分）或上单元格中（如果垂直拆分）。

（1）选择要拆分的单元格。一次只能拆分一个单元格。

（2）单击"报表布局工具/排列"选项卡"合并/拆分"组中的"垂直拆分"或"水平拆分"按钮。

6.5.3 使用布局快速更改设计

利用布局功能建立了报表的版式后，各种控件对象将分别放置于布局单元格中，而重复显示输出的控件也将具有相同的大小和位置，因此可以方便快速地对报表中的单个或多个控件同时进行调整和设置。基本设置方法如下：

（1）同时调整列中所有控件或标签的大小：选择单个控件或标签，然后拖动以获得所需大小。

（2）更改字体样式、字体颜色或文本对齐方式：选择一个标签，单击"格式"选项卡，然后使用可用的命令。

（3）一次设置多个标签的格式：按住【Ctrl】键的同时选择多个标签，然后应用所需的格式。

6.6 美 化 报 表

优秀的报表不仅要具有完善细致的功能、整洁合理的布局，还要有美观清晰的界面，这就需要掌握报表的格式设置方法和一些美化修饰操作。例如，调整报表控件的外观、格式，设置特殊的显示效果来突出报表中的某些信息以增加可读性，或为报表增加图像元素或背景等。

6.6.1 报表的外观设置

在创建了报表之后，就可以在设计视图中进行格式化处理，以获得理想的显示效果。通常采用的方法有两种，一是使用图 6.70 所示的"属性表"窗口中的"格式"选项卡对报表中的控件进行格式设置，二是使用图 6.71 所示的"报表设计工具/格式"选项卡中的按钮进行格式设置。选择报表中需要设置格式的对象，使用选项卡中的按钮即可进行字体、数字、背景、控件格式等外观设置。

图 6.70 "格式"选项卡

图 6.71 "报表设计工具/格式"选项卡

6.6.2 在报表中使用条件格式

使用条件格式可根据值本身或包含其他值的计算来对报表中的各个值应用不同的格式。这种方式可帮助用户了解以其他方式可能难以发现的数据模式和关系。

1．对报表控件应用条件格式

应用条件格式可在报表中添加条件规则，这样可以突出显示某些值的范围。

具体操作步骤如下：

（1）在导航窗格中右击报表，在弹出的快捷菜单中选择"布局视图"命令，在布局视图中打开报表。

（2）选择要对其应用条件格式的所有控件。若要选择多个控件，按住【Ctrl】键或【Shift】键，然后单击所需控件。

（3）单击"报表设计工具/格式"选项卡"控件格式"组中的"条件格式"按钮，弹出"条件格式规则管理器"对话框，如图 6.72 所示。

（4）在"条件格式规则管理器"对话框中单击"新建规则"按钮。

（5）在"新建格式规则"对话框的"选择规则类型"列表框中选择一个值。

若要创建单独针对每个记录进行评估的规则，则选择"检查当前记录值或使用表达式"选项，如图 6.73 所示。

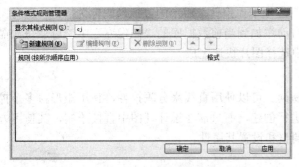

图 6.72 "条件格式规则管理器"对话框

图 6.73 编辑"检查当前记录值或使用表达式"规则

若要创建使用数据栏互相比较记录的规则，则选择"比较其他记录"选项，如图 6.74 所示。在 Web 数据库中，无法使用"比较其他记录"选项。

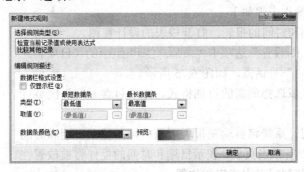

图 6.74 编辑"比较其他记录"规则

（6）在"编辑规则描述"区域，指定规则以确定何时应该应用格式以及在符合规则条件时所需的格式。

（7）单击"确定"按钮，返回到"条件格式规则管理器"对话框。

（8）若要为此控件或控件集创建附加规则，从步骤 4 重复此过程。否则单击"确定"按钮关闭该对话框。

2．更改条件格式规则的优先级

最多可以为每个控件或控件组添加 50 个条件格式规则。一旦符合规则条件，程序就会应用对应的格式，而不再评估下面的其他条件。如果规则发生冲突，用户可以在列表中上下移动相应规则，从而提高或降低其优先级。具体操作步骤如下：

（1）执行上述过程中的第 1 步到第 3 步，打开"条件格式规则管理器"对话框。

（2）在规则列表中选择要更改优先级的规则，然后单击列表上方的上/下按钮进行移动。

6.6.3 添加图像和线条

在报表中添加图形和图像可以使报表更加美观。添加图像需要使用图像控件，线条和图形可以直接在报表中绘制。

1．图像

可以在报表的任何位置，如页眉、页脚和主体节添加图片。根据所添加图片的大小和位置不同，可以将图片用作徽标、横幅，也可以用作章节背景。

插入图像的具体操作步骤如下：

（1）打开报表的设计视图，单击"报表设计工具/设计"选项卡"控件"组中的"图像"按钮，在报表中的指定位置拖动以添加图片对象，打开"插入图片"对话框。

（2）在"插入图片"对话框中选择图片，单击"确定"按钮。

（3）如果需要对图片进行调整，可以使用图片控件的"属性表"窗口对图片的某些属性进行设置。例如，图像的缩放模式、图像的尺寸等。

另一种插入图像的方法是单击"报表设计工具/设计"选项卡"控件"组中的"插入图像"按钮，选择图片后再在报表中通过拖动插入。这种方式插入的图片将自动添加到当前数据库的"图像库"中，以后每次需要使用该图片时即可通过单击"插入图像"按钮从列表中选择图片快速完成。

2. 线条

矩形和直线可以使内容较长较复杂的报表变得更加易读。可以使用直线来分隔控件，使用矩形将多个控件进行分组。在 Access 2010 中使用矩形时，无须对其进行创建，而只需在设计视图中直接绘制，其使用方式与文本框和标签控件相同，可以在"属性表"窗口中调整和设置其属性。

6.6.4 插入日期和时间

在实际应用中，报表是记录实时数据的文档，在报表输出打印时，通常需要打印报表的创建日期和时间，例如工资报表、成绩报表。

插入日期和时间的具体操作步骤如下：

（1）选择需要插入日期和时间的报表，打开报表的设计视图。

（2）单击"报表设计工具/设计"选项卡"页眉/页脚"组中的"日期和时间"按钮，弹出"日期和时间"对话框，如图 6.75 所示。

（3）在"包含日期"区域选择所需的日期格式，在"包含时间"区域选择所需的时间格式。

图 6.75 设置日期和时间

（4）单击"确定"按钮，系统将自动在报表页眉中插入显示日期和时间的文本框控件。如果报表中没有报表页眉，表示日期和时间的控件将被放置在报表的主体节中。可以再调整到报表中指定的位置。

6.6.5 插入页码

当报表内容较多，需要多页输出时，可以在报表中添加页码，保证打印报表的次序。

插入页码的具体操作步骤如下：

（1）选择需要插入页码的报表，打开报表的设计视图

（2）单击"报表设计工具/设计"选项卡"页眉/页脚"组中的"页码"按钮，弹出"页码"对话框，如图 6.76 所示。

图 6.76 设置页码

（3）在"格式"区域选择需要的页码格式，在"位置"区域选择需要的页码位置。在"对齐"下拉列表框中指定页码的对齐方式，选中"首页显示页码"复选框。

（4）设置完成后，单击"确定"按钮，系统将在报表中指定的位置上插入页码。

6.7 报表的打印

创建报表的目的是在打印机上输出。在打印输出时，需要根据报表和纸张的实际情况进行页面设置，通过打印预览功能查看报表的显示效果，符合用户的要求后，即可在打印机上输出。

在打印之前，首先确认使用的计算机是否连接有打印机，并且已经安装了打印机驱动程序，还要根据报表的大小选择合适的打印纸。

6.7.1 报表的页面设置

报表的页面设置的内容包括设置打印纸、页边距以及列格式等信息。具体操作步骤如下：

（1）选择需要进行页面设置的报表，打开设计视图。

（2）单击"报表设计工具/页面设置"选项卡"页面布局"组中的"页面设置"按钮，弹出"页面设置"

对话框。

（3）设置相应的参数。在"页面设置"对话框中可进行以下几类设置。

① 打印选项：在"页边距"下拉菜单中选择所打印数据和页面的上下左右四个方向之间的边距，可以在"示例"区域中看到实际打印时的效果。如果选择了"只打印数据"复选框，则报表打印时只显示数据库中字段的数据或是计算而来的数据，不显示分隔线、页眉页脚等信息。这个选项一般用于打印数据到已定制好的纸张上的情况。

② 页：可以设置报表的打印方向、纸张大小、来源以及选择打印机。

③ 列：可以设置报表的列数、行间距、列间距、列尺寸。如果是多列报表，可以设置列的布局为"先行后列"或"先列后行"。

对报表进行页面设置后，参数将保存在相应的报表中，在打印预览或打印输出时将按照设置的格式显示。

6.7.2　打印报表

打印报表是最终在纸上输出报表。具体操作步骤如下：

（1）选定要打印的报表对象。

（2）单击"文件"选项卡中的"打印"命令，在"打印"区域单击"快速打印"或"打印"按钮，或者直接在报表对象上右击，在弹出的快捷菜单中，选择"打印"命令，弹出"打印"对话框。

（3）指定打印机、打印范围以及打印份数，然后单击"确定"按钮即可开始打印。

习　题　6

一、选择题

1. 以下关于报表的描述正确的是（　　　）。

　A．报表只能输入数据　B．报表只能输出数据

　C．报表可以输入和输出数据　　　　　D．报表不能输入和输出数据

2. 报表的主要作用是（　　　）。

　A．操作数据　　　　　　　　　　B．在计算机屏幕上查看数据

　C．查看打印出的数据　D．方便数据的输入

3. 既可以查看报表数据，也可以编辑报表的视图方式是（　　　）。

　A．设计视图　　　　B．布局视图　　　　C．打印预览　　　　D．报表视图

4. 在报表每一页的底部都输出信息，需要设置的区域是（　　　）。

　A．报表页眉　　　　B．报表页脚　　　　C．页面页眉　　　　D．页面页脚

5. 要实现报表的分组统计，其操作区域是（　　　）。

　A．组页眉或组页脚　　B．页面页眉或页面页脚

　C．主体　　　　　　　　　　　　　D．报表页眉或报表页脚

6. 在设计报表时，如果要统计报表中某个字段的全部数据，应将计算表达式放在（　　　）。

　A．报表页脚　　　　B．页面页脚　　　　C．组页脚　　　　D．主体

7. 要在报表的主体节显示一条或多条记录，而且以垂直方式显示，应选择（　　　）。

　A．标签式报表　　　B．图表式报表　　　C．表格式报表　　　D．纵栏式报表

8. 报表对象的数据源可以是（　　　）。

　A．表、查询和窗体　B．表、查询和报表

　C．表和查询　　　　　　　　　　D．表、查询和 SQL 命令

9. 将报表控件与数据源字段绑定的控件属性是（　　　）。

　A．字段　　　　　　B．标题　　　　　　C．记录源　　　　　D．控件来源

10. 在报表中可以作为绑定控件，用于显示字段数据的控件是（　　）。

  A. 标签   B. 文本框   C. 命令按钮   D. 图像

11. 在报表中对各门课程的成绩按班级分别计算合计、平均值和最大值，则需要设置（　　）。

  A. 分组级别   B. 汇总选项   C. 分组间隔   D. 排序字段

12. 以下关于报表分组的说法不正确的是（　　）。

  A. 在报表中，可以按多个字段实现多级分组

  B. 在报表中，可以根据任意类型字段进行分组

  C. 报表中分组的主要目的在于使具有相同值的记录连续显示

  D. 在报表中，既可以根据字段分组，也可以根据表达式分组

13. 要统计报表中所有学生的"数学"课的平均成绩，应设置计算控件的表达式为（　　）。

  A. =Sum([数学])   B. Sum([数学])   C. =Avg([数学])   D. Avg([数学])

14. 在报表的设计中，用于修饰版面以达到更好的显示效果的控件是（　　）。

  A. 直线和矩形   B. 直线和圆形

  C. 直线和多边形   D. 矩形和圆形

二、填空题

1. 常见报表的形式有 4 种，分别是：＿＿＿＿＿、＿＿＿＿＿、＿＿＿＿＿和＿＿＿＿＿。

2. 报表有 4 种视图方式，分别是＿＿＿＿＿、＿＿＿＿＿、＿＿＿＿＿和＿＿＿＿＿。

3. 为使报表标题仅在第一页的开始位置出现，应将报表标题放在＿＿＿＿＿中。

4. 使用＿＿＿＿＿创建报表，可以完成大部分设计操作，加快了创建报表的过程。

5. 用于在报表中显示说明性文本的控件是＿＿＿＿＿。

6. 在报表设计中，可以通过添加＿＿＿＿＿控件来实现另起一页输出显示。

7. 使用＿＿＿＿＿可以对整个报表控件设置格式。

8. 报表中不仅可以创建计算字段，而且可以对记录＿＿＿＿＿和＿＿＿＿＿。

9. 在报表中最多可以设置＿＿＿＿＿个分组级别和排序级别。

10. 设计子报表时，可以＿＿＿＿＿或＿＿＿＿＿添加子报表。

三、简答题

1. 报表与窗体有哪些异同？

2. 报表由哪几部分组成？各部分有何特性和作用？

3. 创建报表的方法有哪几种？

4. 怎样设置分组级别和排序级别？

5. 主/子报表有何特性和用途？

四、操作题

1. 使用报表向导创建按部门分组显示职工工号、姓名和基本工资并统计基本工资平均值的报表。

2. 创建显示各部门人数的比例关系的图表报表。

3. 创建打印职工工资单的标签报表。

4. 在设计视图下创建按年龄分组显示职工姓名、性别、身高、民族和实发工资并按身高降序排列和统计实发工资总数的报表。

5. 创建主/子报表用以显示职工个人信息和相应的工资明细。

第 7 章 宏

Access 发展到今天，之所以还有很多用户使用，除了它易学易用并拥有强大的程序设计能力外，它还提供了一个功能强大却非常容易使用的"宏"（macro）。在 Access 中，宏作为一种简化了的编程方式，是由一个或多个操作所组成的集合，这里的每个操作都能够帮助用户自动完成某些特定的功能。通过宏，用户可以不用编程轻松地完成在其他软件中必须通过编写程序才能够完成的功能。在 Access 2010 中，宏设计和使用中有了一些新功能，其中包括改进的宏设计器、基于表的数据宏以及对表达式创建方式的变更。本章主要介绍宏的基本概念及操作、事件与宏等内容。

教学目标

- 了解宏的基本概念。
- 熟悉常用的宏操作及宏的运行、调试。
- 掌握宏的创建、编辑和运行。

7.1 宏 概 述

宏是 Access 数据库的对象之一，它的主要功能是进行自动操作，将查询、窗体等有机地结合起来，形成性能完善、操作简单的系统。通过宏可以了解计算机的编程语言，对理解计算机的操作本质和后续 VBA 编程都非常有帮助。在 Access 2010 中，改进后的宏设计器可帮助创建更加灵活且更易于解读和遵循的宏，可以将宏附加到表以便基于该表的任何对象集成宏，表达式生成器可以更轻松地创建表达式。

宏是一种工具，可以用它来自动完成任务，并向窗体、报表和控件中添加功能。例如，如果向窗体添加一个命令按钮，应当将按钮的 OnClick 事件与一个宏关联，并且该宏应当包含该按钮每次被单击时执行的命令。

7.1.1 宏的基本概念

在 Access 中，可以将宏看作一种简化的编程语言，这种语言是通过生成一系列要执行的操作来编写的。生成宏时，从下拉列表中选择每一个操作，然后填写每个操作所必需的信息。通过使用宏，无须在 Visual Basic for Applications（VBA）模块中编写代码，即可向窗体、报表和控件中添加功能。宏提供了 VBA 中可用命令的子集，大多数人都认为生成宏比编写 VBA 代码容易。

宏是一个或多个操作组成的集合，其中的每个操作能够自动地实现特定的功能。在 Access 中，用户可以为宏定义各种类型的操作，例如，打开和关闭窗体、显示及隐藏工具栏、预览或打印报表等。通过直接执行宏或者使用包含宏的用户界面，可以完成很多复杂的操作，而不需要编写任何程序代码。

在 Access 中，宏可以分为独立宏、嵌入宏和数据宏。独立宏按宏中宏操作的多少和组织方式，可分为宏、宏组和条件操作宏。嵌入宏是嵌入到窗体、报表或控件的任何事件属性中，成为所嵌入到的对象或控件的一部分。数据宏是 Access 2010 中新增的一个功能，允许设计者在表事件（如添加、更新或删除数据等）中自动运行。独立宏显示在导航窗格中的"宏"下，嵌入宏和数据宏则不显示。

7.1.2　常用宏操作

在 Access 中，宏是由很多的基本宏操作组成的，这些基本操作还可以组合成很多其他的"宏组"操作。在使用中，很少单独使用这个或那个基本宏命令，常常是将这些命令排成一组，按照顺序执行，以完成一种特定任务。这些命令可以通过窗体中控件的某个事件操作来实现，或在数据库的运行过程中自动实现。图 7.1 所示为一个包含有"打开窗体""打开报表""关闭窗体""关闭报表"4 个基本宏操作的宏。

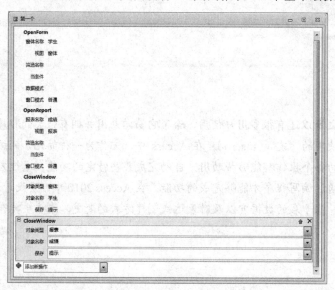

图 7.1　宏操作

在这一系列的基本宏操作中，基本上每个宏都有自己的参数，可以根据需要进行设置。在 Access 2010 中共有 72 种宏操作指令，这里给出常用的 17 条指令和简单说明，如表 7.1 所示。

表 7.1　常用宏操作

操　作	说　明
Beep	通过计算机的扬声器发出嘟嘟声
CloseWindow	关闭指定的 Microsoft Access 窗口。如果没有指定窗口，则关闭活动窗口
GoToControl	把焦点移动到打开的窗体、窗体数据表、表数据表、查询数据表中当前记录的特定字段或控件上
MaximizeWindow	放大活动窗口，使其充满 Microsoft Access 窗口。该操作可以使用户尽可能多地看到活动窗口中的对象
MinimizeWindow	将活动窗口缩小为 Microsoft Access 窗口底部的小标题栏
MessageBox	显示包含警告信息或其他信息的消息框
OpenForm	打开指定窗体，并通过选择窗体的数据输入与窗口方式，来限制窗体所显示的记录
OpenReport	在"设计"视图或打印预览中打开报表或立即打印报表。也可以限制需要在报表中打印的记录
FindRecord	可以在活动数据表、窗体等对象查找符合参数条件的第一个数据实例
QuitAccess	退出 Microsoft Access 2010。QuitAccess 操作还可以指定在退出 Access 之前是否保存数据库对象
CancelEvent	可以取消一个事件
GotoPage	可以将活动窗体中的焦点移动到指定页中的第一个控件
RunMacro	运行宏或宏组。该宏可以在宏组中
AddMenu	可以创建自定义菜单或自定义右键快捷菜单
OnError	指定当宏出现错误时如何处理
StopMacro	停止当前正在运行的宏
If	按照设定的条件执行宏操作，属于程序流程控制操作

7.1.3 设置宏操作参数

在宏中添加了某个操作之后，可以在宏窗口的下部"操作参数列"区域设置该操作的相关参数。这些参数可以向 Access 提供如何执行操作的附加信息。

关于设置操作参数的一些说明如下：

（1）可以在参数框中输入数值，在很多情况下，也可以从列表中选择某个操作。

（2）通常按参数排列顺序来设置操作参数是很好的方法，因为选择某一参数将决定该参数后面的参数的选择。

（3）如果通过从"数据库"窗口拖动数据库对象的方式来向宏中添加操作，系统将自动为这个操作设置适当的参数。

（4）如果操作中有调用数据库对象名的参数，则可以将对象从"数据库"窗口中拖动到参数框，从而由系统自动设置参数及其对应的对象类型参数。

（5）需要重复设置宏操作时，可以使用复制的方式。

（6）移动宏操作时，可以使用拖动的方式。

7.2 宏 的 创 建

宏的创建方法与创建其他 Access 数据库对象一样，都可以在设计视图中进行，在 Access 中，宏的设计视图又称宏生成器。创建一个宏的主要工作包括：设置宏所包含的操作和相应的参数。

打开宏生成器的方法是先打开数据库，单击"创建"选项卡"宏与代码"组中的"宏"按钮，即可打开宏生成器，如图 7.2 所示。打开宏生成器的同时，也会打开"操作目录"窗口。

宏生成器供用户设计宏使用，用户设计的宏所包含的所有操作都会显示在宏生成器中。在"操作目录"窗口中，分别列出了所有的宏操作命令，设计宏时可以直接选择所需要的操作。

在设计宏时，除了要有正确的宏操作名称外，还要根据需要设置相应的参数，在使用的时候用户一定要详细了解操作参数的含义。

图 7.2 宏生成器

7.2.1 创建独立宏

创建的独立宏对象将显示在导航窗格的"宏"下。如果希望在应用程序的很多位置重复使用宏，则独立宏是非常有用的。通过从其他宏调用宏，可以避免在多个位置重复相同的代码。

1. 创建宏

宏的创建是在宏生成器中进行的，创建一个宏包括设置宏所包含的操作和相应的参数。

【例7.1】在"学籍管理"数据库中创建一个宏，其操作功能为打开学生信息窗体。

具体操作步骤如下：

（1）打开"学籍管理"数据库，单击"创建"选项卡"宏与代码"组中的"宏"按钮，打开宏生成器。

（2）在宏生成器的"添加新操作"下拉列表框中选择"OpenForm"操作，如图7.3所示，即可打开该宏的"操作参数列表"区，参考图7.4。

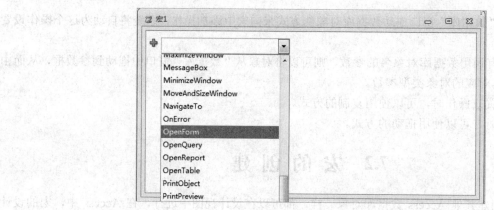

图7.3 "操作"选择

（3）在打开的"操作参数列"的"窗体名称"下拉列表中选择"学生"窗体，在"数据模式"下拉列表中选择"只读"，其他设置如图7.4所示。

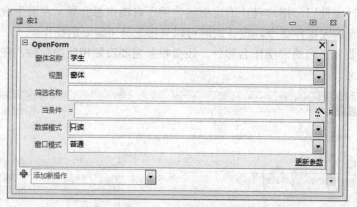

图7.4 "操作参数"选择

（4）单击快速访问工具栏中的"保存"按钮，弹出"另存为"对话框，输入"学生"，单击"确定"按钮，即可将宏保存。

【例7.2】在"学籍管理"数据库中创建一个宏，该宏包括打开学生信息窗体、显示成功操作的消息框和把窗体最大化。

具体操作步骤如下：

（1）打开"学籍管理"数据库，单击"创建"选项卡"宏与代码"组中的"宏"按钮，打开宏生成器。

（2）在宏生成器的"添加新操作"下拉列表框中选择"OpenForm"操作，在打开的"操作参数列"区的"窗体名称"下拉列表中选择"学生"窗体，在"数据模式"下拉列表中选择"只读"。

（3）在宏生成器的"添加新操作"下拉列表框中选择"MessageBox"操作，在打开的"操作参数列"的"消息"栏中输入"窗体打开成功！"，在"标题"栏中输入"打开窗体"。

（4）在宏生成器的"添加新操作"下拉列表框中选择"MaximizeWindow"操作，如图7.5所示。

（5）单击快速访问工具栏中的"保存"按钮，弹出"另存为"对话框，输入"学生信息"，单击"确定"

按钮，将宏保存。

2．创建宏组

宏组是指一个宏文件中包含一个或多个宏，这些宏称为子宏。在宏组中每一个子宏都是独立的，互不相关，必须定义唯一的名称，方便调用。

【例 7.3】在"学籍管理"数据库中创建一个宏组并将其命名为"宏组操作"，其中包括 3 个子宏，分别是打开学生信息窗体、打开课程信息窗体和关闭窗体。其中第一个子宏包括打开"学生信息窗体"和显示"成功打开学生信息窗体！"消息框两个操作；第二个子宏包括打开"课程信息窗体"和显示"成功打开课程信息窗体！"消息框两个操作；最后一个子宏执行关闭窗体操作。

具体操作步骤如下：

（1）打开"学籍管理"数据库，单击"创建"选项卡"宏与代码"组中的"宏"按钮，打开宏生成器。

（2）创建第一个子宏。在"操作目录"窗口中将程序流程中的子宏命令 SubMacro 拖到"添加新操作"下拉列表框中，在子宏名称文本框中，默认名称为 Sub1，将该名称改为"打开学生信息窗体"。在"添加新操作"下拉列表框中选择"OpenForm"操作，在打开的"操作参数列"区的"窗体名称"下拉列表框中选择"学生"窗体，在"数据模式"下拉列表框中选择"只读"；然后在"添加新操作"下拉列表框中选择"MessageBox"，在"操作参数列"的"消息"栏中输入"成功打开学生信息窗体！"，在"标题"栏中输入"打开窗体"，如图 7.6 所示。

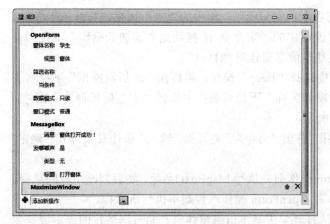

图 7.5　完成设计后的视图

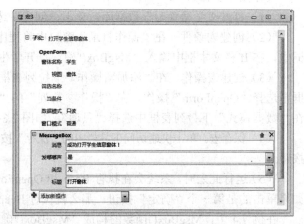

图 7.6　宏组中第一个宏

（3）创建宏组中的其他子宏。按照上述方法，在设计窗口中创建打开课程信息窗体及显示消息和关闭窗体的两个宏，如图 7.7 所示。

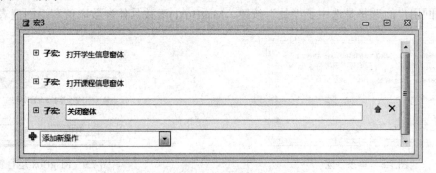

图 7.7　完成后的宏组设计

（4）保存宏组。单击快速访问工具栏中的"保存"按钮，弹出"另存为"对话框，输入"宏组操作"，单击"确定"按钮。

保存宏组时，指定的名字是宏组的名字。这个名字也是显示在"数据库"窗口中的宏和宏组列表的名字。如果要引用宏组中的子宏，请用下面的格式"宏组名.子宏名"引用。

3．创建条件宏

在宏的使用中，有时可能希望仅当特定条件为真时才在宏中执行一个或多个操作，这样可以使用条件来控制宏的流程，也就是创建条件宏。创建条件宏的方法与创建宏组一样，是通过宏生成器窗口完成的，它们的区别是在宏生成器中使用程序流程控制的宏命令 If 操作。

If 操作相当于早期版本的 Access 中使用的"条件"列，其添加方法是可以从"添加新操作"下拉列表框中选择"If"，或者是将"If"从"操作目录"窗口拖动到宏设计器。If 操作是以 If 块的形式显示在宏设计器中的，如果有多个执行条件时，还可以使用"Else If"和"Else"块来扩展"If"块，其添加方法是单击"If"块右下角的"添加 Else"和"添加 Else If"。

不管是"If"还是"Else If"，都需要一个执行该块的条件表达式，该条件表达式必须为布尔表达式，也就是说这个表达式的计算结果必须为 True 或 False。"If"块最多可以嵌套 10 级。

【例 7.4】创建一个宏，用户只有在确认的情况下才能打开学生信息窗体，并要求有提示的声音。

具体操作步骤如下：

（1）打开"学籍管理"数据库，单击"创建"选项卡"宏与代码"组中的"宏"按钮，打开宏生成器。

（2）创建宏条件。在"操作目录"窗口中将程序流程中的子宏命令 If 拖动到"添加新操作"下拉列表框中，在 If 栏文本框中输入"MsgBox("确认打开学生基本信息窗体吗?",1)=1"。

（3）创建宏操作。在"添加新操作"下拉列表框中选择"Beep"操作；然后在"添加新操作"下拉列表框中选择"OpenForm"操作，在"操作参数列"的"窗体名称"下拉列表框中选择"学生信息窗体"窗体，在"数据模式"下拉列表框中选择"只读"，如图 7.8 所示。

（4）保存宏。单击快速访问工具栏中的"保存"按钮，弹出"另存为"对话框，输入"条件宏"，单击"确定"按钮。

（5）运行此宏时，系统会在执行 Beep 和 OpenForm 操作前先执行 MsgBox()函数，然后判断用户的选择，如果单击的是第一个"确定"按钮，那么就执行 Beep 和 OpenForm 操作，否则不执行该操作。

在例 7.4 中，MsgBox()函数的构成"MsgBox("确认打开学生基本信息窗体吗?",1)=1"运行的提示窗口如图 7.9 所示，表示在提示窗口显示提示语句和"确定""取消"两个按钮并默认选中"确定"按钮。用户还可以写为"MsgBox("确认打开学生基本信息窗体吗?",4+32+256,"请确认！")=6"，表示在提示窗口显示有提示语句和标题外，4 表示显示"是"和"否"按钮，32 表示显示警告查询图标，256 表示默认选中第二个按钮"否"，6 表示返回用户的选择是选中了"是"按钮。MsgBox()函数具体参数取值和返回值表示参见第 8 章。

图 7.8　单条件宏

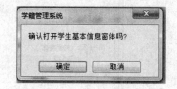

图 7.9　MsgBox 运行窗口

7.2.2　创建嵌入宏

嵌入宏与独立宏的不同之处在于，嵌入宏存储在窗体、报表或控件的事件属性中，是所嵌入对象的一部分。它们并不作为对象显示在导航窗格中的"宏"下面。这使得数据库易于管理，因为不必跟踪包含窗体或报表的宏的单独宏对象。通常，嵌入宏的执行与窗体中的单击事件相结合，当单击命令按钮时执行相应的宏操作。

1．事件的概念

事件（event）是在数据库中执行的某种特殊操作，是对象（在 Access 中对象泛指控件）所能辨识和检测的动作。当此动作发生在某一个对象上时，其对应的事件便会被触发，如果已预先为此事件编写了宏或事件程序，此时就会执行宏或事件程序。例如，单击了窗体上的某个按钮，此按钮的 Click 事件便会被触发，指派给该 Click 事件的宏或事件程序便会被执行。

Access 2010 中的事件可以分为 11 类，其说明如表 7.2 所示。

表 7.2　Access 2010 中的事件及其说明

事　　件	说　　明
窗口事件	窗体及报表事件，打开、关闭及调整大小
数据事件	删除、更新或者成为当前项
焦点事件	激活、输入或者退出
键盘事件	按下或者释放一个键，以及按下和释放合在一起的击键事件
鼠标事件	包括单击、双击、鼠标按下、鼠标释放和鼠标移动
打印事件	包括打开、关闭报表，报表无数据，打印页前，打印出错等
筛选事件	应用或删除筛选器时由窗体触发
错误事件	错误发生时由获得焦点的窗体或报表触发
时间事件	渡过指定时间间隔后由窗体触发
类模块事件	打开或关闭一个 VBA 类实例时触发
引用事件	添加或删除一个对象或 References 集合中类型库的引用时触发

事件是预先定义好的活动，也就是说一个对象拥有哪些事件是系统本身定义好的，至于事件被触发后执行什么内容，是由用户为此事件编写的宏或事件程序决定的。事件过程是为响应由用户或程序代码引发的事件或系统触发的事件而运行的过程。宏运行的前提是有触发宏的事件发生。

需要注意的是触发事件的动作不仅仅是用户的操作，程序代码或操作系统都有可能触发事件。例如，当作用的窗体或报表发生执行错误，便会触发窗体或报表的 Error 事件；当窗体打开并显示其中的数据时，便会触发 load 事件。

在窗体、报表或查询的设计过程中，可以通过对象的事件触发对应的宏。常用的触发宏的操作有以下几个方面。

（1）将宏和某个窗体、报表相连。

（2）用菜单或工具栏中的某个命令按钮触发宏。

（3）将宏和窗体、报表中的某个控件相连。

（4）用快捷键事件触发执行宏。

（5）制作自动运行宏。

2．命令按钮上的嵌入宏

从 Access 2007 开始引入了嵌入宏。在窗体、报表或控件提供的任意事件中嵌入宏，嵌入宏成为创建它的窗体、报表或控件的一部分。最常见的是与命令按钮的 OnClick 事件相关的嵌入宏。

【例 7.5】创建一个窗体，在窗体上添加 3 个命令按钮，其功能分别是打开学生表、打开学生窗体和退出。

具体操作步骤如下：

（1）打开"学籍管理"数据库，单击"创建"选项卡"窗体"组中的"空白窗体"按钮，打开窗体设计视图。

（2）设计窗体。在窗体设计视图中的空白窗体上面，分别添加 3 个命令按钮，其标题属性分别设置为"打开学生表""打开学生窗体""退出"，如图 7.10 所示。

（3）创建第一个嵌入宏。在窗体中选中"打开学生表"按钮，打开"属性表"对话框，选中"事件"选项卡，单击"单击"项后的"浏览"按钮，如图 7.11 所示，弹击"选择生成器"对话框，如图 7.12 所示，选中"宏生成器"，单击"确定"按钮（或者在"打开学生表"按钮上右击，在弹出的快捷菜单中选择"事件生成器"命令）；打开宏生成器，在宏生成器的"添加新操作"下拉列表框中选择"OpenTable"操作，在打开的"操作参数列"区的"表名称"下拉列表框中选择"学生"表，在"数据模式"下拉列表框中选择"只读"，如图 7.13 所示；单击快速访问工具栏中的"保存"按钮，在窗体"属性表"的"事件"选项卡的"单击"项后显示"嵌入的宏"。

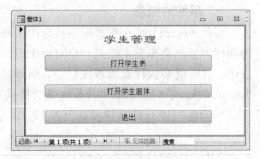

图 7.10　学生管理窗体

图 7.11　属性表

图 7.12　选择生成器

（4）创建其他嵌入宏。参考上面的方法，创建"打开学生窗体"和"退出"命令按钮的嵌入宏。设计好后在窗体"属性表"的"事件"选项卡的"单击"项后都会显示"嵌入的宏"，如图 7.14 所示。

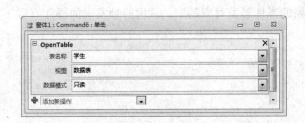

图 7.13　宏生成器

图 7.14　属性表

（5）保存窗体，窗体名称为"学生管理"，切换到窗体视图，单击不同的命令按钮可以运行相应的宏操作。

3．用户界面宏

在 Access 2010 中，附加到用户界面（UI）对象（如命令按钮、文本框、窗体和报表等）的宏称为用户界面宏。此名称可将它们与附加到表的数据宏区分开来。使用用户界面宏可以自动完成一系列操作，例如打开另一个对象、应用筛选器、启动导出操作以及许多其他任务。

【例 7.6】创建一个"课程"窗体，在窗体上单击"课程号"字段时，会打开一个详细的课程信息窗体。具体操作步骤如下：

（1）打开"学籍管理"数据库，在导航窗格中选择"课程"表，单击"创建"选项卡"窗体"组中的"其他窗体"下拉按钮，在弹出的下拉菜单中选择"数据表"命令，如图 7.15 所示。

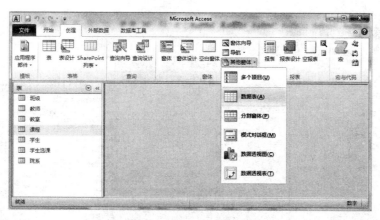

图 7.15　选择数据表窗体

（2）单击快速访问工具栏中的"保存"按钮，弹出"另存为"对话框，输入"课程窗体"，单击"确定"按钮，保存课程窗体，如图 7.16 所示。

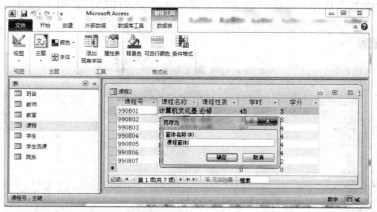

图 7.16　创建课程窗体

（3）在导航窗格中选择"课程"表，单击"创建"选项卡"窗体"组中的"窗体"按钮，弹出课程窗体，单击快速访问工具栏中的"保存"按钮，弹出"另存为"对话框，输入"课程详细窗体"，单击"确定"按钮，保存课程详细窗体，如图 7.17 所示。

图 7.17　创建课程详细窗体

（4）关闭"课程详细窗体"，单击"窗体工具/数据表"选项卡"工具"组中的"属性表"按钮，打开"属性表"窗口，单击"课程号"字段后，再单击"属性表"的"事件"选项卡的"单击"项后的"浏览"按钮，弹出"选择生成器"对话框，如图 7.18 所示。

图 7.18　选择生成器

（5）选择"宏生成器"选项，单击"确定"按钮，打开宏生成器，如图 7.19 所示。

图 7.19　宏生成器

（6）在"添加新操作"下拉列表框中选择"OpenForm"操作，在"操作参数列"区的"窗体名称"下拉列表框中选择"课程窗体"窗体，在"数据模式"下拉列表框中选择"编辑"，如图 7.20 所示。

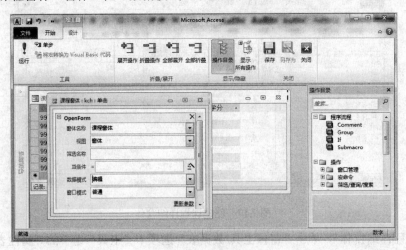

图 7.20　设置宏

（7）单击快速访问工具栏中的"保存"按钮，关闭宏窗口，进入"课程窗体"，在"属性表"的"事件"选项卡的"单击"项后都会显示"嵌入的宏"，如图 7.21 所示。

（8）单击任意课程号，弹出"课程窗体"，如图 7.22 所示。

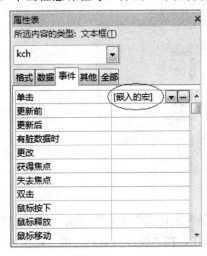

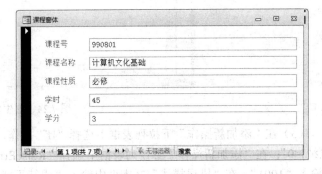

图 7.21　嵌入宏　　　　　　　　　　　　图 7.22　运行窗口

7.2.3　创建数据宏

除了传统宏外，还可以使用宏生成器来创建数据宏。数据宏是 Access 2010 中增加的新功能，它根据事件更改数据。数据宏有助于支持 Web 数据库中的聚合，并且还提供了一种在任何 Access 2010 数据库中实现"触发器"的方法，允许设计者在表事件（如添加、更新或删除数据等）中添加逻辑。

例如，有一个"已完成百分比"字段和一个"状态"字段的表。可以使用数据宏进行如下设置：当"状态"设置为"已完成"时，将"已完成百分比"设置为 100%；当"状态"设置为"未开始"时，将"已完成百分比"设置为 0%。可以利用设置表的更新后事件的数据宏来实现。

【例 7.7】在成绩表中，有"成绩"字段，当修改或输入新的值时，要对成绩的值进行检查，如果不符合要求，则不允许更新。假设成绩的取值是 0 到 100。

具体操作步骤如下：

（1）打开"学籍管理"数据库，在导航窗格中打开"成绩"表，单击"表格工具/表"选项卡，如图 7.23 所示。

图 7.23　表视图

（2）单击"前期事件"组中的"更改前"按钮，打开"宏生成器"，如图 7.24 所示。

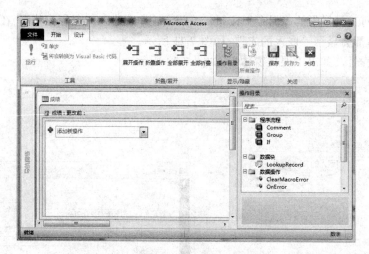

图 7.24　宏生成器

（3）在"添加新操作"下拉列表框中选择"If"操作，在"条件表达式"文本框中输入"[成绩]>100 OR [成绩]<0"；在"添加新操作"下拉列表框中选择"RaiseError"操作，在"操作参数列"的"错误号"文本框中输入"1001"，在"错误描述"文本框中输入"成绩不能小于 0 或者大于 100！"，如图 7.25 所示。

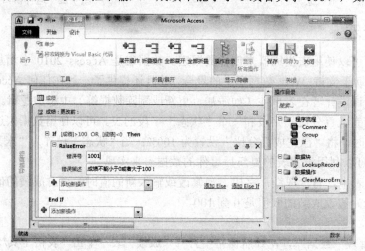

图 7.25　设置数据宏

（4）单击快速访问工具栏中的"保存"按钮，关闭宏窗口，进入"成绩"表视图，如图 7.26 所示。

图 7.26　数据宏设置后视图

（5）修改表中"成绩"字段的值为 120，完成输入再执行其他操作时，弹出提示对话框，如图 7.27 所示。

图 7.27 数据宏运行

7.2.4 宏的编辑

创建好的宏，如果不符合要求或者是错误的，可以对宏进行修改和删除操作。

1. 宏的修改

用户对宏进行修改时，可以在"宏生成器"的任意位置添加或更改一个操作，还可以调整操作的顺序。

向宏添加操作可以通过"添加新操作"下拉列表框和"操作目录"窗口完成，如图 7.28 所示。

调整宏的操作顺序或删除宏可以通过快捷菜单和命令按钮的方式完成，如图 7.29 所示。

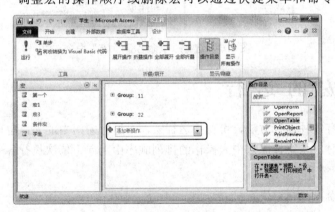

图 7.28 添加宏操作

图 7.29 移动/删除宏操作

2. 宏的删除

在完成宏的设计以后，如果不需要了，还可以把设计好的宏删除，独立宏、嵌入宏和数据宏的删除有一些差别。

对于独立宏，用户可以在导航窗格中选中需要删除的宏并右击，在弹出的快捷菜单中选择"删除"命令即可，如图 7.30 所示。

对于嵌入宏，可以在"属性表"窗口中删除。与命令按钮等用户界面相关的嵌入宏，根据对象打开其"属性表"窗口，在"事件"选项卡中对应事件后的编辑框中删除"[嵌入的宏]"即可完成删除宏的操作，如图 7.31 所示。

对于数据宏，可以在"数据宏管理器"对话框中删除。与数据相关的数据宏，用户可以在"数据宏管理器"对话框中，单击对应事件数据宏后的"删除"超链接即可完成删除宏的操作，如图 7.32 所示。打开"数据宏管理器"对话框的方法是：首先打开数据表，单击"表格工具/表"选项卡"已命名的宏"组中的"已命名的宏"下拉按钮，在弹出的下拉菜单中选择"重命名/删除宏"命令，如图7.33所示。

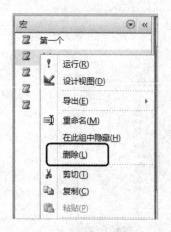

图7.30 独立宏删除 　　　　　　　　　　图7.31 嵌入宏删除

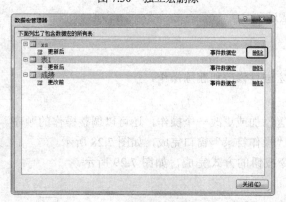

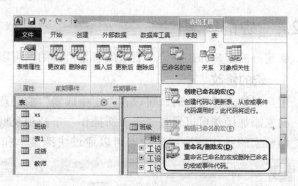

图7.32 数据宏管理器 　　　　　　　图7.33 选择"重命名/删除宏"命令

7.3 宏 的 运 行

宏创建好以后，最主要的还是要运行宏。宏有多种运行方法，可直接运行宏，可运行宏组中的宏，也可在窗体、报表或控件的事件中运行宏等。运行宏时，系统按照宏中宏操作的排列顺序由上向下依次执行各个宏操作。

7.3.1 独立宏的运行

1. 直接运行宏

通过下列操作方法之一可以直接运行宏。

（1）在宏设计窗口中运行宏，单击"工具"组中的"运行"按钮。

（2）在导航窗格中运行宏，单击"宏"，然后双击相应的宏名。

（3）在主窗口中运行宏，单击"数据库工具"选项卡"宏"组中的"运行宏"按钮，弹出"执行宏"对话框，选择执行。

2. 运行宏组中的宏

通过下列操作方法之一可以直接运行宏组中的宏。

（1）将宏指定为窗体或报表的事件属性设置，或指定为RunMacro操作的宏名参数。引用方法为：宏组名.宏名。

（2）在主窗口中运行宏，单击"数据库工具"选项卡"宏"组中的"运行宏"按钮，弹出"执行宏"对话框，选择执行。

3．从另一个宏中或 VBA 模块中运行宏

使用"RunMacro"宏操作，或者使用 DoCmd 对象的 RunMacro 方法，在 VBA 代码过程中可以运行宏。

4．通过窗体、数据表、报表或控件的事件运行宏

在对象的"属性表"的"事件"选项卡中给各个事件绑定独立宏，在事件发生时即可运行宏。

5．自动运行宏

Access 提供了一个专用的宏名，即 Autoexec，又称启动宏，该宏在打开数据库时会自动运行。

如果用户想在首次打开数据库时执行指定的操作，可以使用 Autoexec 特殊宏。创建 Autoexec 宏的方法如下：

（1）创建一个宏，其中包含在打开数据库时要运行的操作。

（2）以 Autoexec 为宏名保存该宏。

（3）下次打开数据库时，Access 将自动运行该宏。

（4）如果不想在打开数据库时运行 Autoexec 宏，可在打开数据库时按住【Shift】键。

7.3.2　嵌入宏的运行

嵌入在窗体、报表或控件中的嵌入宏，可以通过以下两种方式完成运行。

（1）用"宏设计视图"打开宏时，单击"宏工具/设计"选项卡"工具"组中的"运行"按钮运行宏。

（2）以响应窗体、报表或控件中发生的事件运行宏。

7.3.3　数据宏的运行

包含在一个指定表格中的数据宏，可以通过从其他任何已命名或者事件驱动的数据宏，或者一个传统的 UI 宏中调用 RunDataMacro 操作，来调用已命名的数据宏并运行。

7.4　宏 的 调 试

在一个宏内如果有设置不当的操作，执行时就会产生一些错误，出现错误提示消息框。图 7.34 所示为一个出错的消息框。

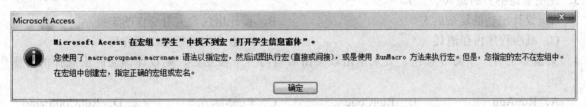

图 7.34　宏运行出错消息框

如果一个宏有很多操作，但只包含一个错误，可以使用"单步"执行宏进行调试，观察宏的流程和每一个操作的结果，并且可以排除导致错误或产生非预期结果的操作。

单步运行是 Access 数据库中用来调试宏的主要工具。

调试的具体操作步骤如下：

（1）打开"宏生成器"。

（2）单击"工具"组中的"单步"按钮。

（3）单击"工具"组中的"运行"按钮，弹出"单步执行宏"对话框，其中显示与宏操作有关的信息和错误号，错误号如果为"0"，则表示未发生错误，如图 7.35 所示。

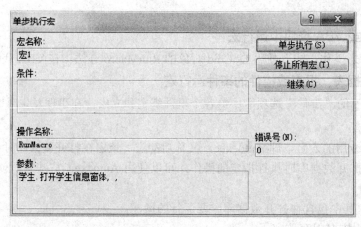

图 7.35 "单步执行宏"对话框

（4）单击"单步执行"按钮，以执行显示在"操作名称"文本框中的操作，并可以看到单步执行的结果。

（5）单击"停止所有宏"按钮，可停止宏的运行并关闭对话框。

（6）单击"继续"按钮可关闭单步执行，并执行宏的未完成部分。

🔒 提 示

如果要在宏运行过程中暂停宏的执行，然后再以单步运行宏，可按【Ctrl＋Break】组合键。

习 题 7

一、选择题

1. 下列叙述中错误的是（　　　）。

   A. 宏能一次完成多个操作　　　　　　　　B. 可以将多个宏组成一个宏组

   C. 可以用编程的方法来实现宏　　　　　　D. 宏命令一般由操作名和操作参数组成

2. 宏操作不能处理的是（　　　）。

   A. 打开报表　　　　　B. 发送数据库对象　　　C. 显示提示信息　　　　D. 连接数据源

3. 使用宏组的目的是（　　　）。

   A. 设计出功能复杂的宏　　　　　　　　　B. 设计出包含大量操作的宏

   C. 减少程序内存消耗　　　　　　　　　　D. 对多个宏进行组织和管理

4. 某窗体上有一个命令按钮，要求单击该按钮后调用一个独立宏，则设计该宏时应选择的宏操作是（　　　）。

   A. RunApp　　　　　　B. RunCode　　　　　C. RunMacro　　　　　D. RunCommand

5. 在宏的调试中，可配合使用"宏工具/设计"选项卡"工具"组中的（　　　）按钮。

   A. 调试　　　　　　　B. 单步　　　　　　　C. 条件　　　　　　　D. 运行

6. 在运行宏的过程中，宏不能修改的是（　　　）。

   A. 窗体　　　　　　　B. 宏本身　　　　　　C. 表　　　　　　　　D. 数据库

7. 不能使用宏的数据库对象是（　　　）。

   A. 窗体　　　　　　　B. 宏　　　　　　　　C. 数据表　　　　　　D. 报表

8. 在宏的参数中，要引用窗体 F1 上 Text1 文本框的值，应该使用的表达式是（　　　）。

   A. [forms]![F1]![text1]　B. text1　　　　　C. [F1].[text1]　　　D. [forms]_[F1]_[text1]

9. 宏操作 QuitAccess 的功能是（　　　）。

   A. 关闭表　　　　　　B. 退出宏　　　　　　C. 退出查询　　　　　D. 退出 Access

10. 在一个数据库中已经设置了自动宏 AutoExec，如果在打开数据库的时候不想执行这个自动宏，正确的操作是（　　　）。

    A．按【Enter】键打开数据库　　　　　　　B．打开数据库时按住【Alt】键

    C．打开数据库时按住【Ctrl】键　　　　　　D．打开数据库时按住【Shift】键

二、填空题

1．宏是由一个或多个_____组成的。

2．由多个操作构成的宏，执行时是按_____顺序执行的。

3．若要在宏中打开某个数据表，应使用的宏命令是_____。

4．宏运行时，要弹出消息框，相应的宏操作命令是_____。

5．宏运行时，将当前窗口最大化的宏操作命令是_____。

6．某窗体有一个命令按钮，在窗体视图中单击该命令按钮将打开一个查询，需要执行的宏操作是_____。

7．在 Access 中，自动运行宏的名称必须是_____。

8．宏运行时，打开报表和窗体的宏操作命令是_____和_____。

9．宏可分为_____和_____两种。

10．宏运行时，运行其他的宏的宏操作命令是_____。

三、操作题

1．在职工信息管理系统中，创建打开一个窗体和一个报表的独立宏。

2．在职工信息管理系统中，创建一个宏，要求运行该宏，能够执行一个参数查询，输入部门名称并显示该部门的职工基本信息，如图 7.36 和图 7.37 所示。

图 7.36　输入部门名称　　　　　　　　　　　　　　图 7.37　显示结果

3．创建一个宏组，把上面两个宏保存在宏组中。

4．创建一个嵌入宏，判断用户输入的数据是正数、零还是负数，运行结果如图 7.38 所示。

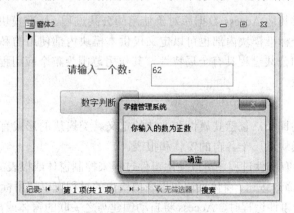

图 7.38　测试运行图

5．在工资表中增加一个"收入情况"字段，根据实发工资自动标注个人收入情况。个人收入情况分"高""中等""低"三挡，如果收入高于 4500 则分为"高"挡，低于 3000 分为"低"挡，否则为"中等"挡，使用数据宏来实现。

第 8 章
模块和 VBA 程序设计

在 Access 2010 系统中，借助于宏对象可以实现事件的响应处理，完成一些操作任务。但是宏的作用有一定的局限性：一是宏不能处理较复杂的操作；二是宏对数据库对象的处理能力比较弱。因此，为了解决实际开发活动中复杂数据库的应用问题，Access 数据库系统提供了"模块"来解决这一问题。

教学目标

- 理解模块的概念，掌握创建模块的基本方法。
- 理解面向对象程序设计的基本概念：对象、属性、事件、方法等。
- 掌握 VBA 程序设计的基础知识。
- 掌握 VBA 程序设计的基本方法。
- 掌握使用过程的基本方法。

8.1　模块的基本概念

8.1.1　模块简介

模块是 Access 系统中一个重要的对象，是 Access 数据库中用于保存 VBA（Visual Basic for Application）程序代码的容器。模块是将 VBA 代码的声明、语句和过程（Function 或 Sub）作为一个单元进行保存的集合。在 Access 中有两种类型的模块：标准模块和类模块。

1．标准模块

标准模块一般用于存放供其他 Access 数据库对象使用的公共过程。标准模块通常安排一些公共变量或供类模块里调用的过程。在各个标准模块内部也可以定义仅供本模块内部使用的私有变量和私有过程。

标准模块中的公共变量和公共过程具有全局特性，其作用范围为整个应用程序。生命周期伴随着应用程序的运行而开始、关闭而结束。

2．类模块

类模块是包含类的定义的模块，包括其属性和方法的定义。类模块的形式有 3 种：窗体模块、报表模块和自定义模块。窗体和报表模块从属于各自的窗体和报表。

窗体和报表模块通常都含有事件过程，可以使用事件过程来控制窗体或报表的行为，以及它们对用户操作的响应，如单击窗体上的某个命令按钮。窗体模块和报表模块中的过程可以调用标准模块中已经定义好的过程。

为窗体或报表创建第一个事件过程时，Access 将自动创建与之关联的窗体或报表模块。

窗体模块和报表模块具有局限性，其作用范围局限在其所属窗体或报表内部，而生命周期则伴随着窗体或报表的打开或关闭而开始或结束。

用户可以创建自定义类，该模块包含特定概念的方法函数或过程函数。可以像引用 Access 内置类一样引用自定义类的方法和属性。

3．模块的组成

模块是 VBA 代码的容器，通常一个模块包含一个声明区域和一个（或多个）子过程或函数过程。模块的声明区域用来定义变量、常量、自定义类型和外部过程等。

（1）Sub 过程。Sub 过程又称子过程。它执行一系列操作，无返回值。定义格式如下：

```
[Private|Public][Static] Sub 过程名（[形参表]）
    语句序列
    [Exit Sub]
    语句序列
End Sub
```

VBA 提供一个关键字 Call 调用该过程。此外，也可以使用过程名调用该子过程。

（2）Function 过程。Function 过程又称函数过程。它执行一系列操作，有返回值。定义格式如下：

```
[Private | Public] [Static] Function 函数名([形参表]) [ As 类型]
    语句列
    [函数名=返回值]
    [Exit Function ]
    语句列
    [Return 返回值]
End Function
```

函数过程需要直接引用函数过程名调用。

有关子过程和函数过程的详细介绍见 8.6 节。

4．宏与模块

Access 能够自动将宏转换为 VBA 的事件过程或模块，这些事件过程或模块的执行结果与宏操作的结果相同。可以转换窗体（或报表）中的宏，也可以转换不附加于特定窗体（或报表）的全局宏。将宏转换为 VBA 代码的操作步骤如下：

假设将名为"操作序列的独立宏"转换为 VBA 程序代码模块。

（1）在 Access 数据库窗口中，右击宏对象"操作序列的独立宏"，在弹出的快捷菜单中选择"设计视图"命令，打开"宏设计视图"。

（2）单击"宏工具/设计"选项卡"工具"组中的"将宏转换为 Visual Basic 代码"按钮，弹出"转换宏"对话框。

（3）单击"转换"按钮，Access 自动进行转换，转换完毕后，显示"转换完毕"消息对话框。

（4）单击"确定"按钮，返回到该宏的"宏设计视图"。在导航窗格的"模块"对象列表中，添加了名为"被转换的宏—操作序列独立宏"的模块，如图 8.1 所示。

（5）双击模块"被转换的宏—操作序列的独立宏"，即可查看相应代码，如图 8.2 所示。

图 8.1　"导航窗格"上的"模块"对象列表　　　　图 8.2　转换宏对应的代码

8.1.2　VBA 程序设计概述

VBA 是 Office 的内置语言，具有面向对象特性和可视化编程环境，语法与 Visual Basic 兼容是其子集。Access 利用 VBA 语言编写代码，可以实现用其他对象无法完成的功能。

在 VBA 编程中，首先必须理解对象、属性、事件、方法等面向对象程序设计的基本概念。

1．对象

对象是面向对象方法中最基本的概念。在现实世界中，一个对象就是一个实体，如一个人、一辆车、一本书等都是对象。在 Access 中任何可操作的实体是对象，如表、查询、窗体、报表、宏、文本框、命令按钮等都可视为对象。

每个对象均有名称，称为对象名。每个对象都有属性、事件、方法等。

对象名必须符合 Access 的命名规则：窗体、报表、字段等对象的名称长度不能超过 64 字符，控件对象名称不能超过 255 字符。在"设计视图"（如"窗体设计视图"或"报表设计视图"等）窗口中，如果要修改某个对象名，可在该对象的"属性表"窗口中对"名称"属性赋予新的对象名。

2．属性

属性是指每个对象所具有的特征和状态，如汽车有颜色和型号等属性，命令按钮有标题、位置、名称等属性。不同类别的对象具有不同的属性，同类别对象不同的实例，属性也有差异。例如，同是按钮，标题可以不同，名称不允许相同。在面向对象的程序设计中，既可以用属性窗口设置对象的属性，也可以用代码设置对象的属性，前者是属性的静态设置，后者是属性的动态设置。

图 8.3　属性窗口

属性设置的格式为：对象名.属性名=属性值

```
Comd1.forecolor=255          '设置按钮 Comd1 的前景色为红色
Label1.caption= "学生成绩表"  '设置标签 Label1 的标题为"学生成绩表"
```

可以通过 VBE 的"属性"窗口查看或设置某对象的属性，如图 8.3 所示。

3．事件及事件过程

事件是 Access 窗体或报表及其控件等对象可以识别的动作，是对象对外部操作的响应。事件是预先定义的特定的操作，不同的对象能够识别不同的事件。Access 中的事件主要有键盘事件、鼠标事件、窗口事件、对象事件、操作事件等。

1）键盘事件

键盘事件是操作键盘所触发的事件，如"按下键"（KeyDown）、"释放键"（KeyUp）和"击键"（KeyPress）。

2）鼠标事件

鼠标事件是操作鼠标所触发的事件。鼠标事件是应用最广泛的事件，特别是"单击"（Click）、"双击"（DblClick）、"鼠标移动"（MouseMove）、"鼠标按下"（MouseDown）、"鼠标释放"（MouseUp）等。

3）窗口事件

窗口事件是操作窗口所引起的事件。常用的窗口事件有"打开"（Open）、"加载"（Load）、"激活"（Activate）、"卸载"（Unload）、"关闭"（Close）等。

4）对象事件

对象事件通常是指选择对象操作时所引起的事件。常用的对象事件有"获得焦点"（GetFocus）、"失去焦点"（LostFocus）等。

5）操作事件

操作事件是指与操作数据有关的事件。常用的操作有"删除"（Delete）、"插入前"（BeforeInsert）、"插入后"（AfterInsert）等。

事件驱动是面向对象编程和面向过程编程之间的重要区别，在视窗操作系统中，用户在操作系统下的各个动作都可以看作激发了某个事件，如单击某个按钮，就相当于激发了该按钮的单击事件。

Access 数据库系统可以通过两种方式来处理窗体、报表或控件的响应：一是使用宏对象来设置事件属性；二是为某个事件编写 VBA 代码，完成指定动作，这样的代码称为事件响应代码或事件过程。

事件过程是事件处理程序，与事件一一对应。它是为响应由用户或程序代码引发的事件或由系统触发的事件而运行的过程。过程包含一系列的 VBA 语句，用以执行操作或计算值。

事件过程的格式如下：

```
Private Sub 对象名_事件名( )
    事件过程 VBA 程序代码
End Sub
```

4．方法

方法是对象可以执行的行为。每个对象都有自己的若干方法，从而构成该对象的方法集。可以把方法理解为内部函数，可以用来完成某种特定的功能。

对象方法的引用格式为：[对象名.]方法[参数名表]

说明：方括号内的内容是可选的。

例如，将光标插入点定位于 Text0 文本框内，则要引用 SetFocus 方法，引用方式为：Text0.SetFocus

Access 应用程序的各个对象都有一些特定的方法可供调用。在 VBE 窗口中，输入某一对象名及"."后，在弹出的"属性及方法"列表中列出了该对象可用的属性名或方法名。

8.1.3　模块的编程界面 VBE

Access 的编程界面称为 VBE（Visual Basic Editor），它以 Visual Basic 编程环境的布局为基础，提供了集成的开发环境。

1．进入 VBE 编程环境

在 Access 中，进入 VBE 环境的方法以模块的类型而定。

1）进入类模块编程环境

类模块与一个控件关联，进入类模块的常用方法如下。

方法 1：在窗体或报表的设计视图中选定控件，打开对象的"属性表"窗口，如图 8.4 所示。在该"属性表"窗口中选择"事件"选项卡，然后选定某个事件（如单击），再单击该事件属性栏右侧的"…"按钮，弹出"选择生成器"对话框，如图 8.5 所示。选择"代码生成器"选项，单击"确定"按钮，打开 VBE 窗口，进入 VBE 编程环境。

图 8.4　选定"单击"事件

图 8.5　"选择生成器"对话框

方法 2：在窗体或报表的设计视图中右击某控件，在弹出的快捷菜单中选择"事件生成器"命令，弹出"选择生成器"对话框，选择"代码生成器"选项，单击"确定"按钮。

方法 3：在窗体或报表的设计视图中，单击"宏工具/设计"选项卡"工具"组中的"查看代码"按钮。

2）进入标准模块编程环境

方法 1：在 Access 窗口中，单击"创建"选项卡"宏与代码"组中的"模块"按钮，打开 VBE 窗口，进入 VBE 编程环境，如图 8.6 所示。

图 8.6　单击"创建"选项卡"宏与模块"组中的"模块"按钮

方法 2：在 Access 窗口中，双击导航窗格的"模块"对象列表中的某个模块名，即可打开 VBE 窗口，进入 VBE 编程环境，并显示该模块已有的代码，如图 8.7 所示。

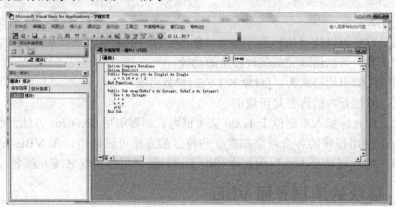

图 8.7　双击导航窗格的"模块"对象列表中的某个模块名

2．VBE 窗口

VBE 窗口主要由标准工具栏、工程资源管理器窗口、属性窗口、代码窗口、立即窗口等组成，如图 8.8 所示。

图 8.8　VBE 编程界面

1）标准工具栏

VBE 标准工具栏包括了创建模块时常用的命令按钮，如图 8.9 所示。

图 8.9　标准工具栏

标准工具栏中各按钮的作用如下：

（1）"视图 Microsoft Access"按钮　：切换 Access 数据库窗口。单击此按钮切换到 Access 数据库窗口。

（2）"插入模块"按钮　：用于插入新模块。单击此按钮右侧的下拉按钮，打开下拉列表，其中包括

"模块""类模块""过程"3 个选项。

（3）"运行子过程/用户窗体"按钮 ▶：单击此按钮运行模块中的程序。

（4）"中断"按钮 ▮▮：单击此按钮中断正在运行的程序。

（5）"重新设置"按钮 ▪：单击此按钮结束正在运行的程序。

（6）"设计模式"按钮 ▨：单击此按钮在设计模式与非设计模式之间切换。

（7）"工程资源管理器窗口"按钮 ▨：用于打开工程资源管理器。

（8）"属性窗口"按钮 ▨：用于打开属性窗口。

（9）"对象浏览器"按钮 ▨：用于打开对象浏览器。

2）工程资源管理器

工程资源管理器简称工程窗口，在工程窗口的列表框中列出了应用程序的所有模块文件。窗口标题栏中有 3 个按钮（见图 8.8）：单击"查看代码"按钮可以打开相应代码窗口；单击"查看对象"按钮可以打开相应对象窗口；单击"切换文件夹"按钮可显示或隐藏对象分类文件夹。

另外，双击工程资源管理器窗口中的一个模块或类，可以打开相应的代码窗口。

3）属性窗口

在 VBE 窗口菜单栏中选择"视图"菜单中的"属性窗口"命令（或按【F4】键），即可打开属性窗口。在属性窗口中，列出了所选对象的所有属性，分为"按字母序"和"按分类序"两种查看形式。

4）代码窗口

在代码窗口中可以输入和编辑 VBA 代码。打开代码窗口可采用下列方法之一：

（1）在 VBE 窗口菜单栏中选择"视图"菜单中的"代码窗口"命令。

（2）双击工程窗口中的一个模块或类对象。

（3）按【F7】键。

用户可以打开多个代码窗口，且可以方便地在代码窗口之间进行复制和粘贴。

代码窗口包含两个组合框，左边是"对象"组合框，右边是"过程"组合框（见图 8.8）。"对象"组合框中列出的是所有可用的对象名，选择某一对象后，在"过程"组合框中将列出该对象所有的事件过程。

窗口中央是代码区，最上方是声明区，用来声明模块中使用的变量等项目。声明区的下方是过程区，显示一个或多个过程，过程之间用一条线隔开。

窗口底部有两个按钮，左边是"过程视图"按钮，单击该按钮，窗口只显示当前过程，右边是"全模块视图"按钮，单击该按钮，窗口显示全部过程。

在代码窗口中输入程序代码时，VBE 提供了一些编辑的辅助功能。

自动显示提示信息：在代码窗口中输入命令时，VBE 会自动弹出显示关键字列表、参数列表（子过程或函数过程必要的参数以及参数的顺序）等提示信息。在列表中选择所要的信息，按【Enter】键或【Tab】键可完成选择。也可以使用输入关键字首字母的方法，按【Ctrl+J】组合键调出列表。

上下文关联的帮助信息：如果将光标滞留在某个命令上而想了解它的功能，可以按【F1】键打开 VBA 帮助信息。也可以在代码窗口中先选择某个"属性"名或"方法"名后按【F1】键，系统会自动提供该"属性"或"方法"的功能说明、语法格式及使用范例等帮助信息，如图 8.10 和图 8.11 所示。

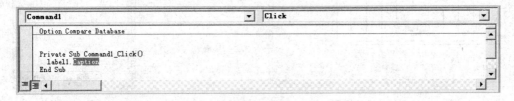

图 8.10 选择"Caption"

5）立即窗口

立即窗口是进行表达式计算、简单方法的操作及进行程序测试的工作窗口（见图 8.8）。

如果使用立即窗口来检查某一 VBA 代码行的执行结果，可以直接在该窗口中输入相应的语句行，并按【Enter】键即可。

如果要进行表达式的计算，可以在立即窗口中首先输入"？"或"Print"命令，后面接着输入表达式，最后按【Enter】键来查看表达式的运行结果，如图 8.12 所示。

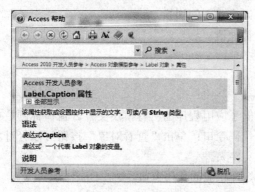

图 8.11　按【F1】键显示的帮助信息

图 8.12　利用立即窗口显示结果

也可以在立即窗口中使用 Debug 对象的 Print 方法输出数据，如计算半径为 2.5 的球的体积，并输出结果，如图 8.13 所示。

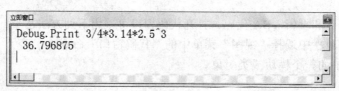

图 8.13　利用立即窗口显示结果

3．简单程序实例

【例 8.1】创建第一个类模块。

要求：新建窗体，在其上放置一个按钮（Command0），Command0 的标题设置为"创建程序"，单击该按钮显示一个含有"学习创建第一个 VBA 程序！"的信息框。

具体操作步骤如下：

（1）打开新建窗体设计视图，在窗体上添加一个命令按钮 Command0，将该按钮的标题属性设置为"创建程序"，如图 8.14 所示。

（2）右击该按钮，在弹出的快捷菜单中选择"事件生成器"命令，弹出"选择生成器"对话框，如图 8.15 所示。

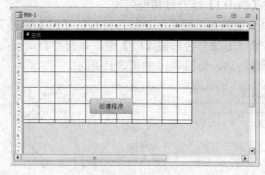

图 8.14　窗体的设计视图

图 8.15　"选择生成器"对话框

（3）选择"代码生成器"选项，单击"确定"按钮，进入 VBA 编程环境，即新建窗体的类模块代码编辑区，如图 8.16 所示。

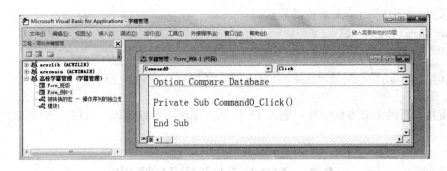

图 8.16　代码窗口中创建 Click 事件过程模板

（4）在该命令按钮的 Click 事件过程的模板中添加 VBA 代码如下：

```
Private Sub Command0_Click()
    MsgBox "学习创建第一个VBA程序", vbInformation, "第一个简单程序"
End Sub
```

这里给出的一条语句的作用是显示含有"学习创建第一个 VBA 程序！"文字的信息框。

（5）单击快速访问工具栏中的"保存"按钮，完成上述操作的保存。

（6）关闭该窗体类模块编辑区并返回到窗体"设计视图"窗口。单击"窗体视图"窗口中的"创建程序"按钮，系统将响应 Click 事件过程，其结果是显示一个如图 8.17 所示的信息框。

【例 8.2】创建第一个标准模块。

要求：建立标准模块，包含一个 Sub 过程，计算长方形的面积，用信息框显示结果。新建窗体，其中含有 2 个文本框和 1 个按钮，在文本框中输入长方形的长和宽，单击按钮调用标准模块计算面积。

图 8.17　Click 事件的运行结果

具体操作步骤如下：

（1）打开"学籍管理"数据库窗口，单击"创建"选项卡"宏与代码"组中的"模块"按钮，进入 VBE 环境。

（2）在 VBE 环境中加入如下代码：

```
Public Sub jisuan(x As Integer, y As Integer)
  Dim s As Integer
  s = x * y
  MsgBox "长方形的面积是" & s, vbInformation, "求面积"
End Sub
```

如图 8.18 所示。

（3）单击快速访问工具栏中的"保存"按钮，以"第一个标准模块"为名保存标准模块。

（4）新建窗体，如图 8.19 所示。

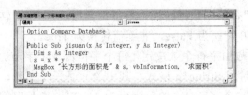

图 8.18　第一个标准模块

图 8.19　运行结果

（5）编写按钮 Comd1 的 Click 事件过程代码：

```
Private Sub Comd1_Click()
    Dim a As Integer, b As Integer
    a=Text1:b= Text2
    Call jisuan(a, b)          '调用标准模块中的jisuan过程
End Sub
```

（6）打开窗体，在两个文本框中分别输入 12 和 10，单击"计算面积"按钮，弹出信息框显示计算结果（见图 8.19）。

8.2　VBA 程序设计基础

VBA 编程涉及数据类型、常量、变量、表达式及函数等基础知识。

8.2.1　数据类型

在编写程序代码时，首先必须了解数据类型。数据类型决定了如何将数据存储到计算机的内存中。在 VBA 中不同类型的数据有不同的操作方式和不同的取值范围。

VBA 的数据类型分为系统定义和用户自定义两种，系统定义的数据类型称为标准数据类型，这里只介绍标准数据类型。

VBA 支持多种数据类型，表 8.1 所示为 VBA 程序中的标准数据类型，以及它们所占用的存储空间、取值范围和默认值。

表 8.1　VBA 标准数据类型

数 据 类 型	关 键 字	类 型 符	所占字节数	范　　围
字节型	Byte	无	1 字节	0 ~ 255
布尔型	Boolean	无	2 字节	True 或 False
整型	Integer	%	2 字节	−32 768 ~ 32 767
长整型	Long	&	4 字节	−2 147 483 648 ~ 2 147 483 647
单精度	Single	!	4 字节	负数：−3.402 823E+38 ~ −1.401 298E−45 正数：1.401 298E−45 ~ 3.40 2823E+38
双精度	Double	#	8 字节	负数：−1.797 693 134 862 32E+308 ~ −4.940 656 458 412 47E−324 正数：4.940 656 458 412 47E−324 ~ 1.797 693 134 862 32E+308
货币型	Currency		8 字节	−922 337 203 685 477.5808 ~ 922 337 203 685 477.580 7
日期型	Data	无	8 字节	100 年 1 月 1 日 ~ 9999 年 12 月 31 日
字符型	String	&	与串长有关	0 ~ 65 535
变体型	Variant	无	根据分配确定	

说明：

（1）Variant 类型是 VBA 默认的数据类型。在 VBA 编程中，如果没有特别定义变量的数据类型，系统一律将其默认为变体类型。变体类型是一种特殊数据类型，除了定长字符串和用户自定义类型外，可以包含任何其他类型的数据。

（2）布尔型又称逻辑型，只有 True 和 False 两个值，若把布尔型数据转换为数值型数据，则 True 转换为-1，False 转换为 0。若把数值型数据转换为布尔型数据，则 0 转换为 False，非零值转换为 True。

（3）字符串是用双引号括起来的一组字符，数据所占字节数由字符个数决定，每个字符占 1 个字节。字符串有两种：定长字符串和变长字符串。如果定义字符串类型时用 String*n 格式，其中的 n 是一个整数，代表字符串的长度，这样定义的字符串数据称为定长字符串，占 n 个字节，n 的范围可为 $1 \sim 2^{16}$。变长字符串的长度是不确定的，最多可包含 2^{31} 个字符。

（4）日期类型数据必须用"#"号括起来，允许用多种表示日期和时间的格式。日期数据的年、月、日之间可以用"/"."""-"隔开，时间数据的时、分、秒用英文的冒号"："隔开。例如，#2017-09-01 16:26#、#08-08-2017#等都是有效的日期型数据。在 VBA 中自动转换成 mm/dd/yyyy（月/日/年）的形式。

8.2.2　常量和变量

1．常量

常量是指在程序运行过程中其值始终保持不变的量。VBA 的常量包括直接常量、符号常量、内部常量。

1）直接常量

直接常量是以数值或字符等形式直接出现的常量。根据数据类型的不同，直接常量可以分为数值型常量（Numeric）、字符型常量（String）、日期/时间型常量（Date）和逻辑型常量（Boolean）。其中，数值型常量又可以分为整型（Integer）、长整型（Long）、单精度浮点型（Single）、双精度浮点型（Double）、货币型（Currency）和字节型（Byte）。

数值型常量：−34、3.14159、1.23E+5。

字符型常量："中原工学院 2017 级新生"。

日期型常量：#2017-09-10#。

布尔型常量：True 和 False。

2）符号常量

符号常量是指用一个标识符代表一个具体的常量值。

符号常量使用 Const 语句进行声明。语法格式为：

```
Const 常量名[As 数据类型]=表达式
```

例如：

```
Const PI As Single=3.14
Const number1%=10
```

说明：

（1）在常量声明的同时赋值。

（2）Const 声明的常量在程序运行过程中不能被重新赋值。

（3）声明符号常量时，可以在常量名后加上类型说明符。

（4）在程序中引用符号常量时，通常省略类型说明符。

3）内部常量

内部常量是 Access 内部定义的常量。所有内部常量都可以在宏或 VBA 代码中使用。通常，内部常量通过前两个字母来指明定义该常量的对象库。以"ac"代表 Access 常量，以"vb"代表 VBA 的常量。可以通过对象浏览器查看所有对象库中的内部常量列表，如图 8.20 所示。

图 8.20　VBA 对象浏览器

2．变量

变量是指在程序运行过程中其值可以改变的量。实质上，变量是内存中的临时存储单元，用于存储数据。计算机在处理数据时必须将数据装入计算机内存，因此使用高级语言编写程序过程中，需要将存放数据的内存单元命名，通过内存单元名（变量名）访问其中的数据。一个变量有 3 个要素：变量名、数据类型和变量值。在 VBA 代码中，通过变量名来引用变量。

1）变量的命名规则

变量的命名规则如下。

（1）变量名必须以英文字母（或汉字）开头，由字母、数字和下画线组成。

（2）不能在变量名中出现句号、空格或者类型声明字符：!、#、@、$、%、&等。

（3）组成变量名的字符数不得超过 255 个字符，且变量名不区分大小写。

（4）变量名在有效范围内必须是唯一的。

（5）变量名不能是 VBA 的关键字、对象名和属性名。

2）变量的声明

变量一般遵循先声明再使用的原则。声明变量一是指定变量的数据类型，二是指定变量的使用范围。通常使用 Dim 语句来声明一个变量，其格式为：

`Dim 变量名[As 类型]`

其中，"变量名"是用户定义的标识符，应遵循变量的命名规则。"As 类型"为可选项，其中"类型"用来定义被声明变量的数据类型或者对象类型。变量的数据类型可以是 VBA 提供的各种标准类型名称，也可以是用户自定义类型。

例如：

```
Dim number1 As Integer      '把 number1 定义为整型变量
Dim xm As String            '把 xm 定义为字符串型变量
```

当省略 As 子句时，系统默认变量为可变类型。

说明：

（1）使用 Dim 语句声明一个变量后，VBA 自动将变量初始化，将数值型的变量赋初值为 0，将字符串型的变量赋初值为空串。

（2）除了可以用 As 子句声明变量的类型外，还可以把类型符放在变量名的尾部来标识不同类型的变量。例如：

```
Dim number1%               '把 number1 定义为整型变量
Dim xm$                     '把 xm 定义为变长字符串型变量
```

（3）符号"$"可以声明变长字符串变量，但是不能声明定长字符串变量。说明定长字符串变量必须使用 As 子句完成。使用 As 子句可以声明变长字符串，也可以声明定长字符串。变长字符串的长度取决于赋予它的字符串值的长度，定长字符串的长度通过加上"*〈数值〉"来决定。例如：

```
Dim xh*12 As String         '把 xh 定义为长度为 8 的定长字符串型变量
```

（4）一个 Dim 语句可以定义多个变量，变量之间以逗号进行分隔，例如：

```
Dim number1 As Integer,xm As String
```

3）变量的隐式声明

在 VBA 中，使用一个变量之前并不一定非要先声明这个变量。如果使用一个变量之前不事先经过声明，称为隐式声明。隐式声明将给该变量赋予缺省的类型和值。例如：

```
number1=5                   'number1 为整型变量
xm="王晓红"                  'xm 为字符型变量
```

使用隐式声明虽然很方便，但是如果把变量名拼写错了的话，会导致一个难以查找的错误。

4）变量的显式声明

为了避免写错变量名引起的麻烦，可以要求使用变量前必须先进行声明。

要强制显式声明变量，可以在模块顶部的声明部分加入语句：

`Option Explicit`

或者，在 VBE 窗口菜单栏中选择"工具"菜单中的"选项"命令，弹出"选项"对话框，选择"编辑器"选项卡，选中"要求变量声明"复选框，如图 8.21 所示。Access 将自动在数据库所有的新模块的声明部分生成一个 Option Explicit 语句。

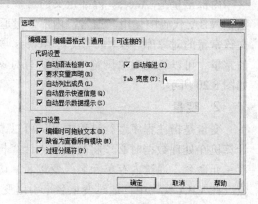

图 8.21 "选项"对话框

8.2.3 运算符

在 VBA 编程语言中，提供许多运算符来完成各种形式的运算和处理。根据运算不同，可以分成 4 种类型的运算符：算术运算符、关系运算符、逻辑运算符和连接运算符。

1．算术运算符

算术运算符用于算术运算，VBA 提供了 8 种基本的算术运算符，如表 8.2 所示。

表 8.2　算术运算符及其例子

运　算　符	运算关系	优　先　级	表达式例子
^	指数运算	1	2^4 结果为 16
–	取负	2	–5 结果为–5，–(-5) 结果为 5
*	乘法	3	4*5 结果为 20
/	浮点除法	3	10/4 结果为 2.5
\	整数除法	4	10\4 结果为 2，11.5\4 结果为 3
Mod	取模运算	5	4 Mod 3 结果为 1，–12.7 Mod 5 结果为–3
+	加法运算	6	4+16\3 结果为 9，6+8 Mod –5 结果为 9
–	减法运算	6	4*3+2^3 结果为 20

说明：

（1）浮点除法"/"执行通常意义的算术除法，结果为浮点数。

（2）整数除法"\"结果为整数，操作数一般为整数，若为小数则四舍五入取整后再运算。运算结果若为小数则舍去小数部分取整。

（3）取模运算的操作数若为小数则四舍五入取整后再运算。运算结果的符号与左操作数的符号相同。

2．关系运算符

关系运算符用于关系运算，关系表达式的运算结果为逻辑值。若关系成立，结果为 True；若关系不成立，结果为 False。关系运算符有 6 个，分别是=、<、>、>=、<=、<>，如表 8.3 所示。

表 8.3　关系运算符及其例子

运　算　符	名　　称	例　子	说　　　　　明
<	小于	"3"<5	值为 True，强制转换为数值型
<=	小于或等于	3 <=5	值为 True
>	大于	0 >(1 > 0)	值为 True，强制转换为数值型
>=	大于或等于	"aa" >= "ab"	值为 False
=	等于	1 = True	值为 False，强制转换为数值型
<>	不等于		

说明：字符型数据按其 ASCII 码值进行比较。在比较两个字符串时，首先比较两个字符串的第一个字符，其中 ASCII 码值较大的字符所在的字符串大。如果第一个字符相同，则比较第二个，……，依此类推，直到某一位置上的字符不同则全部位置上的字符比较完毕。

3．逻辑运算符

VBA 提供的逻辑运算符有 6 种，即 And、Or、Not、Xor、Eqv 和 Imp，其中常用的是前 3 种，如表 8.4 所示。

表 8.4　逻辑运算符及其例子

运　算　符	名　　称	例　子	说　　　　　明
And	与	(5>6) And(2< 4)	值为 False，两个表达式的值均为真，结果才为真，否则为假
Or	或	(5>6) Or(2< 4)	值为 True，两个表达式中只要有一个值为真，结果就为真，只有两个表达式的值均为假，结果才为假
Not	非	Not(1 > 0)	值为 False，由真变假或由假变真，进行取"反"操作

说明：

（1）逻辑运算符两侧若有数值数据出现，则将数值数据转换为二进制数（补码形式）进行按位运算。此时，1 为真，0 为假。

（2）逻辑运算真值表如表 8.5 所示。

表 8.5　逻辑运算真值表

a	b	a And b	a Or b	Not a
True	True	True	True	False
True	False	False	True	False
False	True	False	True	True
False	False	False	False	True

4．连接运算符

连接运算用于将两个字符串连接生成一个新字符串。用来进行连接的运算符有两个："&" 和 "+"。

（1）"&" 运算符：用来强制进行两个字符串的连接，对于非字符串类型的数据，先将其转换为字符串类型，再进行连接运算。

（2）"+" 运算符：如果两个表达式都为字符串，则将两个字符串连接；如果一个是字符串而另一个是数值型数据，则先将字符串转换为数值，再进行加法运算。如果该字符串无法转换为数值型数据，则出现错误。例如：

```
"你好！"&"朋友"        ' 结果为 "你好！朋友"
"你好！"+"朋友"        ' 结果为 "你好！朋友"
"111"&"222"          ' 结果为 "111222"
"111"+"222"          ' 结果为 111222
"111"&222            ' 结果为"111222"
111&222              ' 结果为"111222"
111+"aaa"            ' 提示出错信息
```

5．运算符的优先顺序

在一个表达式中进行多种操作时，VBA 会按一定的顺序进行求值，称这个顺序为运算符的优先顺序。运算符的优先顺序如表 8.6 所示。

表 8.6　运算符的优先顺序

优　先　顺　序	运算符类型	运　算　符
1	算术运算符	^　　（指数运算）
2		−　　（负数）
3		*、/　　（乘法和除法）
4		\　　（整数除法）
5		Mod　　（取模运算）
6		+、−　　（加法和减法）
7	字符串运算符	&　　（字符串连接）
8	关系运算符	=、<>、<、>、<=、>=
9	逻辑运算符	Not
10		And
11		Or

说明：

（1）同级运算按照它们从左到右出现的顺序进行计算。

（2）可以用括号改变优先顺序，强制表达式的某些部分优先运行。

（3）括号内的运算总是优先于括号外的运算，在括号之内，运算符的优先顺序不变。

8.2.4 VBA 常用函数

在 VBA 中，除在模块创建中可以定义子过程和函数过程完成特定功能外，还提供了近百个内置的标准函数，可以方便地完成许多操作。

标准函数一般用于表达式中，有的能和语句一样使用。标准函数的调用格式为：

```
函数名([<参数1>][,<参数2>]…[,<参数 n>])
```

其中，函数名必不可少，参数可以是一个或多个常量、变量或表达式，个别函数是无参函数。每个函数被调用时，都会返回一个值。函数的参数和返回值都有一个特定的数据类型相对应。

下面分类介绍一些常用标准函数的使用方法。

1．数学函数

常用数学函数如表 8.7 所示。

表 8.7 常用数学函数

函 数 名	功 能	示 例
Sin(x)	返回 x 的正弦值，x 为弧度	Sin(30 * 3.141593 / 180)结果为 0.50000005000000569
Cos(x)	返回 x 的余弦值，x 为弧度	Cos(3.141593 / 4)结果为 0.70710671994929331
Tan(x)	返回 x 的正切值，x 为弧度	Tan(0)结果为 0
Atn(x)	返回 x 的反正切值，x 为弧度	Atn(0)结果为 0
Sqr(x)	返回 x 的平方根	Sqr(25)结果为 5
Abs(x)	返回 x 的绝对值	Abs(−3.3) 结果为 3.3
Sign(x)	判断 x 的符号，若 x>0，返回值为 1；若 x<0，返回值为 −1；若 x=0，返回值为 0	Sgn(6) 结果为 1
Exp(x)	返回以 e 为底的指数（e^x）	Exp(1) 结果为 2.7182818284590451
Log(x)	返回 x 的自然对数（ln x）	Log(1) 结果为 0
Round(x)	返回 x 进行四舍五入取整	Round(6.5)结果为 6
Int(x)	返回不大于 x 的最大整数	Int(3.25)结果为 3，Int(−3.25)结果为−4
Fix(x)	返回 x 的整数部分	Fix(3.25)结果为 3，Fix(−3.25)结果为−3
Rnd[(x)]	产生一个(0,1)范围内的随机数	

函数 Rnd 的说明如下：

随机函数 Rnd 用来产生一个 0～1 之间的随机数（不包括 0 和 1），格式如下：

```
Rnd[(x)]
```

其中，x 是可选参数，x 的值将直接影响随机数的产生过程。当 x<0 时，每次产生相同的随机数。当 x>0（系统默认值）时，产生与上次不同的新随机数。当 x=0 时，本次产生的随机数与上次产生的随机数相同。

在实际操作时，要先使用无参数的 Randomize 语句初始化随机数生成器，以产生不同的随机数序列，每次调用 Rnd 即可得到这个随机数序列中的一个。

Rnd 函数产生的随机数为单精度数，若要产生随机整数，可利用取整函数来实现。例如，要产生区间[m, n]之间的随机整数，可用如下表达式来实现。

```
Int(Rnd()*(n-m+1)+m))
```

2．字符串函数

字符串函数完成字符串的处理功能，常用的字符串函数如表 8.8 所示。

表 8.8 常用字符串函数

函 数 名	功 能	示 例
LTrim(s)	删除字符串 s 左边的空格	LTrim(" A B ")结果为"A B "
RTrim(s)	删除字符串 s 右边的空格	RTrim(" A B ")结果为" A B"
Trim(s)	删除字符串 s 两边的空格	Trim(" AB ")结果为"AB"
Left(s, n)	截取字符串 s 左边的 n 个字符，生成子串	Left("ABC123",4) 结果为"ABC1"
Right(s, n)	截取字符串 s 右边的 n 个字符，生成子串	Right("ABC123",4) 结果为"C123"
Mid(s, m, n)	从字符串 s 的第 m 个字符位置开始，取出 n 个字符	Mid("ABC123",2,3) 结果为"BC1"
Len(s)	求字符串 s 的长度（字符数）	Len("人数 1234")结果为 6
Space(n)	返回由 n 个空格组成的字符串	"A" + Space(3) + "B"结果为"A B"

3．日期与时间函数

常用日期与时间函数及其功能如表 8.9 所示。

表 8.9 常用日期时间函数

函 数 名	功 能	示 例
Date()	返回系统当前的日期	
Time()	返回系统当前的时间	
Now[()]	返回系统当前的日期和时间	
Hour(<时间表达式>)	返回时间表达式小时的整数	Hour(#8:45:15#)结果为 8
Minute(<时间表达式>)	返回时间中分的整数	Minute(#8:45:15#)结果为 45
Second(<时间表达式>)	返回时间中秒的整数	Second(#8:45:15#)结果为 15
Year(<日期表达式>)	返回日期中的年份数	Year(#2017-8-10#)结果为 2017
Month(<日期表达式>)	返回日期中的月份数	Month(#2017-8-10#)结果为 8
Day(<日期表达式>)	返回日期中的日期数	Day(#2017-8-10#)结果为 10
DateSerial（表达式 1,表达式 2,表达式 3）	由表达式 1 为年，表达式 2 为月，表达式 3 为日而组成的日期值	DateSerial(2017,8,8)结果为#2017/8/8#

4．类型转换函数

类型转换函数的功能是将一种特定的数据类型转换成指定的数据类型。常用类型转换函数及其功能如表 8.10 所示。

表 8.10 常用类型转换函数

函 数 名	功 能	示 例
Val(<字符串表达式>)	将字符串表达式转换成对应的数值	Val("-123.45")结果为-123.45
Str(数值表达式>)	将数值表达式转换成对应的字符串	Str(123.45)结果为"123.45"
UCase(<字符串表达式>)	将字符串表达式中的小写字母转换为大写，其余不变	UCase("About")结果为"ABOUT"
LCase(<字符串表达式>)	将符串表达式中的大写字母转换为小写，其余不变	LCase("About")结果为"about"
Chr(n)	将 ASCII 码值 n 转换成对应的字符	Chr(65)结果为"A"
Asc(s)	将字符串 s 中的首个字符转换为 ASCII 码值	Asc("BCD")结果为 66

说明：

（1）Val 函数可将数字字符串转换为数值，当遇到非数字字符时，结束转换。例如，Val("a1")返回 0，Val("1a1")返回 1。但有以下两种特殊情况：

转换时忽略数字之间的空格。例如，Val("12 34")返回数值 1234。

能识别指数形式的数字字符串。例如，Val("1.234e2")或者 Val("1.234d2")都可得到数值 123.4。其中的字母也可以是大写的 E 或者 D。

（2）Str 函数将数值转换成对应的字符串，数值为负数时，结果为直接在数值两端加上双引号，如 Str(-123.45)结果为"-123.45"；数值为正数时，结果为在数值前面空一格（正号的符号位）两端再加上双引号，如 Str(123.45)结果为" 123.45"。

5．检查函数

检查函数的功能主要是用来判断数据的类型。常用检查函数及其功能如表 8.11 所示。

表 8.11　常用检查函数

函 数 名	功 能	示 例
IsDate(表达式)	判断表达式是否为日期，返回 Boolean 值	IsDate(#2013-10-10#)结果为 True
IsEmpty(变量)	判断变量是否已被初始化。若已经初始化，返回 0；否则，返回 1	
IsNumeric(表达式)	判断表达式是否为数值型数据，返回 Boolean 值	IsNumeric("北京")结果为 False
IsNull(表达式)	判断表达式是否不包含任何有效数据	

8.3　VBA 常用语句

VBA 程序是由若干条 VBA 语句构成的。一条 VBA 语句是能够完成某项操作的一个完整命令。

8.3.1　语句的书写规则

在编写程序代码时要遵循一定的规则，这样写出的程序既能被 VBA 正确地识别，又能增加程序的可读性。

（1）一条语句写在一行上，如果将多条语句写在一行上，语句之间要用英文的冒号"："隔开。

（2）当一条语句较长而且一行写不下时，可以使用续行功能，用续行符"_"将较长的语句分为两行或多行。在使用续行符时，在它前面至少要加一个空格，并且续行符只能出现在行尾。

（3）在 VBA 代码中，不区分字母的大小写。

（4）当输入一行语句并按【Enter】键后，该行代码若以红色文本显示，代表可能出现一个错误信息，则必须找出语句中的错误并更正它。

8.3.2　注释语句

注释语句用于对程序或语句的功能给出解释或说明，以增加程序代码的可读性。

在 VBA 中，注释语句可以添加到程序模块的任何位置，一般被显示成绿色文本。注释语句有以下两种添加方式。

（1）Rem 语句。格式如下：

```
Rem 注释内容
```

这种注释语句需要单独占一行写。若写在某个语句之后，则需要用冒号"："隔开。

（2）'注释内容。

这种注释语句可以直接放在其他语句之后而无须分隔符。例如：

```
Rem 声明三个变量
Dim r As Single, S As Single, V As Single
S=pi*r^2            '计算圆的面积
V=4/3*pi*r^3 : Rem 计算球的体积
```

此外，选中一行或多行代码后，在菜单栏中选择"视图"→"工具栏"→"编辑"命令，打开"编辑"工具栏（见图 8.22），单击"设置注释块"按钮或"删除注释块"按钮可对该代码块添加注释或删除注释符号"'"。

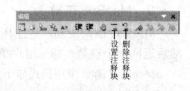

图 8.22　"编辑工具栏

8.3.3 VBA 赋值语句

赋值语句用于将指定的值赋予某个变量（或对象的某个属性）。

赋值语句的格式为：

```
[Let]名称=表达式
```

说明：

（1）Let：是可选项，表示赋值，通常省略。

（2）名称：变量或属性的名称。

（3）表达式：可以是算术表达式、字符串表达式、关系型表达式或逻辑表达式。计算所得的表达式值将赋给赋值号"="左边的变量或对象的属性。但是必须注意，赋值号两边的数据类型必须一致，否则会出现"类型不匹配"的错误。

（4）赋值语句是先计算（表达式），然后再赋值。

例如：

```
N=-4+3*7 MOD 5^(2\4)              ' 把右端表达式的值-4赋给变量N
Label1.Caption="班级名称"          ' 把字符串"班级名称"赋给标签Label1的Caption属性
```

8.3.4 输入/输出语句

对于一些简单信息的输入和输出，可以使用对话框实现用户与应用程序之间交换信息。VBA提供的内部对话框有两种：信息对话框和输入对话框，分别由函数InputBox和MsgBox实现。

1. InputBox 函数

InputBox函数的功能是显示一个能接收用户输入的对话框，并返回用户在此对话框中输入的信息。其语法格式为：

```
InputBox(prompt[, title] [, default] [, xpos] [, ypos])
```

说明：

（1）prompt：必选参数，用于显示对话框中的信息，形式为字符串表达式。

（2）title：可选参数，指定对话框标题栏中显示的信息，形式为字符串表达式。如果省略title，系统会把应用程序名放入标题栏中。

（3）default：可选参数，指定显示在对话框中文本框内的内容，形式为字符串表达式，其作用是在没有其他输入时作为函数返回值的默认值。如果省略default，则文本框为空。

（4）xpos和ypos：都是可选参数，指定对话框的左边与屏幕左边的水平距离和对话框的上边与屏幕上边的距离，形式是数值表达式。如果省略xpos，则对话框会在水平方向居中。如果省略ypos，则对话框被放置在屏幕垂直方向距下边大约1/3的位置。

如果用户单击"OK"按钮或按【Enter】键，则InputBox函数返回文本框中的内容。如果用户单击"Cancel"按钮，则此函数返回一个长度为零的字符串（""）。

注意：如果要省略某些参数，则必须加入相应的逗号分界符。例如：

```
Dim s As String
s=InputBox("请输入你的年龄：", "输入年龄", "18", 1000, 200)
```

上述语句运行时显示一个输入对话框，如图8.23所示。

2. MsgBox 函数

MsgBox函数的功能是打开一个消息对话框，等待用户单击按钮，然后返回一个整数，指示用户单击了哪个按钮。

MsgBox函数调用格式如下：

```
MsgBox(prompt[,buttons] [,title])
```

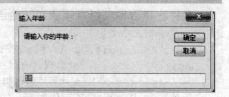

图 8.23 InputBox 函数显示的输入对话框

说明：

（1）prompt：必填参数，用于显示对话框中的消息，形式为字符串表达式。

（2）buttons：可选参数，指定对话框显示的按钮数目及按钮类型，使用的图标样式，默认按钮的标识以及消息框的样式等，形式为整型表达式。如果省略 buttons，则默认值为 0。本参数的整型表达式中的各项值如表 8.12 所示。

表 8.12　buttons 参数的各组设置值

分　组	值	常　量	说　明
按钮类型与数目	0	vbOKOnly	确定按钮
	1	vbOKCancel	确定和取消按钮
	2	vbAbortRetryIgnore	终止、重试和忽略按钮
	3	vbYesNoCancel	是、否和取消按钮
	4	vbYesNo	是和否按钮
	5	vbRetryCancel	重试和取消按钮
图标样式	16	vbCritical	停止图标
	32	vbExclamation	感叹号（！）图标
	48	vbQuestion	问号（？）图标
	64	vbInformation	信息图标
默认按钮	0	vbDefaultButton1	指定默认按钮为第一按钮
	256	vbDefaultButton2	指定默认按钮为第二按钮
	512	vbDefaultButton3	指定默认按钮为第三按钮

 注　意

将这些数字以 "+" 号连接起来生成 buttons 参数值时，只能从每组值中取用一个数字。

（3）title：可选参数，用于指定对话框的标题，形式为字符串表达式。如果省略本参数，则将应用程序名作为对话框的标题。

（4）MsgBox 函数调用时有函数返回值，返回的值指明了在对话框中选择哪一个按钮。MsgBox 函数返回值如表 8.13 所示。

表 8.13　函数的返回值

返　回　值	常　量	按　钮
1	vbOK	确定按钮
2	vbCancel	取消按钮
3	vbAbort	终止按钮
4	vbRetry	重试按钮
5	vbIgnore	忽略按钮
6	vbYes	是
7	vbNo	否

（5）如果省略了某些可选项，必须加入相应的逗号分隔符。

（6）若不需要返回值，则可以使用 MsgBox 的命令形式：

```
MsgBox 信息内容[,对话框类型[,对话框标题]]
```

例如：

```
msg=MsgBox("请确认输入的数据是否正确！", 3+48+0, "数据检查")
```

上述语句运行后将显示图 8.24 所示的对话框。

图 8.24　信息对话框

8.4 VBA 程序流程控制语句

虽然 VBA 程序设计采用了事件驱动的编程机制，可以将一个程序分成几个较小的事件过程，但就某一个事件过程内的程序流程来看，仍然是采用结构化的程序设计方法，由顺序结构、选择结构和循环结构 3 种基本结构组成。

8.4.1 顺序结构

顺序结构是指程序的执行总是按照语句出现的先后次序，自顶向下地顺序执行的一种线性流程结构，它是程序设计过程中最基本、最简单的程序结构。即使在选择结构或循环结构中，也常以顺序结构作为其子结构。

【例 8.3】计算圆面积，圆的半径要求从键盘输入到文本框中，计算结果显示在文本框中，计算由命令按钮控制，程序界面如图 8.25 所示。

窗体中命令按钮"计算"的 Click 事件代码如下：

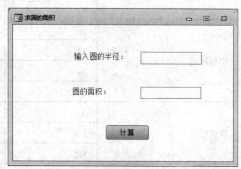

```
Private Sub Cmd1_Click()
    Const PI=3.14          '设置圆周率常量
    Dim r,s As Single
    r=Text0.Value          '将从文本框输入的数据赋给变量 r
    s=PI*r*r               '计算圆面积
    Text1.Value=s          '将计算结果输出到文本框中
End Sub
```

图 8.25 "计算圆面积"程序界面

8.4.2 选择结构

在程序设计中经常遇到需要判断的问题，它需要根据不同的情况采取不同的解决问题的方法。

在 VBA 中，能够实现选择结构的语句有：单行结构 If 语句、多行结构 If 语句、多分支控制结构 Select Case 语句。

1. 单行结构 If 语句

单行结构 If 语句的格式：

```
If <条件> Then  语句 1 [ Else 语句 2 ]
```

说明：

（1）"条件"是一个逻辑表达式，或表达式的数据类型可隐式转换为 Boolean 类型。若"条件"为真，则执行语句 1。否则，若存在 Else 子句，则执行语句 2。

（2）语句中的"Else 语句 2"部分可以省略，此时将语句 2 看作一个空操作，即不做任何处理。省略 Else 部分后，If 语句的格式变为：

```
If 条件 Then 语句 1
```

（3）语句 1 和语句 2 可以是一个语句，也可以是用冒号分隔的多个语句。

例如，实现从 x 和 y 中选择较大的一个加 1 后赋值给变量 c。

```
If x>y Then x=x+1: c=x Else y=y+1: c=y
```

（4）单行结构 If 语句一般不提倡编写得太复杂。

2. 多行结构 If 语句（块结构 If 语句）

多行结构 If 语句是将单行结构 If 语句分成多行来书写，其语法结构如下：

```
If 条件 Then
    语句块 1
[Else
    语句块 2]
End If
```

说明：

（1）多行结构 If 语句的各组成部分说明同单行结构 If 语句。If 和 End If 必须配对出现。

（2）当语句块 1 和语句块 2 中包含多个语句时，可以将多个语句写在一行，用冒号分隔；也可以分成多行书写，一个语句占一行。

【例 8.4】根据下面公式，输入 x，计算 y 的值。

$$y = \begin{cases} x^2 + 1 & (x \geqslant 0) \\ x^3 - 2x + 1 & (x < 0) \end{cases}$$

（1）新建一个名为"计算分段函数"的窗体。

（2）编写 Cmd1 命令按钮的单击事件过程。代码如下：

```
Private Sub Cmd1_Click()
    Dim x As Single, y As Single
    x=Text0.Value
    If x>=0 Then y=x^2+1 Else y=x^3-2*x+1
    Text1.Value=y
End Sub
```

本例中命令按钮 Cmd1 的单击（Click）事件代码采用单行 If 语句编写，也可将其改为多行 If 语句，代码如下：

```
Private Sub Cmd1_Click()
    Dim x As Single, y As Single
    x=Text0.Value
    If x>=0 Then
        y=x^2+1
    Else
        y=x^3-2*x+1
    End If
    Text1.Value=y
End Sub
```

【例 8.5】输入 3 个数，按从大到小的顺序输出。

分析：

（1）先将 a 与 b 比较，把较大者放入 a 中，小者放入 b 中。

（2）再将 a 与 c 比较，把较大者放入 a 中，小者放入 c 中，此时 a 为三者中的最大者。

（3）最后将 b 与 c 比较，把较大者放入 b 中，小者放入 c 中，此时 a、b、c 已由大到小顺序排列。

具体设计步骤如下：

（1）新建一个名为"3 个数从大到小排序"的窗体，在窗体上添加 6 个文本框、2 个标签和 1 个命令按钮。

（2）编写 Cmd1 命令按钮的单击事件过程的 VBA 代码如下：

```
Private Sub Cmd1_Click()
    Dim a As Single, b As Single, c As Single
    Dim t As Single
    a=Val(Text1.Value)
    b=Val(Text2.value)
    c=Val(Text.value)
    If a<b Then t=a : a=b : b=t
    If a<c Then t=a : a=c : c=t
    If b<c Then t=b : b=c : c=t
    Text4.value=a
    Text5.value=b
    Text6.value=c
End Sub
```

运行程序：在文本框中输入 3 个数，单击"排序"按钮，结果如图 8.26 所示。

请读者自行将 Cmd1 的 Click 事件过程中的单行 If 语句改为多行 If 语句结构。

3．多分支选择结构 If...Then...ElseIf

当要处理的问题有多个可能出现的情况时，必然需要提供多个分支。VBA 提供的多分支选择结构的语法格式为：

```
If <条件>1 Then
  语句块 1
[ElseIf 条件 2 Then
  语句块 2
...]
[Else
  其他语句块]
End If
```

图 8.26　3 个数从大到小排序

说明：

（1）Else 和 ElseIf 子句都是可选部分，且可以有任意多个 ElseIf 子句。

（2）程序运行时，先测试"条件 1"的值，如果值为 True，则执行 Then 后面的语句块 1，如果值为 False，则按顺序测试每个 ElseIf 后面的条件表达式（如果有的话）。当某个 ElseIf 后的条件取值为 True 时，就执行该条件 Then 后面的语句块。如果所有条件都为 False，才会执行 Else 部分的"其他语句块"。

（3）当某个条件为真并执行完与之相关的语句块后，程序将不再判断其后的条件，而直接执行 End If 后面的语句。

【例 8.6】某百货公司为了促销，采用购物打折扣的优惠办法，每位顾客一次购物：

（1）在 1000 元以上者，按九五折优惠。

（2）在 2000 元以上者，按九折优惠。

（3）在 3000 元以上者，按八五折优惠。

（4）在 5000 元以上者，按八折优惠。

编写程序，输入购物款数，计算并输出优惠价。

分析：设购物款数为 x 元，优惠价为 y 元，优惠付款公式为：

$$y = \begin{cases} x & (x < 1000) \\ 0.95x & (1000 \leq x < 2000) \\ 0.9x & (2000 \leq x < 3000) \\ 0.85x & (3000 \leq x < 5000) \\ 0.8x & (x \geq 5000) \end{cases}$$

具体设计步骤如下：

（1）新建一个名为"购物优惠"的窗体，在窗体上添加 2 个文本框、2 个标签和 1 个命令按钮。

（2）编写 Cmd1 命令按钮的单击事件过程。代码如下：

```
Private Sub Cmd1_Click()
    Dim x As Single, y As Single
    x=Text1                         '文本框的.Value可省略
    If x<1000 Then
        y=x
    ElseIf x<2000 Then
        y=0.95*x
    ElseIf x<3000 Then
        y=0.9*x
```

```
    ElseIf x<5000 Then
        y=0.85*x
    Else
        y=0.08*x
    End If
    Text2=y
End Sub
```

4．多分支选择结构 Select Case

在实现多分支选择时，除了使用带有 ElseIf 子句的块 If 语句，还可以采用 VBA 提供的 Select Case 语句。Select Case 语句的语法格式为：

```
Select Case 测试表达式
    Case 表达式表1
        语句块1
    [Case 表达式表2
        语句块2
    …]
    [Case Else
        其他语句块]
End Select
```

说明：

（1）测试表达式：必要参数，形式为数值表达式或字符串表达式。

（2）在 Case 子句中，"表达式表"为必要参数，用来测试其中是否有值与"测试表达式"相匹配。Case 子句中的"表达式表"是一个或多个表达式的列表，如表 8.14 所示。

表 8.14　Case 子句中的"表达式表"

形　式	示　例	说　明
表达式	Case 100 * a	数值或字符串表达式
表达式 To 表达式	Case 1000 To 2000 Case "a" To "n"	用来指定一个值范围，较小的值要出现在 To 之前
Is 关系运算表达式	Caes Is<3000	可以配合比较运算符指定一个数值范围。如果没有提供，则 Is 关键字会被自动插入

当使用多个表达式的列表时，表达式与表达式之间要用逗号（,）隔开。

（3）语句块：可选参数，是一条或多条语句，当"表达式表"中有值与"测试表达式"相匹配时执行。

（4）Case Else 子句用于指明其他语句块，当测试表达式和所有的 Case 子句"表达式表"中的值都不匹配时，则会执行这些语句。虽然不是必要的，但是在 Select Case 区块中，最好还是加上 Case Else 语句来处理不可预见的测试条件值。如果没有 Case 值匹配测试条件，而且也没有 Case Else 语句，则程序会从 End Select 之后的语句继续执行。

【例 8.7】在例 8.6 中使用 Select Case 语句计算优惠价，只需将其中命令按钮 Cmd1 的单击（Click）事件代码改为：

```
Private Sub Cmd1_Click()
    Dim x As Single, y As Single
    x=Text1
    Select Case x
    Case Is<1000
        y=x
    Case Is<2000
        y=0.95*x
    Case Is<3000
        y=0.9*x
    Case Is<5000
```

```
        y=0.85*x
    Case Else
        y=0.08*x
    End Select
    Text2=y
End Sub
```

> **注 意**
>
> 在 Case 子句中使用多个表达式时，所列表达式的形式可以不相同，既可以使用值，又可以使用条件或范围，还可以混合使用。表达式与表达式之间要用逗号（,）隔开，表示表达式之间的"或者"关系。

除上述条件语句外，VBA 提供了 IIf 函数来完成相应选择操作：

```
IIf(<条件表达式>,<表达式1>,<表达式2>)
```

该函数根据"条件表达式"的值来决定函数返回值。"条件表达式"的值为"真（True）"，函数返回"表达式 1"的值；"条件表达式"的值为"假（Flase）"，函数返回"表达式 2"的值。

说明：

（1）函数中的 3 个参数都不能省略，并且"表达式 1"和"表达式 2"的值类型应保持一致。

（2）可以将 IIf 函数看作一种简单的 If...Then...Else 结构。

例如，将变量 a 和 b 中值大的量存放在变量 Max 中：

```
Max=IIf(a>b,a,b)
```

8.4.3 循环结构

在程序中，经常遇到对某一程序段需要重复执行，这种被重复执行的程序结构称为循环结构，被重复执行的程序段称为循环体。

VBA 提供常用的循环结构：计数循环（For...Next 循环）、Do 循环（Do...Loop 循环）。

1. For...Next 语句

当循环次数已知时，常常使用计数循环语句 For...Next 来实现循环。For...Next 语法结构如下：

```
For 循环变量=初值 To 终值[Step 步长]
    语句块1
    [Exit For]
    语句块2
Next [循环变量]
```

说明：

（1）循环变量为必要参数，是数值型变量，用来控制循环语句执行次数的循环计数器。

（2）步长是每次循环后循环变量的增量，可以是正数或负数，默认值为 1。步长如果为正，循环变量将逐渐增加，初值应小于或等于终值；步长如果为负，循环变量将逐渐减小，初值应大于或等于终值，否则，循环语句将无法执行。注意，步长为零将出现死循环。

（3）每次循环后都要根据步长自动改变循环变量的值，循环终止的条件是循环变量的值"越过"终值，而不是等于。这里"越过"的含义是随着步长的正负取值不同而有所不同，步长为正时，"越过"代表循环变量要大于终值；步长为负时，代表循环变量要小于终值。

（4）在 For 和 Next 之间可以存在一个或多个 Exit For 语句，遇到该语句表示无条件退出循环，并执行 Next 之后的语句。Exit For 语句一般用在选择结构语句（如 If...Then）中，即当满足给定条件时退出循环。

（5）For 循环的次数可由初值、终值和步长三者来确定，计算公式是：

$$循环次数=Int((终值-初值)/步长+1)$$

【例 8.8】利用 For...Next 语句求 1+2+3+…+100 之和。

分析：采用累加的方法，用变量 s 来存放累加的和（开始为 0），用变量 i 来存放"加数"（加到 s 中的数）。这里 i 又是循环计数器，从 1 开始到 100 为止。

编写 Cmd1 命令按钮的单击事件过程。代码如下：

```
Private Sub Cmd1_Click()
    Dim i As Integer, sum As Integer
    sum=0
    For i=1 To 100
        sum=sum+i
    Next i
    MsgBox "1+2+3+…+100=" &Str(sum)      'For 循环求累加和
End Sub
```

【例 8.9】输入一个大于 2 的正整数，利用 For 循环判断其是否为素数。

分析：所谓"素数"是指除了 1 和该数本身，不能被任何整数整除的数。判断一个自然数 n（$n≥3$）是否为素数，只要依次用 $2\sim\sqrt{n}$ 作除数去除 n，若 n 不能被其中任何一个数整除，则 n 即为素数。

编写 Cmd1 命令按钮的单击事件过程。代码如下：

```
Private Sub Cmd1_Click()
    Dim n As Integer, i As Integer, flag As Boolean
    n=InputBox("请输入一个大于 2 的正整数")
    flag=True
    For i=2 To Sqr(n)
      If n Mod i=0 Then
        flag=False
        Exit For
      End If
    Next i
    If flag Then
      MsgBox Str(n) & "是素数"
    Else
      MsgBox Str(n) & "不是素数"
    End If
End Sub
```

【例 8.10】编写程序，要求输出所有的"水仙花数"。所谓"水仙花数"是指一个 3 位数的个位、十位和百位的立方和等于该数本身。例如，$153=1^3+5^3+3^3$，则 153 是一个水仙花数。

分析：根据题意，要寻找的水仙花数 n 的范围在 $100\sim999$，分解整数 n 的个位、十位和百位，分别用变量 a、b、c 表示，判断它们的立方和是否等于 n 本身，如果是，输出该水仙花数即可。

编写命令按钮 Cmd1 的 Click 事件过程。代码如下：

```
Private Sub Cmd1_Click()
    Dim n As Integer
    Dim a As Integer, b As Integer, c As Integer
    For n=100 To 999
      a=n\100                        'a 表示百位数
      b=(n\10) Mod 10                'b 表示十位数
      c=n Mod 10                     'c 表示个位数
      If n=a^3+b^3+c^3 Then
        Text1.Value=Text1.Value& n &""
      End If
    Next
End Sub
```

2. Do…Loop 语句

Do…Loop 语句根据给定条件成立与否决定是否执行循环体内的语句，有两种语法形式。

前测型循环结构：

```
Do [ While | Until 条件]
    语句块 1
    [Exit Do]
```

```
    语句块 2
Loop
```
后测型循环结构：
```
Do
    语句块 1
    [Exit Do]
    语句块 2
Loop [ While | Until 条件]
```

说明：

（1）Do While…Loop 是（前测型）当型循环语句，当"条件"为真（True）时执行循环体，"条件"变为假（False）时，终止循环。

Do Until…Loop 是（前测型）直到型循环语句，"条件"为假时执行循环体，直到"条件"变为真时，终止循环。

（2）Do…While Loop 是（后测型）当型循环语句，当"条件"为真（True）时继续执行循环体，"条件"变为假（False）时终止循环。

Do…Until Loop 是（后测型）直到型循环语句，"条件"为假时继续执行循环体，直到"条件"变为真时终止循环。

（3）条件：条件表达式，为循环的条件。其值为 True 或 False。如果省略"条件"（Null），则"条件"会被当作 False。

（4）语句块：一条或多条命令（循环体）。

（5）在 Do…Loop 中可以在任何位置放置任意个数的 Exit Do 语句，随时跳出 Do…Loop 循环。Exit Do 通常用于条件判断之后，例如 If…Then，在这种情况下，Exit Do 语句将控制权转移到紧接在 Loop 命令之后的语句。

【例 8.11】将例 8.8 改用 Do…Loop 语句实现。

分析：对于已知循环次数的问题，应优先采用 For…Next 循环，但也可以采用 Do…Loop 循环实现。以下给出两种形式的 Do…Loop 循环代码。

前测型当型循环：
```
Private Sub Cmd1_Click()
    Dim i As Integer, sum As Integer
    sum=0 : i=1
    Do While i<=100
      sum=sum+i
       i=i+1
    Loop
    MsgBox "1+2+3+…+100=" &Str(sum)        '累加求和
End Sub
```

后测型直到型循环：
```
Private Sub Cmd1_Click()
    Dim i As Integer, sum As Integer
    sum=0 : i=1
    Do
      sum=sum+i
       i=i+1
    Loop Until i>100
    MsgBox "1+2+3+…+100=" &Str(sum)        '累加求和
End Sub
```

【例 8.12】将例 8.9 改用 Do…Loop 语句实现。
```
Private Sub Cmd1_Click()
    Dim n As Integer, i As Integer, flag As Boolean
    n=InputBox("请输入一个大于 2 的正整数")
    flag=True : i=2
```

```
        Do While i<=Sqr(n) And flag=True
            If n Mod i=0 Then
                flag=flase
            Else
                i=i+1
            End If
        Loop
        If flag Then
            MsgBox Str(n) & "是素数"
        Else
            MsgBox Str(n) & "不是素数"
        End If
End Sub
```

【例 8.13】输入两个正整数，求它们的最大公约数。

分析：求最大公约数可以用"辗转相除法"，方法如下。

（1）以大数 m 作被除数，小数 n 作除数，相除后余数为 r。

（2）若 $r\neq0$，则 $m\leftarrow n$，$n\leftarrow r$，继续相除得到新的 r。若仍有 $r\neq0$，则重复此过程，直到 $r=0$ 为止。

（3）最后的 n 就是最大公约数。

编写命令按钮 Cmd1 的 Click 事件过程。代码如下：

```
Private Sub Cm1_Click()
    Dim m as integer,n as integer,t as integer,r as integer
    m=Text1.Value
    n=Text2.Value
    If n*m=0 Then
        MsgBox "两数都不能为 0!"
        Exit Sub
    End If
    If m<n Then
        t=m: m=n: n=t
    End If
    Do
        r=m Mod n
        m=n
        n=r
    Loop While r<>0
    Text3.Value=m        '在循环中将操作顺序进行了调整，所以最后结果放在变量 m 中
End Sub
```

8.5 数　组

前面介绍了多种数据类型的变量，如数值型、字符型、逻辑型等，但都属于简单变量。但是当处理问题涉及多个变量时，简单变量就很难胜任了。假设需要处理班上 26 个学生的姓名，这样操作显然是不明智的：

```
Dim sname1 as string, sname2 as string, sname3 as string, …
```

使用数组可以将一批具有相同性质的数据用同一个名称来表示。因此，上述问题中的 26 个学生姓名可以表示为 sname(0)，sname(1)，sname(2)，…，sname(25)。sname 数组相当于一个姓名列表，允许用 sname(i) 来表示第 i 个学生的姓名。这样，就可以采用循环结构方便高效地解决问题。

8.5.1 数组的概念

一个数组表示一组具有相同数据类型的值。数组是单一类型的变量，可以存储很多值，而常规的变量只能存储一个值。定义了数组之后，可以引用整个数组，也可以只引用数组的个别元素。

同一个数组的变量具有相同的名称，使用下标对其中每一个变量进行区分，如 sname(0)、sname(1)、sname(2)。通常将数组中的变量称为数组元素。数组元素由下标进行标识，因此又可称为下标变量。

用数组名和下标可以唯一标志一个数组元素。但是下标不一定从 1 开始。数组名称与下标应遵循以下规则。

（1）数组的命名规则与简单变量的命名规则相同。

（2）下标必须是整数，否则系统将四舍五入取整。

（3）下标必须用括号括起来。

（4）在引用数组元素时，下标可以是整型的常量、变量或表达式，还可以是一个整型的数组元素。

（5）下标的最大值和最小值分别称为数组的上界和下界，下标是上、下界范围内的一组连续整数。引用数组元素时，不可超出数组声明时的上、下界范围。

8.5.2 数组的声明

数组的声明方式和其他的变量是一样的，可以使用 Dim、Static 或 Globle 语句来声明。数组可以声明为任何基本数据类型，包括 Variant。一个数组里的所有元素应该具有相同的数据类型。

数组下标下界默认值是 0，但可以在模块的声明部分使用 Option Base 语句进行更改：

```
Option Base 1
```

此模块中的所有数组下标默认从 1 开始。

也可以使用 To 关键字更改数组下标下界：

```
Dim temp(1 to 15) as string
```

下标的个数决定了数组的维数。一维数组仅有一个下标，二维数组则有两个下标，依此类推。二维数组可以对应一张二维表，如图 8.27 所示。

学号	助学贷款	困难补助	奖学金	勤工助学	学费	住宿费	书本费
200900312101	¥4,000.00	¥500.00	¥500.00	¥200.00	¥2,000.00	¥800.00	¥410.43
200900312102	¥3,500.00	¥500.00	¥1,500.00	¥0.00	¥2,000.00	¥1,000.00	¥455.78
200900312201	¥4,000.00	¥1,000.00	¥0.00	¥400.00	¥2,500.00	¥800.00	¥432.55
200900312202	¥3,500.00	¥0.00	¥0.00	¥0.00	¥2,000.00	¥800.00	¥400.01
201000344101	¥3,500.00	¥1,500.00	¥1,100.00	¥0.00	¥2,000.00	¥800.00	¥577.71
201100344101	¥3,000.00	¥0.00	¥0.00	¥0.00	¥2,500.00	¥0.00	¥334.56

图 8.27 学生费用表

可以将表中费用定义为一个二维数组：

```
Dim fares(25,6) as single
```

三维数组可以按如下方式定义：

```
Dim temp1(10,3,4) as String
```

但是由于三维以上数组耗费资源过多，在实际使用中往往会受到内存容量的限制。而五维数组被认为是使用时安全的最大维数。

在声明时指定维数和每一维上、下界的数组，称为静态数组。静态数组元素的个数是固定的。但事先无法确定数组元素个数的情况下，需要使用动态数组，以在运行时改变数组的大小。使用动态数组可以更加有效地利用内存。

声明动态数组的方法与静态数组的声明方法类似，不同的是提供一个空维列表，建立一个空维数组：

```
Dim temp2() as String
```

然后在过程中使用 Redim 语句重新定义数组大小：

```
Redim temp2(10)
```

Redim 语句只能在过程中使用，并且不能改变数组维数的个数以及数组的数据类型。每次执行 Redim 语句，通常会自动把数组原有数据清空。如果希望保留数组中的数据，需要使用 Preserve 关键字：

```
Redim preserve temp2(100)
```

8.5.3 数组的应用

【例 8.14】使用数组完成 Fibonacci 数列的前 20 项。

分析：

Fibonacci 数列前两项均为 1，从第三项开始每一项是其前两项之和。使用数组存储数列，从第三项开始的数组元素的通项公式为 arrayFibo(intI)=arrayFibo(intI-1)+arrayFibo(intI-2)。使用循环求出数列中的 3~20 项元素。

代码如下：

```
Public Sub arrayFibonacci()
  Dim arrayFibo(1 To 20) As Integer
  Dim intI As Integer
  arrayFibo(1)=1
  arrayFibo(2)=1
  For intI=3 To 20
    arrayFibo(intI)=arrayFibo(intI-1)+arrayFibo(intI-2)
  Next
  For intI=1 To 20
    Debug.Print arrayFibo(intI)
  Next
End Sub
```

【例 8.15】计算一个 5*5 方阵主对角线元素之和，方阵中各元素的值是(1,100)的随机数。

分析：

首先需要循环嵌套对数组元素初始化。通常，外层循环控制数组元素的第一个下标，即行下标；内层循环控制数组元素的第二个下标，即列下标。数组元素的初始化值即(a,b)的随机数，通过 int((b-a+1)*rnd)+a 表达式计算得到。

然后计算方阵的主对角线元素之和。方阵有两条对角线，主对角线和副对角线。主对角线元素可以这样表示：arrayA(i,i)，循环求和。

代码如下：

```
Public Sub arraySum()
  Dim arrayA(4, 4) As Integer
  Dim intI, intJ As Integer
  Dim intS As Integer
  Dim strS As String
  strS=""
  For intI=0 To 4
    For intJ=0 To 4
      arrayA(intI, intJ)=Int(100*Rnd)+1
      strS=strS & arrayA(intI, intJ) & " "
    Next intJ
    strS=strS & vbLf
  Next intI
  Debug.Print strS
  intS=0
  For intI=0 To 4
  intS=intS+arrayA(intI, intI)
  Next intI
  Debug.Print intS
End Sub
```

8.6 过程的创建和调用

一个模块中通常包含一个或多个过程，模块功能的实现就是通过执行具体的过程来完成的，本节将通过实例介绍过程创建、过程调用和参数传递的使用。

VBA 程序中的过程分为两种类型：Sub 子过程和 Function 函数过程。

8.6.1 Sub 子过程

1．Sub 子过程的定义

```
[Private|Public][Static] Sub 过程名([形参表])
    语句序列
[Exit Sub]
    语句序列
End Sub
```

说明：

（1）可以将子过程放入标准模块和类模块中。

（2）Private | Public，如果使用 Public，表示过程在标准模块和类模块之外可以访问；如果使用 Private，则过程仅能在标准模块和类模块的内部访问；如果用 Static，则该过程中所有局部变量的存储空间只分配一次，且这些变量的值在整个程序运行期间都被保留下来。

（3）"过程名"遵循与变量相同的命名规则。

（4）"语句序列"是 VBA 程序段。代码中可用 Exit Sub 退出过程。

（5）"形参表"描述过程的需求，形式类似于声明变量。它指明了从主调过程传递给被调过程变量的个数和类型，各变量名之间用逗号分隔。形参表中的语法为：

```
[ByVal | ByRef]变量名[( )] [As 类型]
```

其中，ByVal 表示该参数按值传递，ByRef（默认值）表示该参数按地址传递。"变量名"代表参数变量的名称，后面带有一对圆括号表示形参为数组。"As 类型"表示参数变量或数组的数据类型。

（6）在过程内部，不能再定义过程，但可以调用其他 Sub 过程或 Function 过程。

2．Sub 子过程的创建

Sub 子过程的创建有以下两种方法。

1）在标准模块或类模块的代码窗口直接输入

【例 8.16】编写一个 Sub 过程，用来交换两个变量的值。

```
Public Sub swap(x As Single, y As Single)
    Dim t As Single
    t=x: x=y: y=t
End Sub
```

2）使用"添加过程"对话框

使用"添加过程"对话框建立过程的方法如下。

（1）在数据库窗口中双击模块 3 打开该模块。

（2）在菜单栏中选择"插入"菜单中的"过程"命令，弹出"添加过程"对话框，如图 8.28 所示。

（3）在"名称"文本框中输入过程名 swap，从"类型"区域中选择"子过程"类型，从"范围"区域中选择"公共的"范围。

（4）单击"确定"按钮，建立一个名称为 Swap 的 Sub 过程，如图 8.29 所示。

图 8.28 "添加过程"对话框

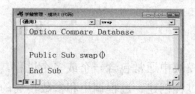

图 8.29 添加过程后的代码窗口

3．Sub 子过程的调用

Sub 子过程的调用是通过一条语句实现的，有以下两种形式。

1）使用 Call 语句

```
Call 过程名([实参表])
```

2）直接使用过程名

```
过程名[<实参表>]
```

【例 8.17】从键盘任意输入 3 个数，按从大到小的顺序输出。

分析：由例 8.5 可知，排序算法涉及数据的交换，因此可以利用例 8.16 中交换两个变量值的 Sub 子过程 swap，来解决该问题。

```
Private Sub Cmd1_Click()
    Dim a As Single, b As Single, c As Single
    Dim t As Single
    a=Val(Text1.Value)
    b=Val(Text2.value)
    c=Val(Text.value)
    If a<b Then swap a,b      '可改为 If a<b Then call swap(a,b)
    If a<c Then swap a,c
    If b<c Then swap b,c
    Text4.value=a
    Text5.value=b
    Text6.value=c
End Sub
```

8.6.2　Function 函数过程

1．Function 函数过程的定义

Function 函数过程与 Sub 过程一样，也有过程名（一般称为函数名）和形参表，不同的是 Function 过程需要向主调用过程返回一个值，其语法格式如下：

```
[Private | Public] [Static] Function 函数名([形参表]) [ As 类型]
    语句列
    [函数名=返回值]
    [Exit Function ]
    语句列
    [Return 返回值]
End Function
```

说明：

（1）"函数名"是 Function 过程的名称。

（2）"As 类型"指定 Function 过程返回值的类型，可以是 Integer、Long、Single、Double、Currency、String 或 Boolean 等。如果没有 As 子句，默认的数据类型为 Variant。

（3）"返回值"是一个与"As 类型"指定类型一致的表达式，其值即为函数的结果。

通过 Function 过程返回值的方法有两种：

函数名=返回值，通过给函数名赋值的方法返回结果。

Return 返回值，通过使用 Return 语句返回结果。

（4）"语句列"是 VBA 程序段，其中可用一个或多个 Exit Function 语句退出函数。

Function 语法中其他未说明部分的含义与 Sub 相同，创建 Function 过程也与创建 Sub 过程方法类似。

2．Function 函数过程的调用

调用 Function 过程，可以像使用 VBA 的内部函数一样来调用 Function 过程，即将函数使用在表达式中。

调用形式：

```
函数过程名([实参1] [,实参2] [,…])
```

【例8.18】编写一个求整数阶乘的 Function 过程，3 次调用它，计算 1!+3!+5!的值。

具体操作步骤如下：

（1）在"学籍管理"数据库中，新建一个名为"标准模块-求阶乘"的标准模块。在该标准模块的代码窗口中添加如下代码：

```
Public Function fact(x As Integer) As Long
  Dim p As Long, i As Integer
  p=1
  For i=1 To x
    p=p*I
  Next I
  fact=p
End Function
```

注 意

在 Function 函数过程前面一定要使用 Public 关键字，以使 fact 函数的作用域为全局范围。

（2）在"学籍管理"数据库中，新建一个名为"调用函数过程 fact 求阶乘"窗体。该窗体包含一个名为 Cmd1 的按钮，下面给出按钮 Cmd1 的 Click 事件代码：

```
Private Sub Cmd1_Click()
  Dim sum As Long, i As Integer
  For i=1 To 5 step 2
    sum=sum+fact(i)
  Next i
  Msgbox"1!+3!+5!=" & str(sum)
End Sub
```

8.6.3　过程调用中的参数传递

1．形式参数和实际参数

形式参数是指在定义通用过程时，出现在 Sub 或 Function 语句中的变量名，是接收来自主调过程数据的变量。形参表中的各个变量之间用逗号分隔。

实际参数是指在调用 Sub 或 Function 过程时，主调过程传送给被调用的 Sub 或 Function 过程的常量、变量或表达式。实参表可由常量、表达式、有效的变量名、数组名（后跟左、右括号）组成，实参表中各参数用逗号分隔。

2．参数传递

传递参数的方式有两种：如果调用语句中的实际参数是常量或表达式，或者定义过程时选用 ByVal 关键字，则按值传递（亦称传值）。如果调用语句中的实际参数为变量，或者定义过程时选用 ByRef 关键字，则按地址传递（亦称传址）。

默认情况下，按地址传递参数。

1）按地址传递

按地址传递是在调用过程时，将实参的地址传递给形参，即形参与实参使用相同的内存地址单元。因此，在被调过程中对形参的任何操作就等于对相应实参的操作。

【例8.19】按地址传递参数示例。

子过程：

```
Public Sub Getdata1(ByRef x As Integer)
  x=x+5
End Sub
```

主调过程：

```
Private Sub Cmd1_Click()
```

```
    Dim y As Integer
    y=5
    Call Getdata1(y)
    MsgBox"y 的值="&y
End Sub
```

主程序执行后，y 的值变为 10。

2）按值传递

按值传递就是在调用过程时，将实参的地址复制给形参。在被调过程中，形参拥有自己的内存单元地址，即使被调过程与主调过程中使用了相同的参数名，在内存中也对应于不同的内存地址单元。因此，对形参的任何操作不会影响到对应的实参。

【例 8.20】按值传递参数示例。

子过程：

```
Public Sub Getdata2(ByVal x As Integer)
    x=x+5
End Sub
```

主程序：

```
Private Sub Cmd1_Click()
    Dim y As Integer
    y=5
    Call Getdata1(y)
    MsgBox"y 的值="&y
End Sub
```

主程序执行后，y 的值仍为 5。

8.7 事件及事件驱动

8.7.1 事件及事件驱动的定义

事件是某个用户操作的结果。当用户在窗体中从一条记录浏览到另外一条，或者关闭一个报表，或者单击了窗体上的某个按钮时，一个 Access 事件就被触发了，即使是鼠标的移动也会触发一系列事件流。

Access 应用程序是事件驱动的，Access 对象能够触发执行很多种类的事件。Access 事件与 Access 对象的特定属性相关。比如单击一个复选框会分别触发 MouseDown、MouseUp 和 Click 事件，这些事件分别与复选框的 OnMouseDown、OnMouseUp 和 OnClick 属性相关，不论用户何时单击复选框都会触发这些事件。

事件是能够被窗体或控件识别的动作。事件驱动程序在事件被触发时执行事件代码。VBA 的每个窗体和控件都有一套预先定义好的事件。事件一旦被触发，相关事件过程的代码就会执行。

VBA 的对象能够自动识别一套预定义的事件，但是它们是否响应事件以及如何响应是由程序员在事件过程 Event Procedure 中编写的代码来决定的。

很多对象能够识别相同的事件，但是执行的是不同的事件过程的代码。比如，当用户单击了窗体 userform，事件过程 userform_click 中的代码就会被执行；当用户单击了名为 Command1 的命令按钮，事件过程 Command1_click 中的代码就会被执行。

Access 事件可分为：键盘事件、鼠标事件、窗体（窗体、报表）事件、数据事件、焦点事件、打印事件、Error 事件和 Timing 事件。

Access 提供了 50 个以上事件。这些事件中，最常用的是窗体上的鼠标事件和键盘事件。窗体和多数控件都识别鼠标和键盘事件。用户在窗体上编写的 mouse-click 事件可能与在命令按钮上编写的 mouse-click 事件是一样的。后面小节介绍的事件都是编写应用程序时最常见的事件。此外，多数 Access 对象都有自己特别的事件，而且 Microsoft 发布新版本的 Access 都会添加新的事件，许多应用程序中常用的 ActiveX 控件也都有自己独特的事件。因此用户在编写应用程序使用不熟悉的控件或新的对象时，一定要检查控件/对象支持的属性和事件。

8.7.2 事件的分类

1．键盘事件

键盘事件是用户操作键盘引发的事件。常用的键盘事件有 KeyDown、KeyUp、KeyPress。

1）KeyDown 事件

当在某对象上按下键盘任意键都会触发该事件。

```
Private Sub 对象名_KeyDown(KeyCode As Integer,Shift As Integer )
…
End Sub
```

参数 KeyCode 为按键的位置码，Shift 为 3 个状态键（Shift、Ctrl 和 Alt）的状态。

2）KeyUp 事件

当在某对象上释放键盘任意键都会触发该事件。

```
Private Sub 对象名_KeyUp(KeyCode As Integer,Shift As Integer )
…
End Sub
```

3）KeyPress 事件

当在某对象上按下键盘任意字符键都会触发该事件。

```
Private Sub 对象名_KeyPress(KeyAscii As Integer )
…
End Sub
```

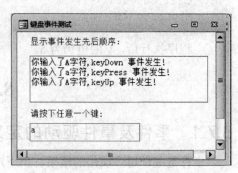

图 8.30 键盘事件测试

参数 KeyAscii 为按下字符键对应的 ASCII 码值。

【例 8.21】测试键盘事件发生的先后顺序。

分析：键盘有 KeyUp、KeyDown 和 KeyPress 三个事件，通过输入键盘上任意一个字符来测试三个事件发生的先后顺序。界面设计如图 8.30 所示，上面文本框用来显示事件发生的顺序，名称设置为"txtShow"，"滚动条"属性设置为"垂直"；下面文本框用来从键盘上输入某一个键，名称设置为"txtInput"。代码如下：

```
Option Compare Database
Private Sub Form_Load()
    txtshow=""
End Sub
Private Sub txtInput_KeyDown(KeyCode As Integer, Shift As Integer)
    txtshow=txtshow+"你输入了"+Chr(KeyCode)+"字符,keyDown 事件发生!"+vbCrLf
End Sub
Private Sub txtInput_KeyPress(KeyAscii As Integer)
    txtshow=txtshow+"你输入了"+Chr(KeyAscii)+"字符,keyPress 事件发生!"+vbCrLf
End Sub
Private Sub txtInput_KeyUp(KeyCode As Integer, Shift As Integer)
    txtshow=txtshow+"你输入了"+Chr(KeyCode)+"字符,keyUp 事件发生!"+vbCrLf
End Sub
```

从运行结果可以看出，当从键盘上输入一个字符时，首先执行 KeyDown 事件，然后执行 KeyPress 事件，最后执行 KeyUp 事件。

2．鼠标事件

鼠标事件是在操作鼠标时引发的事件。常用的鼠标事件有 Click、DblClick、MouseDown、MouseUp、MouseMove 等。

1）Click 事件

在某对象上单击鼠标左键触发的事件。

```
Private Sub 对象名_Click()
…
End Sub
```

2）DblClick 事件

在某对象上双击鼠标左键触发的事件。

```
Private Sub 对象名_DblClick(Cancel As Integer )
…
End Sub
```

参数 Cancel 决定该操作是否有效。

3）MouseDown 事件

在某对象上按下鼠标左键触发的事件。

```
Private Sub 对象名_MouseDown(Button As Integer, Shift as Integer, X As Single, Y As Single )
…
End Sub
```

参数 Button 为按键信息，Shift 为 3 个状态键（Ctrl、Shift 和 Alt）的状态，X 和 Y 表示鼠标所在的位置。

4）MouseUp 事件

在某对象上释放鼠标左键触发的事件。

```
Private Sub 对象名_MouseUp(Button As Integer, Shift as Integer, X As Single, Y As Single )
…
End Sub
```

参数 Button 为按键信息，Shift 为 3 个状态键（Ctrl、Shift 和 Alt）的状态，X 和 Y 表示鼠标所在的位置。

【例 8.22】测试鼠标事件，当单击窗体的主体节时窗体背景色设置为红色，双击时显示绿色，右击时显示蓝色。

分析：新建一个窗体，然后在窗体的 Click、DblClick 以及 MouseDown 事件下，书写代码，通过设置窗体的 BackColor 属性以达到改变窗体背景色的目的。

代码如下：

```
Private Sub 主体_Click()
    Me.主体.BackColor=vbRed
End Sub
Private Sub 主体_DblClick(Cancel As Integer)
    Me.主体.BackColor=vbGreen
End Sub
Private Sub 主体_MouseDown(Button As Integer, Shift As Integer, X As Single, Y As Single)
    If Button=acRightButton Then   '通过Button参数判断是否单击了鼠标右键
        Me.主体.BackColor=vbBlue
    End If
End Sub
```

5）MouseMove 事件

在某对象上鼠标发生位移时触发的事件。

```
Private Sub 对象名_MouseMove(Button As Integer, Shift as Integer, X As Single, Y As Single )
…
End Sub
```

参数 Button 为按键信息，Shift 为 3 个状态键（Ctrl、Shift 和 Alt）的状态，X 和 Y 表示鼠标所在的位置。

3．窗口事件

窗口事件是指操作窗体/报表时触发的事件。常用的事件有 Open、Load、Resize、Activate、Current、UnLoad、DeActivate 和 Close 事件等。

1）Open 事件

在打开一个窗体或报表时触发该事件。

```
Private Sub 对象名_Open(Cancel As Integer)
…
End Sub
```

参数 Cancel 决定操作是否有效。当 Cancel 取值为 0 时窗口打开，当 Cancel 取值为 1 时则不打开。

2）Close 事件

在关闭一个窗体或报表时触发该事件。

```
Private Sub 对象名_Close()
…
End Sub
```

3）Load 事件

在一个窗体或报表被加载时触发该事件。

```
Private Sub 对象名_Load()
…
End Sub
```

该事件通常用来进行窗体的初始化工作。

4）UnLoad 事件

在一个窗体或报表被卸载时触发该事件。

```
Private Sub 对象名_UnLoad(Cancel As Integer)
…
End Sub
```

其他窗口事件及说明如表 8.15 所示。

表 8.15　其他窗口事件及说明

事件	说明
Resize	调整窗体大小时触发
Active	打开窗体获得焦点成为当前窗体时触发
DeActive	在本窗体失去焦点前，另一个窗体成为当前窗体时触发
GotFocus	窗体控件获得焦点时触发
LostFocus	窗体失去焦点时触发
Timer	当特定的时间间隔到达时触发。时间间隔由 TimeInterval 属性设置
BeforeScreenTip	屏幕提示窗口成为当前窗体时触发

【例 8.23】测试窗口事件发生的先后顺序。

分析：当运行一个窗体的时候，常用的窗口事件执行顺序是什么呢？可以通过新建一个窗体，然后在窗体的不同事件下弹出一个消息框验证窗口事件的执行顺序。

代码如下：

```
Option Compare Database
Private Sub Form_Activate()
    MsgBox "Active 事件正在执行! "
End Sub
Private Sub Form_Current()
    MsgBox "Current 事件正在执行! "
End Sub
Private Sub Form_Load()
    MsgBox "Load 事件正在执行! "
End Sub
Private Sub Form_Open(Cancel As Integer)
```

```
    MsgBox "Open 事件正在执行！"
End Sub
Private Sub Form_Resize()
    MsgBox "Resize 事件正在执行！"
End Sub
```

运行该窗体，从弹出的消息框可以知道，运行一个窗体依次执行 Open 事件、Load 事件、Resize 事件、Activate 事件和 Current 事件；使用同样的方法也可以测试当关闭一个窗体时依次执行 Unload 事件、DeActivate 事件和 Close 事件。了解事件的执行顺序，有助于编写面向对象的可视化程序。

4．对象事件

对象事件是指当对对象进行操作时所触发的事件，又称操作事件。常用的对象事件有 GetFocus、LostFocus、BeforeUpdate、AfterUpdate 和 Change。

1）GetFocus 事件

当一个对象由没有获得焦点的状态变为获得焦点的状态时触发的事件。

```
Private Sub 对象名_GetFocus()
…
End Sub
```

2）LostFocus 事件

当一个对象由获得焦点的状态变为失去焦点的状态时触发的事件。

```
Private Sub 对象名_LostFocus()
…
End Sub
```

3）BeforeUpdate 事件

对象中的数据被修改时，当按下键或将焦点从该对象上移开时所触发的事件。

```
Private Sub 对象名_BeforeUpdate(Cancel As Integer)
…
End Sub
```

该事件可以检验输入数据的有效性。当输入无效数据时，可以将参数 Cancel 设置为 1，此时就无法将焦点从该对象上移开。

4）Change 事件

当对象中数据的修改得到认可后触发的事件。

```
Private Sub 对象名_Change()
End Sub
```

【例 8.24】对于如图 8.31 所示的学生信息录入窗体，要求对性别文本框控件（名称为 txtXB）进行数据校验，要求该文本框内容只能够输入"男"或者"女"，否则不能够更新到数据库。

分析：这里可以使用 BeforeUpdate 事件，当数据不满足要求时将 Cancel 参数设置为 1，无法将焦点从该对象上移开，必须输入合法的数据。

图 8.31　对象事件测试

代码如下：

```
Option Compare Database
Private Sub txtXB_BeforeUpdate(Cancel As Integer)
    If txtXB<> "男" Or txtXB<> "女" Then
        MsgBox "性别必须输入男或者女！", vbCritical, "警告"
        Cancel=1       '无法将焦点从该对象上移开，直至输入合法数据
    End If
End Sub
```

5．窗体数据事件

窗体的主要作用是显示数据。Access 窗体的一些事件就是与数据管理相关的。在开发人员编写应用程序时，可能需要经常编写这些事件。窗体数据事件及说明如表 8.16 所示。

表 8.16　窗体数据事件及说明

事　件	说　明
Current	当转移到下一条记录使之成为当前记录时触发
BeforeInsert	数据第一次添加到一条新记录中，但记录还没有被保存时触发
AfterInsert	新记录被添加到表中后触发
BeforeUpdate	记录数据被更新之前触发
AfterUpdate	记录数据被更新之后触发
Dirty	数据被修改时触发
Undo	撤销对数据的修改时触发，与 Dirty 事件相反
Delete	一条记录被删除，但是删除操作还未生效之前触发
BeforeDelConfirm	在 Access 删除确认对话框显示之前触发
AfterDelConfirm	在 Access 删除确认对话框显示之后触发
Error	发生运行错误时触发
Filter	指定一个查询条件，但是还没有使用之前触发
ApplyFilter	在窗体上使用一个查询条件之后触发

　　Current 事件在窗体数据被更新时触发。它经常用于窗体数据的计算，比如，当某个数值数据或日期数据超出了合法范围，Current 事件可以更改文本框的背景色以提醒用户。BeforeInsert 事件和 AfterInsert 事件与窗体记录添加到窗体数据源有关。比如用户可以使用这些事件实现登录操作并将信息添加到数据库表里。BeforeUpdate 事件和 AfterUpdate 事件用于数据保存到数据源之前的数据确认时。很多窗体控件也支持这两个事件，控件的 Update 是指控件数据的修改。

　　窗体的 Update 事件触发比 BeforeInsert 事件和 AfterInsert 事件的触发晚得多。窗体 Update 事件发生在窗体准备转移到另一条记录时。许多开发人员使用 BeforeUpdate 事件确保窗体所有控件的数据都是合法有效的。窗体的 BeforeUpdate 事件有一个 Cancel 参数，当它设置为 True 时可以中止 BeforeUpdate 事件。Cancel 一个 Update 事件是保护 Access 数据的一个非常有效的手段。

　　用户通常希望在浏览下一条记录前对前一条记录的数据更新时得到通知。在默认情况下，Access 会在用户浏览下一条记录或者窗体关闭时自动更新数据源。Dirty 事件在用户更改窗体任一数据时触发。用户可以使用 Dirty 事件设置一个模块级布尔变量，这样窗体的其他控件（如关闭按钮）就知道需要等待窗体数据更新。如果单击"关闭"按钮或 BeforeUpdate 事件触发时变量是 True，可以显示一个确认信息对话框以获得用户对数据更新的确认。

6．Timer 事件

　　Timer 事件发生在窗体的 TimerInterval 属性指定的规则时间间隔内。

```
Private Sub 对象名_Timer()
…
End Sub
```

　　通过 Timer 事件发生时运行宏或事件过程，可以控制在每一计时器时间间隔内需要 Access 完成的操作。比如，可以在规定的时间间隔内重新查询记录或重画屏幕。

　　窗体的 TimerInterval 属性以毫秒为单位，指定事件的时间间隔。时间间隔为 0～2 147 483 647ms。将 TimerInterval 属性设置为 0 时，将阻止 Timer 事件的发生。

　　【例 8.25】使用 Timer 事件实现标签文字的动态效果。

　　分析：新建一个窗体，在窗体上添加一个标签，名称为 label1，利用 Timer 事件，按照一定时间间隔，使 label1 的标题不断发生变化，从而达到标签文字的动态效果。

```
Dim i as Integer        '在通用段声明
```

```
Private Sub Form_Load()
  Me.TimerInterval=500
End Sub
Private Sub Form_Timer()
  i=i+1
  Label1.Caption=Left("欢迎进入学籍管理系统", i)
  If i>10 Then
     i=0
  End If
End Sub
```

7．事件顺序

有时用户一个很简单的操作就会引起一系列 Access 事件的快速执行。比如，每次用户按下键盘就会分别触发 KeyDown、KeyPress 和 KeyUp 事件。相似地，单击也会分别触发 MouseDown、MouseUp 和 Click 事件。程序开发人员可以决定编写哪些事件。

事件的发生并不是随机的，它取决于哪个窗体/控件触发了事件。以下是最常见的窗体事件的发生顺序：

1）打开/关闭窗体

打开窗体：Open（form）→ Load（form）→ Resize（form）→ Activate（form）→ Current（form）→ Enter（control）→ GotFocus（control）。

关闭窗体：Exit（control）→ LostFocus（control）→ Unload（form）→Deactivate（form）→ Close（form）。

2）改变焦点

窗体控件的数据编辑/更新后，焦点离开到另一个控件：BeforeUpdate → AfterUpdate → Exit → LostFocus。

窗体控件获得焦点后，用户敲击键盘：KeyDown → KeyPress → KeyUp。

文本框/组合框的文本改变：KeyDown→ KeyPress → Change → KeyUp。

下拉列表框中的选项被选中：KeyDown → KeyPress → Change → KeyUp → NotInList → Error。

控件的数据改变了并且用户按【Tab】键到下一个控件：

- KeyDown → BeforeUpdate → AfterUpdate → Exit → LostFocus。
- Enter → GotFocus → KeyPress → KeyUp。

窗体打开，控件的数据改变：Current（form）→ Enter（control）→ GotFocus（control）→ BeforeUpdate（control）→ AfterUpdate（control）。

一条记录被删除：Delete → BeforeDelConfirm → AfterDelConfirm。

窗体上焦点离开到下一跳新的空白记录，用户在控件中创建一条新记录：Current（form）→ Enter（control）→ GotFocus（control）→ BeforeInsert（form）→ AfterInsert（form）。

3）鼠标事件

用户在控件上单击鼠标：MouseDown → MouseUp → Click。

用户鼠标从一个控件移向下一个控件并在后一个控件上单击：

- Exit → LostFocus。
- Enter → GotFocus → MouseDown → MouseUp → Click。

用户鼠标在控件上双击：MouseDown →MouseUp → Click → DblClick → MouseUp。

8.7.3 事件驱动的程序设计方法

所谓事件驱动就是程序在执行一个进程中可以接受一个外部事件的驱动而进入另一个进程，而不必先关闭并退出当前进程。事件驱动程序设计意图是把灵活的工作环境交给用户，用户使用程序时，可以在一个事件（正在进行工作时）尚未结束时驱动另一个事件的发生。事件驱动程序设计是一种全新的程序设计方法，它不是由事件的顺序来控制，而是由事件的发生来控制，而这种事件的发生是随机的、不确定的，并没有预定的顺序，这样就允许用户用各种合理的顺序来安排程序的流程。

对于需要用户交互的应用程序来说，事件驱动的程序设计有着过程驱动方法无法替代的优点。

它是一种面向用户的程序设计方法，它在程序设计过程中除了完成所需功能之外，更考虑了用户可能的各种输入，并针对性地设计相应的处理程序。它是一种"被动"式程序设计方法，程序开始运行时，处于等待用户输入事件。

8.8 DoCmd 对象

Access 提供了一个非常重要的对象 DoCmd，在 VBA 编程中经常用 DoCmd 对象的相关方法操作 Access 数据库的对象，如打开窗体、关闭窗体、运行查询、打开报表、设置控件属性值等功能。本节将讲解该对象常用的几个方法。

8.8.1 程序导航

1．打开窗体操作

利用 DoCmd 对象的 OpenForm 方法可以打开一个窗体，语法格式为：

```
DoCmd.OpenForm
FormName[,View][,FilterName][,WhereCondition][,DataMode][,WindowMode] [,OpenArgs]
```

说明：

（1）FormName：必选项，字符串表达式，表示当前数据库中的窗体名称。

（2）View：可选项，指定将在其中打开窗体的视图模式，取值如表 8.17 所示。默认值为 acNormal，在窗体视图中打开。

表 8.17　View 选项取值

名　　称	值	说　　明
acDesign	1	在设计视图中打开窗体
acFormDS	3	在数据表视图中打开窗体
acFormPivotChart	5	在数据透视图视图中打开窗体
acFormPivotTable	4	在数据透视表视图中打开窗体
acLayout	6	在布局视图中打开窗体
acNormal	0	（默认值）在窗体视图中打开窗体
acPreview	2	在打印预览中打开窗体

（3）FilterName：可选项，字符串表达式，表示当前数据库中查询的有效名称。

（4）WhereCondition：可选项，字符串表达式，不包含 WHERE 关键字的有效 SQL。

（5）DataMode：可选项，指定窗体的数据输入模式，取值如表 8.18 所示，默认值为 acFormPropertySettings。

表 8.18　DataMode 选项取值

名　　称	值	说　　明
acFormAdd	0	用户可以添加新记录，但是不能编辑现有记录
acFormEdit	1	用户可以编辑现有记录和添加新记录
acFormPropertySettings	1	用户只能更改窗体的属性
acFormReadOnly	2	用户只能查看记录

（6）WindowMode：可选项，指定打开窗体时采用的窗口模式，取值如表 8.19 所示，默认值为 acWindowNormal。

表 8.19 WindowMode 选项取值

名 称	值	说 明
acDialog	3	以对话框方式即模态方式打开窗体或报表
acHidden	1	窗体或报表处于隐藏状态
acIcon	2	窗体或报表在 Windows 任务栏中以最小化方式打开
acWindowNormal	0	（默认值）窗体或报表在由其属性设置的模式中打开

在使用中，除了 FormName 为必选项，其他参数都可以省略不写。例如，打开"学生信息维护"窗体，语句如下：

```
DoCmd.OpenForm "学生信息维护"
```

如果以对话框方式打开"学生信息维护"窗体，则语句如下：

```
DoCmd.OpenForm "学生信息维护", , , , , acDialog
```

这里可选参数可以省略，但相应的分隔号不能省略。

2．关闭操作

利用 DoCmd 对象的 Close 方法可以关闭窗体、报表、查询、表等操作。语法格式为：

```
DoCmd.Close[ObjectType][,ObjectName][,Save]
```

说明：

（1）ObjectType：可选参数，关闭对象的类型。参数如表 8.20 所示。

表 8.20 ObjectType 选项取值

名 称	值	说 明	名 称	值	说 明
acDatabaseProperties	11	数据库属性	acQuery	1	查询
acDefault	−1	默认为当前窗体	acReport	3	报表
acDiagram	8	数据库图表	acTable	0	表
acForm	2	窗体	acTableDataMacro	12	数据宏
acMacro	4	宏	acModule	5	模块

（2）ObjectName：可选项，表示 ObjectType 参数所选类型的对象的有效名称。

（3）Save：可选项，对象关闭时的保存性质，可以是 acSaveYes，保存；acSaveNo，不保存；默认为 acSavePrompt，提示保存。

DoCmd.Close 命令广泛应用于关闭 Access 的各种对象，所有参数都可以省略，表示关闭当前窗体。举例说明如下。

【例 8.26】关闭"学生信息维护"窗体。

```
DoCmd.close acForm,"学生信息维护"
```

如果该窗体为当前窗体，则可简化为 DoCmd.Close。

【例 8.27】关闭"班级学生信息"报表

```
DoCmd.Close acReport,"班级学生信息"
```

【例 8.28】关闭"学生基本信息"查询

```
DoCmd.Close acQurey,"学生基本信息"
```

【例 8.29】关闭"学生"表

```
DoCmd.Close actable,"学生"
```

3．打开报表

利用 DoCmd 对象的 OpenReport 方法可以打开报表，语法格式为：

```
DoCmd.OpenReport
ReportName[,View][,FilterName][,WhereCondition][,WindowMode][,OpenArgs]
```

各种参数说明和 DoCmd.OpenForm 参数介绍基本一样，这里不再介绍，参见帮助文件。

【例 8.30】打开"班级学生信息"报表。

```
Docmd.OpenReport "班级学生信息"
```

4．打开查询

利用 DoCmd 对象的 OpenQuery 方法可以执行某一个查询，语法格式为：

```
DoCmd.OpenQuery QueryName[,View][,DataMode]
```

各种参数说明参见帮助文件。

【例 8.31】打开"学生选课查询"查询。

```
DoCmd.OpenQuery "学生选课查询"
```

5．打开宏

利用 DoCmd 对象的 RunMacro 方法可以运行某一个宏，语法格式为：

```
DoCmd.RunMacro MacroName[,RepeatCount][,RepeatExpression]
```

各种参数说明参见帮助文件。

【例 8.32】运行"打开学生窗体"宏。

```
DoCmd.RunMacro "打开学生窗体"
```

8.8.2　控制大小和位置

1．最大化窗体

利用 DoCmd 对象的 Maximize 方法可以放大活动窗口，使其充满 Microsoft Access 窗口。往往在该窗体的 Load 事件中书写代码 DoCmd.Maximize，使窗体最大化显示。

2．最小化窗体

利用 DoCmd 对象的 Minimize 方法可以最小化活动窗口。

3．还原窗口

利用 DoCmd 对象的 Restore 方法可将最小化窗口恢复为以前的大小。

4．移动或调整窗口

使用 DoCmd 对象 MoveSize 方法可以移动活动窗口或调整其大小，单位为像素。例如：

```
DoCmd.MoveSize 1440,2400,1500,2000
```

将移动当前活动窗口，更改其宽度为 1500，高度为 2000，窗体左上角坐标为(1440,2400)。

DoCmd 对象是 Access 内部对象，用户可以通过 DoCmd.Close 运行 Close 宏命令关闭当前窗体。

8.9　程序调试和错误处理

许多 Access 应用程序依赖窗体、报表的大量 VBA 代码，组成模块。由于它的强大灵活性，VBA 代码可用于各种软件开发，从与用户交流到表/查询与窗体/报表等转换数据。

VBA 代码通常很复杂（至少看起来很复杂），调试应用程序中的错误可能比较困难而且耗时。

调试是查找和解决 VBA 程序代码错误的过程。Access 提供了丰富的调试工具，这些工具不仅帮助用户确定错误以节省时间，还能够帮助用户更好地理解程序的结构以及它在进程间的执行情况。

> 🔒 注 意
>
> 本节内容不考虑由算法设计引起的错误——错误的查询设计导致的数据出错，由不合适的应用程序引起的更新异常，等等。

代码测试是一项持续的工作。每次将窗体/报表从设计视图转换到普通视图，或者离开 VBA 编辑器运行一些代码，都是在测试程序。每次完成一行代码开始下一行，VBA 语法分析器就开始检查代码。每次更改了窗体/报表的一个属性将鼠标移向下一个属性或控件，这些属性也正在被测试。测试检查代码是否符合要求。修复问题称为调试。

当一个报表运行时不能正确显示数据，应该检查报表的 RecordSource 属性以保证报表正确加载数据。可以在表或查询视图中检查数据。如果运行窗体时看到 #Name 或 #Error 这样的控件，需要检查控件的 ControlSource 属性。字段引用出错或拼写错误都不能得到正确的计算结果。查询、窗体和报表的设计错误非常明显：当查询结果不对，或者窗体/报表弹出了错误的信息。Access 能够帮助用户找到并改正这些程序设计错误。窗体/报表运行错误非常严重、明显时，Access 会报错。

但是要找到编写的代码错误比较困难。通常这样的错误会在用户使用好几个月甚至几年后才会被发现。有些代码即使不抛出异常也不对其进行处理也是可以运行的。检查代码中的 bug 并修复是一项具有挑战性的工作。

提示：测试调试程序很费时间。很多资深程序开发人员通常花费 1/3 的时间设计程序、花费 1/3 的时间编写代码、花费 1/3 的时间测试和调试。建议由其他人员而不是开发者测试程序，因为不熟悉程序的人更容易发现问题。

8.9.1 调试工具的使用

VBA 提供了"调试"菜单和"调试"工具栏，工具栏如图 8.32 所示。选择"视图"→"工具栏"→"调试"命令，即可打开"调试"工具栏。
"调试"工具栏中各个按钮的功能说明如表 8.21 所示。

图 8.32 "调试"工具栏

表 8.21 "调试"工具栏命令按钮说明

命 令 按 钮	按 钮 名 称	功 能 说 明
	设计模式按钮	打开或关闭设计模式
	运行子窗体/用户窗体按钮	如果光标在过程中则运行当前过程，如果用户窗体处于激活状态，则运行用户窗体。否则将运行宏
	中断按钮	终止程序的执行，并切换到中断模式
	重新设置按钮	清除执行堆栈和模块级变量并重新设置工程
	切换断点按钮	在当前行设置或清除断点
	逐语句按钮	一次执行一句代码
	逐过程按钮	在代码窗口中一次执行一个过程或一句代码
	跳出按钮	执行当前执行点处的过程的其余行
	本地窗口按钮	显示"本地窗口"
	立即窗口按钮	显示"立即窗口"
	监视窗口按钮	显示"监视窗口"
	快速监视按钮	显示所选表达式的当前值的"快速监视"对话框
	调用堆栈按钮	显示"调用堆栈"对话框，列出当前活动过程调用

8.9.2 调试菜单

在 VBA 代码编辑器菜单栏中选择"工具"菜单中的"选项"命令，弹出"选项"对话框，选择"编辑器"选项卡，"代码设置"区域包含了编写、调试代码时的重要选项，如图 8.33 所示。这些 VBA 编辑器选项能够帮助用户避免代码里的错误，并且使代码易于阅读和理解。

1. 自动语法检测

常见的语法错误有关键字或变量名拼写错误，过程、属性或方法调用错误。选中"自动语法检测"复选框能够在编辑代码时自动查找出诸如拼写错误、逗号缺失等明显的错误。但是它不能找到数据类型不匹配这样的错误，当然也不能检查出程序的逻辑错误。

选中此复选框时，出现语法错误时会弹出一个提示对话框。即使不选中此复选框，编辑器也会进行自动检测，检测出的语法错误以红色语句提示。因此，很多程序员未选中此复选框，以保证自己的工作不被对话框中断。

如果你不喜欢红色，可以在"选项"对话框中选择"编辑器格式"选项卡更改颜色，如图 8.34 所示。

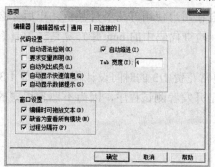

图 8.33 "选项"对话框

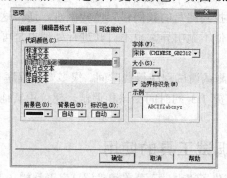

图 8.34 设置代码颜色

语法错误的改正非常简单，检查代码行并将拼写错误的单词、丢掉的字符或标点符号等改正即可。注意通常括号也很容易出错。

很多语法错误都是可以避免的，只要编写代码时遵守前面章节所述命名规则：名字中不能出现空格，以驼峰式命名法提高代码易读性等。这些提高程序易读性的做法都可以避免低级语法错误。

2. 强制变量声明

强制变量声明的设置会在所有 VBA 模块前自动加入 Option Explicit 语句。这表示所有变量在使用前都必须使用 Dim、Private、Public 或者 Static 等关键字声明。强制变量声明是默认设置，也是大多数程序开发人员的选择。

注 意

如果没有 Option Explicit 语句，变量无须声明即可使用，程序开发人员很容易形成不考虑数据类型、命名规则及变量作用域是否合适的习惯。

程序里变量容易出现的一个 bug 是不考虑它的上下文。特别是在大型的复杂程序中，开发人员很容易将名为 LastName 的变量当作 LName。这样的错误很难解决，因为即使数据已经出错了可是程序却正常运行。如果在每个模块中都通过 Option Explicit 进行了强制声明，开发人员就需要确保每个变量都事先进行了声明，避免出现在一个过程中变量名为 LastName，而另一个过程中为 LName 的情况。

强制变量声明选项设置后只对设置后添加的代码模块起作用。用户需要在已有的代码之前手工添加 Option Explicit 语句，才能保证所有的变量都强制先声明才能使用。

3. 自动列出成员

这个选项会在编写代码时输入对象名后自动弹出一个下拉列表框列出对象的所有属性和方法。如图 8.35 所示，当在 Command0 之后敲下句点会马上出现 Command0 对象列表。接着可以使用上下方向键选择需要的选项或者根据提示继续手工编辑。

4. 自动显示快速信息

选中"自动显示快速信息"复选框，Access 会在函数、子程序或者方法的名字后键入句点、空格或者左括号时弹出语法帮助。这些函数可以是内部函数也可以是自定义函数。这个选项能够帮助用户学习并理解每个命令和方法，如图 8.36 所示。

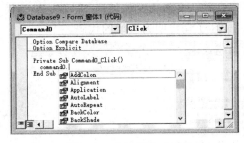

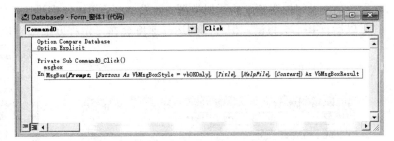

<table>
<tr><td>图 8.35　自动列出成员</td><td>图 8.36　自动显示快速信息</td></tr>
</table>

5. 自动数据提示

"自动数据提示"选项在程序处于中断模式下将鼠标悬停在变量之上时显示变量的值。"自动数据提示"选项是在程序执行到断点时在"立即窗口"里监控变量的替代方式，如图 8.37 所示。

6. 发生错误则中断

在"选项"对话框中，选择"通用"选项卡，其中的选项设置也非常有用。这些选项设置 VBA 代码在 Access 里的运行，而不是在代码编辑器里的编辑方式和显示方式。

"发生错误则中断"选项在程序运行时每一个错误处（包括自己添加的 error handling）中断运行来调试程序。在开发过程中，用户希望看到所有的错误以确保清楚什么导致了错误，而不是在代码中添加 error handling。

但是要记得，在程序发布之前把这个选项去掉，如图 8.38 所示。

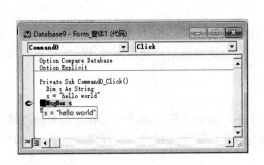

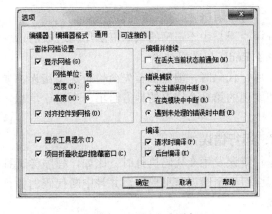

<table>
<tr><td>图 8.37　自动数据提示</td><td>图 8.38　"通用"选项卡</td></tr>
</table>

7. 请求时编译

"请求时编译"选项使 Access 只有在过程/函数在数据库中被需要时才编译模块。不选中此复选框时，所有的模块都会随时在任何过程/函数被调用时被 Access 编译。此时用户对应用程序中模块所做的每一次更改都会被编译器检查，因此可以发现错误。选中此复选框，Access 编译器不会重新编译应用程序中的所有代码，也就是说有些错误可能会被忽略只有在运行时才会被发现。

很多时候，使用简单的编程规则能够消除代码中绝大多数语法错误和逻辑错误。

其中一个用户应该遵守的规则就是把每个变量声明在单独一行上。在图 8.39 所示例子中，把多个变量在一条 Dim 语句中声明是没有问题的，但不得不浏览一整行观察每一个变量。这样很容易漏掉某一个变量或者将变量的数据类型搞错。有可能在写代码时将数据类型不合适的值赋值给变量从而造成一个逻辑错误，比如在一个算术表达式中使用了字符串类型变量。此时 VBA 将一个数字存储在字符串变量中而并不会报错，但是运行时会报错，尤其如果这个字符串变量中存储有文本信息（比如一个人的名字）的话。

长声明语句还会带来另一个更不容易发现的错误。在第一条 Dim 语句的最后包含了这样的子句 i,j As Integer。程序员可能是想把变量 i 和 j 都声明为整型，但实际情况并非如此。VBA 规定每个变量声明时都需要一个 AS 子句指明变量的数据类型。如果 AS 子句被省略的话，系统会默认变量为变体类型。尽管这样的代码可以运行并不会报错，但程序的运行速度会在一定程度上慢于使用 AS 子句声明为整型的代码。

图 8.39　选项命令

图 8.40　变量声明

通常建议按图 8.40 所示例子声明变量。每个变量使用一个 Dim 语句声明，并且相同数据类型的变量集合在一起。这样的声明语句并不会影响程序的编译或运行速度。VBA 编译器将代码编译为二进制代码时两种代码的规模并不会有区别。换句话说将变量声明压缩在少量 Dim 语句中并不会得到更多；而将 Dim 语句展开有助于代码的阅读。

8.9.3　VBA 的错误类型及处理方式

1. 编译错误

编译错误是由不正确的代码语法结构造成的。比如，使用了对象不存在的属性或方法，或 For 缺少了 Next，If 缺少了 EndIf 与之配对等。

在运行代码时，编译器首先会检查这类错误。如果发现这样的错误，编译会停止，代码将不会运行，并且会在发现的第一个错误的地方给出一个错误信息。避免出现这类错误最好的方法就是编写代码时遵守语法规则。

2. 运行错误

运行错误发生在代码执行时。比如，程序尝试打开一个不存在的文件，或进行了除数为零的除法。这样的错误会有一个错误信息提示，并且中断代码的执行。因为没有违反语法规则，这样的错误在编译时并不会被发现。

3. 逻辑错误

当程序的运行结果与预期的结果不相符合时，也许就是由于程序的逻辑错误造成的。这样的错误没有任何错误信息的提示，但是结果不正确。发现逻辑错误非常困难，需要逐行检查代码，甚至需要使用到所有的调试工具。

在创建了子程序或函数后，要确保语法正确，就需要编译程序。在 VBA 可视化编程环境中选择"调试"菜单中的"编译项目名称"命令进行编译。选择"工具"菜单中的"项目名称属性"命令，在弹出的对话框中设置项目名称。

图 8.41　报错提示

编译器进行的编译对程序进行检查查找错误，并将代码转换成机器可以理解的机器语言。如果编译不成功，就会弹出图 8.41 所示的提示对话框。

这种程度的检查比单行语法检查更严格。检查变量的引用和数据类型是否合适；检查每一句语句是否有完整、合适的参数；所有的文本字符串是否有需要的定界符。图 8.41 所示例子为编译错误，因为方法 Workspaces 缺少了需要的参数。

Access 并不止编译当前正在浏览的那个过程，它会编译所有没有被编译的子程序或函数。如果你看到一个错误，马上纠正它并重新编译。如果还有错误，你将看到下一个。但是，VBA 编译器一次只报一个错，其他多数编译器（比如 Visual Studio .NET）会将它们在编译过程中找到的所有错误都显示出来。

应用程序编译好之后，"调试"菜单中的"编译"命令就不可用了。应用程序编译之后才能运行。

在应用程序中，Access 使用内部项目名称引用 VBA 代码。在第一次创建数据库时，项目名称默认和数据库名称是一致的。如果用户对数据库名称进行了重命名操作，项目名称并不会同步更改。用户可以通过选择"工具"菜单中的"项目名称属性"命令，在弹出的对话框中更改项目名称。

编译数据库只能确保代码没有语法错误。VBA 编译器不能识别逻辑错误，因此也就无助于运行错误了。

程序编译之后，需要压缩数据库。用户每次对程序做的每个修改，Access 会将修改后的代码和原代码都存储起来。编译后的代码规模会成倍增加。压缩数据库能够将原代码删除，能减少数据库 80%~90% 大小。

8.9.4 VBA 程序调试的方法

Access 提供了非常丰富的调试和其他功能的工具和组件。开发人员使用这些工具监控程序的运行，通过语句挂起程序以观察变量的当前取值，也可以执行其他调试任务。

VBA 中编写应用程序有 3 种工作模式：设计、运行和中断。在中断模式下即可进行调试。

1．使用"立即窗口"

选择"视图"菜单中的"立即窗口"命令或者按【Ctrl+G】组合键打开立即窗口。在任何时候都可以打开立即窗口，比如设计窗体时。在设计窗体或报表时使用立即窗口测试一句代码或一个子程序/函数非常有用（当然代码或子程序/函数需要能够在立即窗口中执行）。

立即窗口允许与代码的一些互动并将 Debug.Print 语句的结果显示出来。最基本的调试过程包括设置断点检查代码和变量、同步观察变量的取值、逐语句运行程序。

立即窗口的最基本用法之一就是运行代码，比如内部函数，开发人员已经写好的自定义过程和函数。详见图 8.42 所示示例。

图 8.42 中，第一个例子调用了内部函数 Now()，返回结果是当前日期和时间。函数 Now()之前的问号"?"是立即窗口的指令，表示显示输出函数结果。

第二个例子通过一个表达式计算了一个随机数，并将结果显示出来。

第三个例子调用了自定义的子程序。子程序不返回结果，因此不需要使用问号"?"。关键字 Call 并不是调用子程序时必需的，但通常使用它表示调用一个过程。

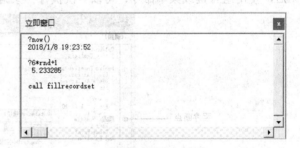

图 8.42　立即窗口

2．设置断点

开发人员使用断点暂停程序的运行。当 Access 遇到断点，程序的运行会马上停止，以便开发人员切换到立即窗口设置或查看变量的取值。

（1）在代码运行时按下【Ctrl+Break】组合键强制中断运行。

（2）按【F9】键插入一个断点。再次按【F9】键可以将断点移除。

（3）在菜单栏中选择"调试"→"切换断点"命令。

（4）将鼠标移动到想要设置断点的语句左边，在代码窗口的灰色边框指示条上单击即可设置断点。

此时进入调试模式，如图 8.43 所示。在代码窗口中，设置了断点的语句前窗口边框上可以看到一个大的棕色圆点，同时这条语句棕色加亮显示，代码的文本加粗。待执行的代码行将会以黄色高亮显示。

取消断点方法类似，在要取消断点的语句前单击棕色圆点即可取消。关闭程序后，所有的断点也会自动移除。

图 8.43　调试模式

选择"工具"菜单中的"选项"命令，弹出"选项"对话框，在"编辑器格式"选项卡中设置断点及高亮显示的颜色如图 8.44 所示。

程序在断点处暂停运行，开发人员可以打开立即窗口检查变量值或做其他操作，或者使用这一节提到的调试工具对程序进行调试。

图 8.45 所示为当程序在断点处中断时两种观察变量值的方法。在本地窗口能观察当前过程中所有变量的名字和当前值，立即窗口中可以使用问号"?"显示变量值。

设置断点最基本的操作就是单步执行程序——一次执行一条语句，能够让用户观察程序的执行流程和变量。当到达断点后，使用组合键或菜单命令，可以一次执行一条语句，也可以逐过程执行程序。

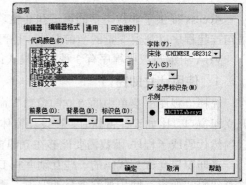

图 8.44　选项命令

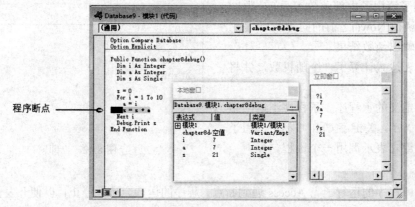

图 8.45　断点中断时变量的观察

3．使用 Stop 语句设置断点

开发人员可以使用 Stop 语句代替断点。Stop 语句也会中断程序的执行，并且它不会自动被移除，除非将它从程序中删除。用户可以在 Stop 语句前后使用条件编译表达式，通过改变编译常量值使 Stop 语句失效，如图 8.46 所示。

Stop 语句仅是一条可执行语句，需要使用编译指令控制它，或者把它删除/注释掉，应用程序才不会在用户使用时停止运行。因此，更多的开发人员还是使用断点而不是 Stop 语句。

如图 8.46 所示示例，代码窗口左边的边框指示条上黄色箭头表示程序执行停止的位置，箭头所在行的代码还没有被执行，语句的操作也不会发生。选择"调试"菜单中的"逐语句"命令（或按【F8】键）让代码逐条运行，这条调用语句调用了一个自定义函数 jiecheng()，程序流程会跳转到函数 jiecheng()继续执行。如果已经提前调试了这个函数并且保证没有问题，此时就可选择"运行到光标处"命令（或按【Ctrl+F8】组合键）跳过函数的逐语句运行。

在"选项"对话框中选择"编辑器"选项卡，选中"自动显示数据提示"复选框，则代码运行时将鼠标悬停在变量上方，可在出现的提示框中查看变量的当前值，如图 8.47 所示。

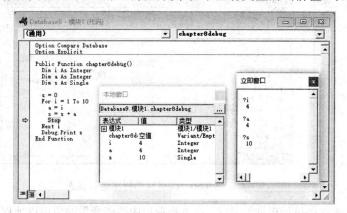

图 8.46 设置断点

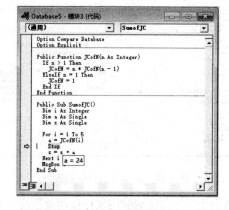

图 8.47 自动显示数据提示

自动数据提示显示的变量值与代码同步，经过赋值操作后显示的变量值都会跟着改变。鼠标操作很方便，因此不需要再打开立即窗口查看变量。

使用断点时特别有用的一个技巧是执行指示器（左边边框指示条上的黄色箭头）是可以挪动的。用鼠标拖动黄色箭头到模块内的其他语句，比如当前位置之前的某条语句，前面的语句就会被重新执行。这个方法非常有用，可以在修改代码后重启一个循环或 If 结构。但是也很容易导致错误，比如将箭头拖动到 If-Then-Else 块内或循环体内的话，会使一些变量被错误赋值。但能够让一些语句被重新执行仍然是非常好用的一个调试技巧。

4．使用"本地窗口"

本地窗口可以让开发人员查看当前生存期内所有变量的值。在窗口中可以看到变量的名称、数据类型和当前值。

本地窗口有一些前面有加号"+"的行，其加号可以展开以查看更多信息。在图 8.48 示例中，展开 db 这个对象的加号后可以看到它的所有属性和内容。

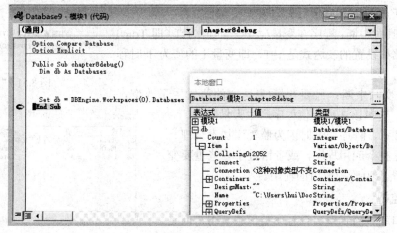

图 8.48 本地窗口

图 8.49 所示示例中，调试时可以在函数 jiecheng 的最后一行 End Function 处设置断点，这样可以中断程序执行，以便开发人员在本地窗口中观察 jiecheng 赋值语句执行的结果。

本地窗口另外一个非常有用的调试技巧是，开发人员可以在本地窗口中单击变量的 value 列输入新值从而给简单变量（如数值变量、字符串变量等）重新赋值。这样可以赋给变量不同的值观察它们对程序的影响，然后对程序做出改进。如图 8.50 所示，原先的 jiecheng 函数没有考虑到参数 m 的合法有效的取值范围，通过调试和改进可以使程序对非法数据做出处理。

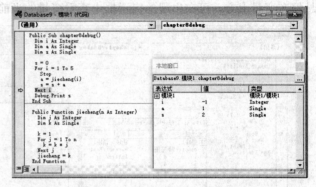

图 8.49 在本地窗口中设置断点　　　　　　　　　　图 8.50 改进后的程序运行状态

结合上一小节提到的用鼠标拖动黄色箭头改变程序执行指针的方法，在本地窗口中改变变量的值可以使程序按照开发人员的想法调试程序。相对其他方法直接操作变量可以更简单地测试非法数据和异常值对程序的影响。

5. 使用"监视窗口"

很多程序本地窗口可能会有所限制，如调试大型应用程序或者生存期变量。监视窗口能够使开发人员在单步执行程序的时候指定想要监视的变量。（当然还要设置一些断点以查看变量的当前值。）使用监视窗口的好处是添加的监视变量不一定必须是当前过程的，它们可以来自整个应用程序。

添加监视变量的步骤比使用本地窗口或添加断点复杂一些，具体操作步骤如下：

（1）选择"调试"菜单中的"添加监视"命令，弹出"添加监视"对话框。

（2）在"表达式"文本框中输入要监视的变量名或表达式。

在"添加监视"对话框中除了输入变量名或表达式（如 i=1），还须指定要监视的模块和模块的过程。图 8.51 所示示例中设置了在模块 3 的所有过程中监视 JCofN 的值。

在"监视类型"区域可以设置以下类型：

① 监视表达式：监视窗口中变量的值会随程序运行同步改变。开发人员需要设置断点或使用 Stop 语句以观察变量值。

② 当监视值为真时中断：程序在变量/表达式的值为真（即 True）时产生一个中断。比如设置的表达式是 i=1，即变量 i 的值为 1 时程序会产生一个断点。

③ 当监视值改变时中断：只要变量/表达式的值发生了改变，Access 会挂起程序。选中该选项会使程序产生大量断点。

使用监视时须注意，程序调试时因为监视添加不合理、断点太多无法运行完整个应用程序，或者错过了一些重要变量的监视。图 8.52 所示为监视窗口的使用。

图 8.51 "添加"对话框

6. 使用条件监视

尽管在本地窗口或者监视窗口查看变量值很有用，但是想要在调试时发现异常须花费大量时间。一般情况下对一个

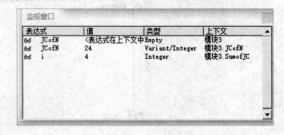

图 8.52 监视窗口

变量设置条件监视会更有效，并让 VBA 在设置条件满足时中断程序的运行。

"添加监视"对话框接受条件表达式，图 8.53 所示示例中表达式是 JCofN > 50。开发人员指定在应用程序的哪里（哪个模块和哪个过程）测试表达式，并且表达式成立时 VBA 要做什么。在这个例子中，当条件 JCofN >50 成立时，程序中断运行。

在"添加监视"对话框中设置的条件监视会被添加到监视窗口，条件表达式会出现在"表达式"列，如图 8.54 所示。

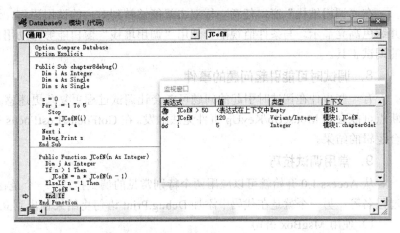

图 8.53 添加监视对话框   图 8.54 添加条件监视

开发人员也可以按照自己要求设计其他条件监视。比如使用复合条件（i <4 or s>50），或者选择当变量值发生改变时让程序中断运行。

监视窗口并不是固定的，开发人员可以选择"表达式"列中的某一项改变监视的变量/表达式。例如，设置条件表达式 s>10 成立时中断程序的运行，但是发现调试过程中断得过于频繁。这时不需要把这个条件监视删掉重新调试，可以直接将监视窗口中的"表达式"列中表达式修改为 s>50 或其他想要测试的值。

跟其他调试工具一样，当退出 Access 时，监视窗口中添加的监视条件都会被自动移除。

7．使用"调用堆栈"窗口

另外一个调试工具是迭代时使用的"调用堆栈"窗口。在很多 Access 应用程序中，开发人员会编写迭代过程，即程序调用的嵌套。比如求阶乘 N! 就是一个非常典型的迭代算法（见图 8.55）。在 VBA 项目中迭代算法调用过程的次数并没有明确限制。也就是说，迭代算法调用过程的层次可以非常深，每一次调用都可能使应用程序引发问题。这样的情况在程序没有被优化时会出现，甚至在多次修改程序后仍然会出现。

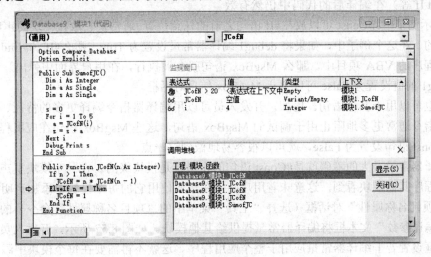

图 8.55 调用堆栈

　　想要弄清楚迭代算法中代码是如何嵌套调用的，可以对一个重要变量添加条件监视，选择"表达式为真时中断"。当程序挂起时，打开"调用堆栈"窗口查看 VBA 的调用过程。图 8.55 所示为迭代计算 5! 时 VBA 的过程调用。

　　"调用堆栈"窗口中最下面一行是第一个调用过程（chapter8.模块 3.SumofJC）计算 5!，它调用了与它相邻的倒数第二行的过程（chapter8.模块 3.JCofN）进入函数 JCofN，再次调用倒数第三行过程计算 4!，……依次调用至第一行过程计算 1!。

　　在"调用堆栈"窗口任意一行双击就能够转到对应的调用语句，这条语句在代码窗口中以绿色箭头指示并绿色高亮显示。与条件监视配合使用"调用堆栈"窗口能够帮助用户判断过程调用的每一步，是非常有用的调试工具。

8．调试时可能引起问题的事件

　　有一些事件在调试时引起的问题可能会让调试过程更复杂更迷惑。在 MouseDown/KeyDown 事件处设置断点可能会使 MouseUp/KeyUp 事件无法触发。在 GotFocus/LostFocus 事件处设置断点可能会得到前后矛盾不合逻辑的结果。

9．常用调试技巧

　　从 Access 1.0 开始就可以应用两个特别常见的调试技巧。一个是在代码中添加 MsgBox 语句显示变量值、过程名等；另一个就是在代码中添加 Debug.Print 语句将结果输出到立即窗口中。

　　1）使用 MsgBox 语句

　　MsgBox 语句能够帮助程序开发人员判定程序代码是正确恰当的。MsgBox 语句提供给开发人员一个满意的调试工具，虽然有一些限制。以下是 MsgBox 语句的优点：

　　（1）MsgBox 语句简单容易使用，代码简洁。

　　（2）MsgBox 语句能够显示很多数据类型。

　　（3）MsgBox 对话框能够自己在交互界面弹出，不需要开发人员将立即窗口打开来观察它。

　　（4）MsgBox 能够挂起程序的执行，因为只有用户知道在哪里添加了 MsgBox 语句，因此用户很清楚代码执行的位置。

　　使用 MsgBox 语句也会产生一些问题。在用户界面没有什么可以阻止 MsgBox 信息对话框的弹出，因此会给用户带来困惑和一些其他问题。因此，在将应用程序交给用户使用之前，一定记得将添加的 MsgBox 语句删除。

　　开发人员也可以使用编译指令#对 MsgBox 语句进行改进。如图 8.56 所示示例，编译指令#能够很方便地将代码块放进/移出应用程序。所有以#开头的关键字都只能被 VBA 编译器看到。这些关键字（如#Const、#If、#Else、#End If 等）在编译后的代码中仍然有效。

　　在图 8.56 所示例子中，#Const 可以放在#If 语句之前的任意位置。通常把它放在模块的声明区，因为#Const 在模块中是全局的。在这个例子中，如果将 debug1 编译器常量设置为 True，那么#If 和#End If 之间的语句就会被编译到应用程序的 VBA 项目中。那么 MsgBox 语句就会被执行，在用户界面中弹出。将#Const 语句注释掉或者将 debug1 的值设置为 False 可以阻止 MsgBox 信息对话框。

　　编译器指令也可以用于其他语句。比如，开发人员可以用编译器指令编译更多的特征、附加帮助或者其他功能。编译器指令通常更多地阻止用于调试的 MsgBox 语句，这些 MsgBox 语句在应用程序交给用户前必须被限制。将#Const 语句设置为 False，就可以很容易地做到这一点。

　　也许使用编译器常量最大的障碍就是#Const 语句的作用域是模块级的。在一个模块里声明的编译器常量没有办法被应用程序其他模块看到，这意味着用户必须在想要使用它的每个模块中添加声明。

　　Access 在"项目名称属性"对话框（选择"工具"菜单中的"项目名称属性"命令）的"通用"选项卡中提供了"条件编译参数"文本框将编译器常量提供给其他模块。如图 8.57 所示，开发人员可以通过"条件编译参数"文本框设置若干编译器常量应用于整个应用程序。这就不再需要在每个模块中添加声明了。

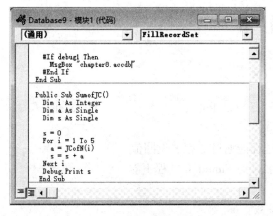

图 8.56　编译器指令

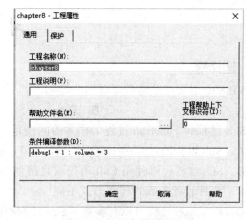

图 8.57　设置条件编译参数

在项目名称属性对话框中进行的设置只针对当前项目。选择"工具"菜单中的"选项"命令，弹出"选项"对话框，在其中进行的设置则对整个 VBA 环境有效，即对所有应用程序都有效。

在图 8.57 所示示例中，所有参数都被赋值为数字。数字 0 代表逻辑 False，1 代表逻辑 True。在"条件编译参数"文本框中不能使用单词 False 和 True 表示逻辑值假和真。将常量 debug1 设置为 0（False）表示这些语句失效，运行代码时好像这些语句并不存在。

2）使用 Debug.Print 语句

Debug.Print 语句在立即窗口中输出信息。Print 是 Debug 对象的一个方法，如图 8.58 所示。

与 MsgBox 语句不同，开发人员不需要做任何特殊的事情阻止 Debug.Print 语句在用户界面上执行。Debug.Print 语句的结果只在立即窗口输出，而用户看不到立即窗口，所以不用担心用户会看到调试信息。

立即窗口的问题在图 8.58 示例中也能看到，文本在立即窗口中不换行。要观察 Debug.Print 语句的执行结果，需要选择"视图"菜单中的"立即窗口"命令把立即窗口打开。在应用程序的调试过程中需要经常在立即窗口中观察调试结果。

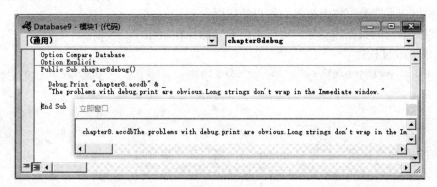

图 8.58　立即窗口

为了避免不必要的错误，应该保持良好的编程风格。通常应遵循以下几条原则。

（1）模块化。除了一些定义全局变量的语句以及其他的注释语句之外，其他代码都要尽量放在 Sub 过程或 Function 过程中，以保持程序的简洁性，并清晰明了地按功能来划分模块。

（2）多注释。编写代码时要加上必要的注释，以便以后或其他用户能够清楚地了解程序的功能。

（3）变量显式声明。在每个模块中加入 Option Explicit 语句，强制对模块中的所有变量进行显式声明。

（4）良好的命名格式。为了方便地使用变量，变量的命名应采用统一的格式，尽量做到能够"顾名思义"。

（5）少用变体类型。在声明对象变量或其他变量时，应尽量使用确定的对象类型或数据类型。

习 题 8

一、选择题

1. VBA 中定义符号常量可以用关键字（　　）。

    A. Const   B. Dim   C. Public   D. Static

2. Sub 过程和 Function 过程最根本的区别是（　　）。

    A. Sub 过程的过程名不能返回值，而 Function 过程能通过过程名返回值

    B. Sub 过程可以使用 Call 语句或直接使用过程名，而 Function 过程不能

    C. 两种过程参数的传递方式不同

    D. Function 过程可以有参数，Sub 过程不能有参数

3. 定义了二维数组 A(2 to 5,5)，则该数组的元素个数为（　　）。

    A. 25   B. 36   C. 20   D. 24

4. 在有参函数设计时，要想实现某个参数的"双向"传递，就应当说明该形参为"传址"调用形式。其设置选项是（　　）。

    A. ByVal   B. ByRef   C. Optional   D. ParamArray

5. 在 VBA 代码调试过程中，能够显示出所有在当前过程中变量声明及变量值信息的是（　　）。

    A. 快速监视窗口   B. 监视窗口

    C. 立即窗口   D. 本地窗口

6. VBA 的逻辑值进行算术运算时，True 值被当作（　　）。

    A. 0   B. −1   C. 1   D. 任意值

7. 下列关于宏和模块的叙述中正确的是（　　）。

    A. 模块是能够被程序调用的函数

    B. 通过定义宏可以选择或更新数据

    C. 宏或模块都不能是窗体或报表上的事件代码

    D. 宏可以是独立的数据库对象，可以提供独立的操作动作

8. 假设有如下 Sub 过程：

```
Sub sfun(ByVal x As Single, ByRef Y As Single)
    t=x
    x=t / Y
    Y=t Mod Y
End Sub
```

在窗体中添加一个命令按钮（名为 Command1），编写如下事件过程

```
Private Sub Commandl_Click()
    Dim a , b As Single
    a=5:b=4
    call sfun(a,b)
    MsgBox a & space(2) & b
End Sub
```

打开窗体运行后，单击命令按钮，消息框中有两行输出，内容分别为（　　）。

    A. 1 和 1   B. 1.25 和 1   C. 5 和 4   D. 5 和 1

9. InputBox 函数返回值的类型默认为（　　）。

    A. 数值   B. 字符串

    C. 变体   D. 数值或字符串

10. 在 MsgBox(prompt,buttons,title,hetpfite,context)函数调用形式中必须提供的参数是（　　）。

    A. prompt   B. buttons   C. title   D. context

11. 窗体上添加有 3 个命令按钮，分别命名为 Command1、Command2 和 Command3。编写 Command1 的单击事件过程，完成的功能为：当单击按钮 Command1 时，按钮 Command2 可用，按钮 Command3 不可见。以下正确的是（　　）。

  A．Private Sub Commandl_Click()
    Command2.Visible=True
    Command3.Visible=False
    End Sub

  B．PrivateSub Commandl_Click()
    Command2.Enabled=true
    Command3.Enabled=False
    End Sub

  C．Private Sub Commandl_Click()
    Command2.Enabled=True
    Command3.Visible=False
    End Sub

  D．Private SubCommandl_Click()
    Command2.Visible=True
    Command3.Enabled=False
    End Sub

12. 下列逻辑表达式中，能正确表示条件"x 和 y 都是奇数"的是（　　）。

  A．x Mod 2=1 Or y Mod 2=1   B．x Mod 2=0 Or y Mod 2=0

  C．x Mod 2=1 And y Mod 2=1   D．x Mod 2=0 And y Mod 2=0

13. VBA 程序的多条语句可以写在一行中，其分隔符必须使用符号（　　）。

  A．:   B．_   C．;   D．,

14. VBA 表达式 3*3 \ 3 / 3 的输出结果是（　　）。

  A．0   B．1   C．3   D．9

15. 有如下程序段：

```
Dim str As String
Dim i
Str1="abcdefg"
i=12
len1=Len(i)
str2=Right(str1,4)
```

执行后，len1 和 str2 的返回值分别是（　　）。

  A．12，abcd   B．10，bcde   C．2，defg   D．0，cdef

16. 以下可以得到"2+6=8"的结果的 VBA 表达式是（　　）。

  A．"2+6" & "=" & 2+6   B．"2+6"+"="+2+6

  C．2+6 & "=" & 2+6   D．2+6 +"="+ 2+6

17. 程序段：

```
Dim I, J As Integer
I=Int(-3.65)
J=Fix(-3.65)
```

I，J 的返回值是（　　）。

  A．-3，-3   B．-4，-3   C．3，-4   D．-3.7，-3.7

18. 程序段：

```
Dim M As Single
Dim N As Single
Dim P As Single
M=Abs(-7)
N=Int(-2.4)
P=M+N
```

P 的返回值是（　　）。

  A．9   B．-9   C．5   D．4

19. 程序段：

```
str1="98765"
```

```
str2="65"
s=Instr(str1, str2)
t=Instr(3,"assiAb","a")
```

s 的返回值是（　　　　）。

A. 3　　　　　　　　　　B. 4　　　　　　　　　　C. 5　　　　　　　　　　D. 6

20. 程序段：

```
str1="helloworld"
str2="计算机等级考试"
str3=Right(str1,3)
```

str3 的返回值是（　　　　）。

A. hel　　　　　　　　　B. loworld　　　　　　　C. rld　　　　　　　　　D. hellowo

21. 程序段：

```
D=#2017-8-1#
T=#12:08:20#
MM=Month(D)
SS=Second(T)
```

MM 的返回值是（　　　　）。

A. 2017　　　　　　　　B. 8　　　　　　　　　　C. 1　　　　　　　　　　D. 2017-8-1

22. 用于获得字符串 str 从第 1 个字符开始的 4 个字符的函数是（　　　　）。

A. mid(str,1,3)　　　　B. middle(str,1,4)　　　C. right(str,1,3)　　　D. left(str,4)

二、填空题

1. _____ 的全称是 Visual Basic for Application。

2. 模块包含了一个 _____ 区域和一个或多个子过程（以 _____ 开头）或函数过程（以 _____ 开头）。

3. VBA 中变量作用域分为 3 个层次，是 _____、_____ 和 _____。

4. 在模块的声明区域中，用 _____ 或 _____ 关键字声明的变量是模块范围的变量；而用 _____ 关键字声明的变量属于全局范围的变量。

5. 要在程序或函数的实例间保留局部变量的值，可以用 _____ 关键字代替 Dim。

6. VBA 语言中，_____ 函数的功能是输入数据对话框；_____ 函数的功能是显示消息信息。

7. 在 VBA 中浮点双精度的类型关键字是 _____，标识符是 _____。

8. VBA 编程中，要得到[15,75]上的随机整数可以用表达式 _____。

9. VBA 中打开"登录"窗体的命令语句是 _____。

10. Access 的窗体或报表事件可以有两种方法来响应：宏对象和 _____。

11. VBE 的代码窗口顶部包含两个组合框，左侧为对象列表，右侧为 _____。

12. 以下程序段运行后，消息框的输出结果为 _____。

```
a=abs(-3)
b=LEN(STR(20))
c=a=b
msgbox(c+1)
```

13. 写出下列表达式的值：

```
(5+8*3)\3          _____
"ZYX" &123 & "ABC"  _____
?#11/22/99#         _____
3^2+8              _____
Chr(97)            _____
Asc("A")
```

14. 运行下面的 p 子过程，显示结果为 _____。

```
Sub p ()
    Dim a%, y%, z%
```

```
    x=5: y=7: z=0
    Call p1(x, y, z)
    MsgBox z
End Sub
Sub p1(ByVal a As Integer, b As Integer, c As Integer)
    c=a+b
End Sub
```

三、编程题

1．编写一个求解圆面积的函数过程 Area()，再编写一个子过程调用此函数计算圆面积。（圆半径值由用户输入，使用 MsgBox 显示计算的面积）。

2．新建窗体，在窗体中创建"用户名称"和"用户密码"两个文本框（名称分别为 User 和 PassWord），以及"确定"和"退出"两个命令按钮（名称分别为 cmdEnter 和 cmdQuit）。在"用户名称"和"用户密码"两个文本框中输入用户名称和用户密码后，单击"确定"按钮，程序将判断输入的值是否正确，如果输入的用户名称为"admin"，用户密码为"1234"，则显示对话框，对话框标题为"欢迎"，显示内容为"密码输入正确，欢迎你！"，对话框中只有一个"确定"按钮；当单击"确定"按钮后，关闭该窗体。如果输入不正确，则对话框显示内容为"密码错误！"，同时清除"用户名称"和"用户密码"两个文本框中的内容，并将光标置于"用户名称"文本框中。当单击窗体上的"退出"按钮后，关闭当前窗体。

3．新建窗体，在窗体上创建一个标签 Tdate 和一个命令按钮 CmdR。当窗体加载时，将标签的标题设置为系统当前日期。单击命令按钮时，运行习题 7 中创建的宏。

4．新建窗体，在窗体上创建"运行"命令按钮（名为"btnR"）。单击"运行"按钮时，弹出一个输入对话框，其提示文本为"请输入大于 0 的整数值"。当输入 1 时，关闭窗体（或程序）；输入 2 时，打开习题 6 中创建的报表；输入值大于或等于 3 时，调用习题 7 中创建的宏。

第 9 章
数据库的管理与数据的共享

为了保证数据库系统安全可靠地运行，在完成数据库的创建工作后应该对数据库进行管理和维护；为了提高数据库中的数据利用率，应该对一些数据进行共享；为了提高数据库数据的采集效率，应该对数据库进行协同管理。本章介绍如何使用 Access 2010 提供的安全功能来实现数据库的安全操作和数据库的导入和导出功能以及利用 SharePoint 和 Access 2010 对数据库进行发布和协作管理数据库。

教学目标

- 了解如何修复数据库，如何启用禁用的内容。
- 熟悉数据库的备份和恢复方法。
- 掌握数据导入导出的方法。
- 了解生成 Accde 格式文件的目的。
- 了解 SharePoint。
- 了解迁移数据库到 SharePoint 网站的方法。
- 了解从 SharePoint 链接到本地 Access 2010 的方法。
- 了解利用 SharePoint 和 Access 2010 共同完成数据采集的方法。

9.1　数据库密码的设置

实现数据库安全的最简单的方式就是为数据库设置打开密码，以禁止非法用户进入数据库。相对于早期的版本， Access 2010 使用了安全性更好的加密算法。通过 Access 2010 对数据库加密后，所有其他工具都无法读取数据，并强制用户再打开数据库时必须输入密码才能使用数据库。

数据库打开时有共享和独占两种方式。共享方式是指网络应用中可能有多个用户同时使用一个数据库；独占方式是指一个数据库某一时刻被一个用户打开，其他用户只能等此用户放弃后才能使用和打开。如果要给数据库设置密码，必须以独占方式打开数据库。

【例 9.1】给"学籍管理"数据库设置用户密码。

具体操作步骤如下：

（1）启动 Access 2010。

（2）单击"文件"选项卡中的"打开"命令，弹出"打开"对话框，单击选定要设置密码的数据库文件。

（3）单击"打开"按钮右侧的下拉按钮，在弹出的下拉菜单中选择"以独占方式打开"命令打开数据库，如图 9.1 所示。

图 9.1　以独占方式打开数据库

（4）单击"文件"选项卡中的"信息"命令，在右侧的窗格中单击"用密码进行加密"按钮，如图 9.2 所示。

（5）在弹出的"设置数据库密码"对话框中，在"密码"文本框中为数据库输入密码，并在"验证"文本框中再输入一次密码验证，如图 9.3 所示。

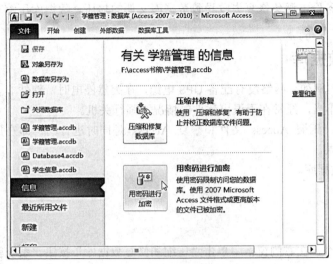

图 9.2　启动设置数据库密码工具　　　　图 9.3　设置数据库密码

为数据库设置好密码，以后每次打开数据库都会提示输入密码，只有输入正确的密码，才能打开。

如果想撤销 Access 密码的话，首先还是以独占式打开数据库。单击"文件"选项卡中的"信息"命令，在右侧的窗格中单击"解密数据库"按钮，如图 9.4 所示，在弹出的对话框中输入数据库原来的密码后，单击"确定"按钮，即可撤销数据库的密码保护，如图 9.5 所示。

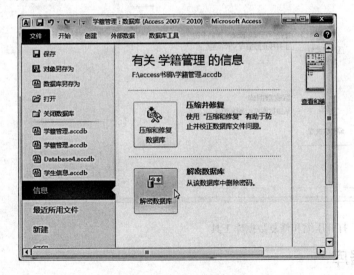

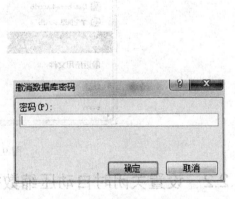

图 9.4　启动设置解密数据库密码　　　　图 9.5　撤销数据库密码

9.2　数据库的压缩与修复

如果在 Access 数据库中删除对象或数据记录，数据库文件可能会变得支离破碎。当删除一个对象或一条记录时，Access 并不能自动地把该对象或该记录所占用的空间释放出来，因此会造成数据库的大小不断增大，并使磁盘空间的使用效率降低，甚至会导致数据库无法打开使用。为确保实现 Microsoft Access 文件的最佳性能，应该定期对 Microsoft Access 文件进行压缩和修复。对 Access 数据库进行压缩，可以避免这种情况。压缩数据库的过程就是重新组织文件在磁盘上的存储，释放那些由于删除对象和记录而造成的空置磁盘空间，从而使 Access 文件变小，优化数据库的性能。当 Microsoft Access 文件在使用过程中发生了严重的错误时，同样也可以使用"压缩和修复数据库"功能恢复 Microsoft Access 文件，需要注意的是，在使用 Access "压缩和修复数据库"功能时，应该对数据库进行备份，避免修复失败导致数据库文件的损坏。数据库压缩有自动压缩和手动压缩两种方式，下面分别介绍。

9.2.1 手动压缩和修复 Access 数据库

用户在使用数据库时往往会发生一些损坏。例如，网络没有配备 UPS 电源，在突然停电时，软件非正常退出，对数据库破坏极大。操作人员操作软件不当，经常在不退出软件的情况下强行关机。

修复数据库是为了解决数据库损坏的问题。压缩 Access 文件和修复 Access 是同时进行的，即在压缩 Access 数据库的同时可以修复数据库的一般错误。

【例 9.2】手动压缩和修复"学籍管理"数据库。

具体操作步骤如下：

（1）启动 Access 2010。

（2）打开"学籍管理"数据库。

（3）单击"文件"选项卡中的"信息"命令，在右侧窗格中单击"压缩和修复数据库"按钮，系统就对"学籍管理"数据库进行压缩和修复，并在状态栏上显示正在压缩提示直至完成，如图 9.6 所示。

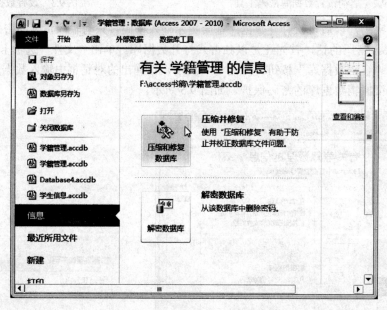

图 9.6　打开压缩和修复数据库工具

9.2.2 设置关闭时自动压缩数据库

Access 2010 提供了关闭时自动压缩数据库的功能。

【例 9.3】设置关闭时自动压缩"学籍管理"数据库。

具体操作步骤如下：

（1）打开"学籍管理"数据库。

（2）选择"文件"选项卡中的"选项"命令，弹出"Access 选项"对话框。

（3）在"当前数据库"选项卡中选中"关闭时压缩"复选框，单击"确定"按钮，如图 9.7 所示。

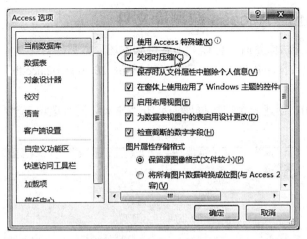

图 9.7 "Access 选项"对话框

设置完成后，每次关闭数据库时系统会自动压缩"学籍管理"数据库。

9.3 数据库的备份和恢复

数据库的修复功能只能解决数据库的一般损坏问题，如果数据库遭到严重损坏，修复工具也显得无能为力。因此，为了保证数据库不因意外被损坏，最有效的方法是对数据库进行备份。当数据库因意外损坏无法修复时，可以使用备份副本还原 Access 数据库。

9.3.1 备份数据库

使用 Access 2010 提供的数据备份工具可以完成对数据库的备份工作。

【例 9.4】备份"学籍管理"数据库。

具体操作步骤如下：

（1）打开"学籍管理"数据库。

（2）单击"文件"选项卡中的"保存并发布"按钮，打开"保存并发布"窗格，如图 9.8 所示。

（3）在右侧的窗格中单击"备份数据库"按钮，单击"另存为"按钮，弹出"另存为"对话框中，在左侧窗格中指定备份数据库的保存位置，在"文件名"文本框中输入备份文件名，然后单击"保存"按钮，直至备份完成即可，如图 9.9 所示。

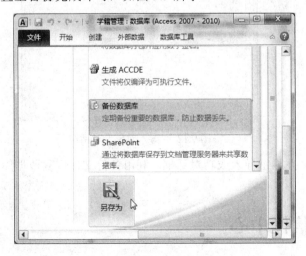

图 9.8 "保存并发布"窗格

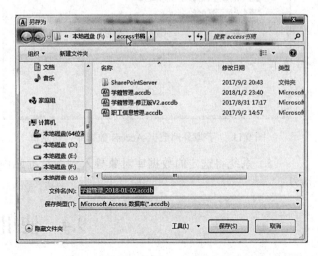

图 9.9 备份文件的"另存为"对话框

9.3.2 用备份副本还原 Access 数据库文件

当数据库系统受到破坏无法修复时，可以利用备份副本还原数据库。

【例 9.5】利用例 9.4 中数据库备份文件"学籍管理_备份_2013-11-02.accdb"恢复出"学籍管理"数据库。具体操作步骤如下：

（1）启动 Access 2010，创建一个空数据库，单击"外部数据"选项卡"导入 Access 数据库"组中的 Access 按钮，如图 9.10 所示。

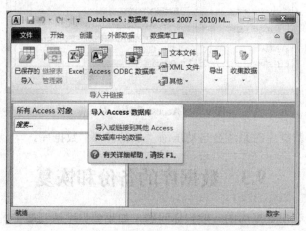

图 9.10　导入 Access 数据工具

（2）在打开的"获取外部数据-Access 数据库"对话框中，单击"浏览"按钮，如图 9.11 所示。

（3）在"打开"对话框中，找到备份文件所在的位置并选中文件，单击"打开"按钮。返回到"获取外部数据-Access 数据库"对话框中，单击"确定"按钮。

（4）在弹出的"导入对象"对话框中，单击"全选"按钮，则选中所有备份的表。选择"查询"等其他选项卡可以选中其他对象。单击"确定"按钮，如图 9.12 所示。

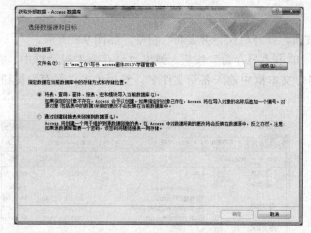

图 9.11　"获取外部数据-Access 数据库"对话框

图 9.12　"导入对象"对话框

（5）系统将选定的数据库对象导入到新数据库中，并显示导入成功对话框。利用备份文件恢复数据库成功。

9.4　使用信任中心

信任中心属于 Access 2010 新增的安全功能之一。信任中心是保证 Access 安全的工具，它通过对话框的形式设置和更改 Access 的安全设置。使用信任中心可以为 Access 创建或更改受信任位置并设置安全选项。

在 Access 实例中打开新的和现有的数据库时，这些设置将影响它们的行为。例如，当打开一个含有 VBA 代码或者宏的数据库时，在功能区下方往往出现图 9.13 所示的安全警告提示。

图 9.13　安全警告消息栏

这是因为系统检测到数据库中可能存在不安全的操作，对于所熟悉的数据库，这时要单击"启用内容"按钮，启用被禁止的内容，否则打开数据库后所进行的某些操作不能够执行或者不能够被更改；对于不熟悉的数据库，不要轻易单击"启用内容"信任该数据库，否则恶意代码将损坏数据库甚至是计算机系统。Access 的信任中心提供了很多安全选项措施，供用户进行相应的设置。

9.4.1　启用禁用内容

对于受信任的数据库，通过对"信任中心"的设置，可以在每次打开数据库时启用禁用的内容，而不弹出提示消息栏。

具体操作步骤如下：

（1）启用 Access 2010，选择"文件"选项卡中的"选项"命令，弹出"Access 选项"对话框，选择"信任中心"选项卡，如图 9.14 所示。

（2）单击"信任中心设置"按钮，在弹出的"信任中心"对话框中选择"宏设置"选项卡，如图 9.15 所示。

（3）Access 2010 出于安全的考虑，默认宏设置是"禁用所有宏，并发出通知"。这里选择"启用所有宏"，单击"确定"按钮，即可在打开数据库时启用禁用的内容。

图 9.14　"Access 选项"窗口

图 9.15　"信任中心"对话框

9.4.2　使用受信任位置中的 Access 2010 数据库

将 Access 2010 数据库保存在受信任位置时，所有的 VBA 代码、宏和安全表达式都会在数据库打开时运行，用户不必在数据库打开时做出信任决定。

【例 9.6】将"F:\数据库实例"设置为受信任位置。

具体操作步骤如下。

（1）在"信任中心"对话框中选择"受信任位置"选项卡，如图 9.15 所示。

（2）在图 9.16 中，可以添加、删除、修改受信任位置，这里单击"添加新位置"按钮，弹出图 9.17 所示的对话框。

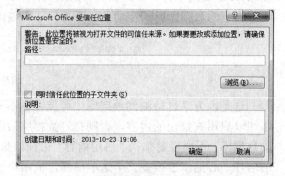

图 9.16 "信任中心"对话框　　　　　　　　　图 9.17 创建新的受信任位置

（3）单击"浏览"按钮，选择路径"F:\数据库实例"，如果要将该文件夹下的子文件夹也设置为受信任的位置，选中"同时信任此位置的子文件夹"，单击"确定"按钮便可将"F:\数据库实例"文件夹及其子文件夹设置为受信任的位置。

此后将数据库文件存储于受信任目录下，再次打开数据库文件时，将不必做出信任决定。

9.5　数据库的导入和导出

Access 数据的导入，就是将非 Access 2010 格式的外部数据导入 Access 表。Access 数据的导出就是将 Access 2010 的数据库导出为其他格式的数据，Access 2010 拥有强大的数据导入/导出功能，可以导入的数据格式有：Microsoft Excel、Access 数据库、ODBC 数据库、文本文件、XML 文件、SharePoint 列表、HTML 文件、dBase 文件等。其中，经常使用的导入数据格式是 Excel、Access 数据库、文本文件。Access 2010 数据库的导入和导出功能加强了 Access 数据库和外部数据的交互。

9.5.1　数据的导入并链接

"外部数据"选项卡的"导入并链接"组中显示了 Access 可导入或链接的数据格式所对应的图标，如图 9.18 所示。

1. 从 Excel 导入数据

下面通过将 Excel 文件"学生分班情况表"导入到数据库"学籍管理.accdb"，说明导入数据的步骤。

（1）打开数据库"学籍管理.accdb"。

（2）单击"外部数据"选项卡"导入并链接"组中的"Excel"按钮，弹出"获取外部数据-Excel 电子表格"对话框，如图 9.19 所示。

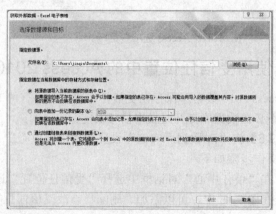

图 9.18 "导入并链接"组　　　图 9.19 "获取外部数据-Excel 电子表格"对话框

（3）指定数据源。在图 9.19 所示对话框的"文件名"文本框中输入或选择待导入的 Excel 文件的路径。

（4）指定数据在当前数据库中的存储方式和存储位置。如图 9.19 所示，Access 一共提供有 3 种选项。

① 将源数据导入当前数据库的新表中。

② 向表中追加一份记录的副本。该选项会将 Excel 文件中的数据追加到指定 Access 表的尾部。如果指定的表名不存在，Access 将已指定表名创建新表并追加数据。

③ 通过创建链接表来链接到数据源。Access 并不保存数据源的数据内容，而是保存数据源的链接，而且通过 Access 无法更改源数据。

这里选择"将源数据导入当前数据库的新表中"单选按钮。

（5）打开"导入数据表向导"。由于 Excel 一般含有多个工作表，选择"显示工作表"单选按钮，选择要导入的工作表，如图 9.20 所示。

选择需要导入的数据表，单击"下一步"按钮。

（6）指定第一行是否包括列标题。如果不选择，新生成的 Access 数据表第一行记录是 Excel 数据表的列标题。在本例中，选择"第一行包含列标题"复选框，如图 9.21 所示。

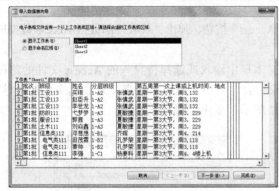

图 9.20　"导入数据表向导"-1

图 9.21　"导入数据表向导"-2

预览正确后，单击"下一步"按钮。

（7）逐字段指定字段信息以及是否跳过某字段。字段信息包括字段的名称、数据类型以及是否是表的索引。本例中只保留前 5 列数据，字段信息使用默认值。设置完成后如图 9.22 所示。

预览正确后，单击"下一步"按钮。

（8）定义主键。向导提供了 3 种选择，即"让 Access 添加主键""我自己选择主键""不要主键"。此处选择"不要主键"。完成后，如图 9.23 所示，单击"下一步"按钮。

图 9.22　"导入数据表向导"-3

图 9.23　"导入数据表向导"-4

（9）指定表名。Access 将来自 Excel 数据表的数据存入表，表的名称指定为"学生分班情况"，如图 9.24 所示。

（10）单击"完成"按钮，在 Access 2010 窗口左侧的导航栏中可以看到导入的表"学生分班情况"已经存在。双击打开该表，如图 9.25 所示。

图 9.24 "导入数据表向导"-5

图 9.25 "学生分班情况"表

2．从 Access 数据库导入数据

下面通过将 Access 数据库"职工信息管理"中的"职工"表导入到数据库"学籍管理.accdb"，说明导入数据的步骤。

（1）打开数据库"学籍管理.accdb"。

（2）单击"外部数据"选项卡"导入并链接"组中的"Access"按钮，弹出"获取外部数据-Access 数据库"对话框，如图 9.26 所示。

（3）指定数据源。在图 9.26 所示对话框的"文件名"文本框中输入或选择待导入的 Access 文件的路径。

（4）指定导入的 Access 对象。可以导入的数据库对象有表、查询、窗体、报表、宏和模块。本例导入表，其他对象的导入方法类似。选择"职工"表，如图 9.27 所示，单击"确定"按钮。

图 9.26 "获取外部数据-Access 数据库"对话框

图 9.27 设置"导入对象"对话框

（5）设置是否保存导入步骤。本例选择不保存导入步骤，如图 9.28 所示。单击"关闭"按钮，导入完成。

（6）在 Access 2010 窗口左侧的导航栏中可以看到导入的 "职工"表已经存在。双击打开该表，如图 9.29 所示。

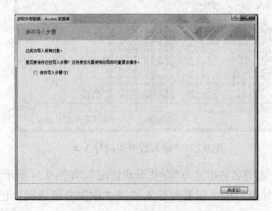

图 9.28 "保存导入步骤"对话框

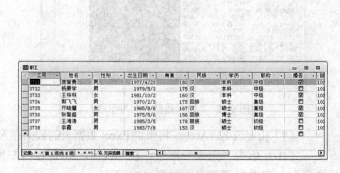

图 9.29 "职工"表

因为导入两端的文件结构一致，所以从其他的 Access 数据库导入对象操作步骤比较简单。

3．从文本文件导入数据

下面通过将文本文件"报警电话簿"导入到数据库"学籍管理.accdb"，说明导入数据的步骤。

（1）打开"学籍管理"数据库。

（2）单击"外部数据"选项卡"导入并链接"组中的"文本文件"按钮，弹出"获取外部数据-文本文件"对话框，如图 9.30 所示。

（3）指定数据源。在图 9.30 所示对话框的"文件名"文本框中输入或选择待导入的文本文件的路径。

（4）设置导入文本向导。对话框中有两个选项，"带分隔符"指文本文件中的数据是含有多个列的，"固定宽度"指文件数据不分列，以后生成的 Access 表仅有一列。本例选择"带分隔符"，如图 9.31 所示，单击"下一步"按钮。

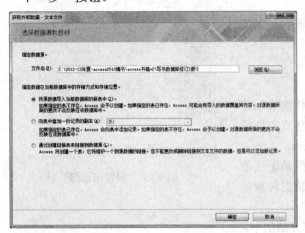

图 9.30　"获取外部数据-文本文件"对话框

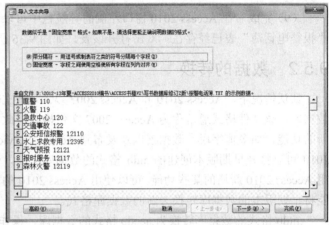

图 9.31　"导入文本向导"-1

（5）指定字段分隔符。本例中的文本文件采用空格分列，选择"空格"，如图 9.32 所示，单击"下一步"按钮。

（6）指定字段选项。本例使用系统默认值，如图 9.33 所示，单击"下一步"按钮。

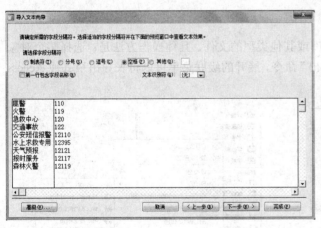

图 9.32　"导入文本向导"-2

图 9.33　"导入文本向导"-3

（7）指定是否添加主键。本例选择"不要主键"，如图 9.34 所示。

（8）指定导入到数据库表的名称。本例在"导入到表"文本框中输入"报警电话簿"，如图 9.35 所示。

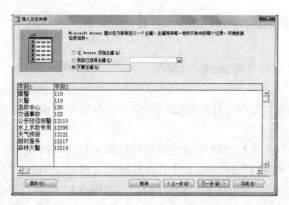

图 9.34 "导入文本向导"-4

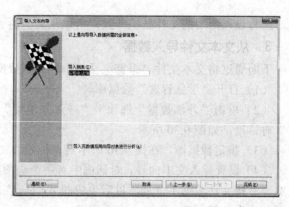

图 9.35 "导入文本向导"-5

（9）完成后在 Access 2010 窗口左侧的导航栏中可以看到导入的"报警电话簿"表已经存在。双击打开该表，如图 9.36 所示。

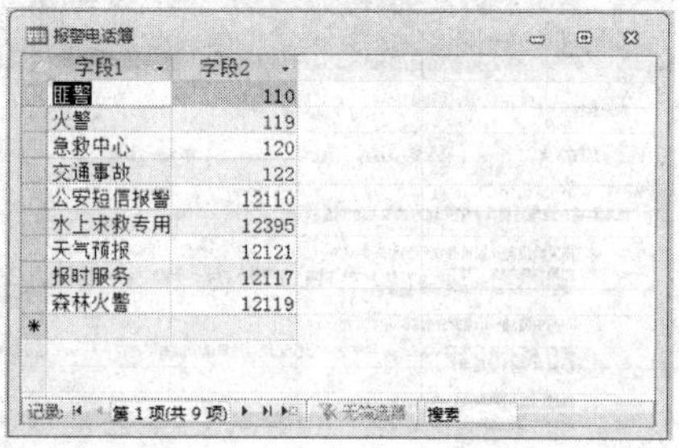

9.5.2 数据的转换

默认情况下，Access 2010 和 Access 2007 以.accdb 文件格式创建数据库，该文件格式通常称为 Access 2007 文件格式。此格式支持较新的功能，如多值字段、数据宏以及发布到 Access Services。Access 2010 可以打开早期版本创建的.mdb 格式的数据库文件，但是无法使用 Access 2010 新增的某些功能。可以使用 Access 2010 的数据转换功能将早期版本的数据库转换为新的数据库格式。

图 9.36 "报警电话簿"表

.mdb 格式的数据库转换为.accdb 格式的数据库，操作方法如下。

（1）使用 Access 2010 打开.mdb 格式数据库。

（2）单击"文件"选项卡中的"保存并发布"命令，选择窗口右侧的"数据库另存为"，如图 9.37 所示。

按照系统提示可将 Access 2003 版本之前的数据库转换为 Access 2010 格式的数据库；使用同样的方法也可以将.accdb 格式的数据库转换为.mdb 格式的数据库，以便利用早期版本的 Access 打开数据库。

9.5.3 数据的导出

Access 2010 数据库中的对象可以导出至其他数据库或其他类型的文件。具体操作方法是：选择某个对象的实例并右击，弹出图 9.38 所示的快捷菜单，选择"导出"命令，展开的级联菜单可以将表导出至其他 Access 数据库或导出为其他类型文档。

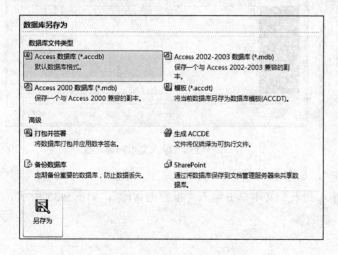

图 9.37 数据库另存为

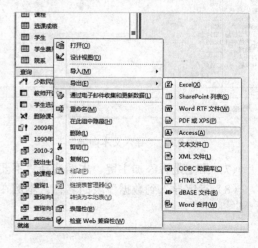

图 9.38 数据库表的导出

1．从当前数据库导出数据至另一数据库

下面通过将"学籍管理"数据库中的"学生"表导出到新建数据库"test.accdb"，说明导出数据的步骤。

（1）在"D:\test1"路径新建"test.accdb"数据库。

（2）打开"学籍管理"数据库，选择"学生"表并右击，在弹出的快捷菜单中选择"导出"→"Access"命令，弹出图 9.39 所示的"导出-Access 数据库"对话框。

（3）输入或选择路径"D:\test1\test.accdb"，单击"确定"按钮，弹出图 9.40 所示的"导出"对话框。

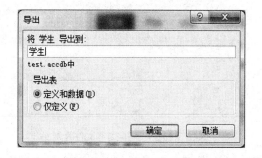

图 9.39　"导出-Access 数据库"对话框　　　　　　　　图 9.40　"导出"对话框

（4）通过"导出"对话框可以设置新数据库中表的名称，以及导出的是表的结构还是表的结构和数据。设置完成后，单击"确定"按钮，导出操作即完成。可以到新数据库中查看导出的表。

2．从当前数据库导出数据至 Excel

下面通过将"学籍管理"数据库中的"学生"表导出到新建 Excel 文件"学生.xlsx"，说明导出数据的步骤。

（1）打开"学籍管理"数据库，选择"学生"表并右击，在弹出的快捷菜单中选择"导出"→"Access"命令，弹出图 9.41 所示的"导出-Excel 数据库"对话框。

输入或选择导出文件的保存路径和名称后指定导出选项，选择"导出数据时包含格式和布局"复选框，单击"确定"按钮。

（2）导出成功后，在资源管理器中按照保存路径找到 Excel 文件"学生.xlsx"，打开后如图 9.42 所示。

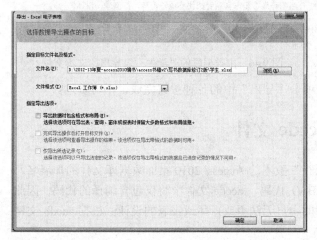

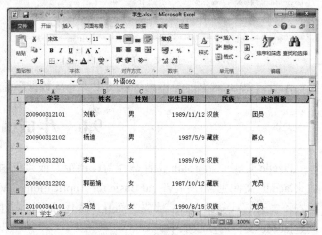

图 9.41　"导出-Excel 数据库"对话框　　　　　图 9.42　由数据库的"学生"表导出的 Excel 2010 文件

3．从当前数据库导出数据至文本文件

下面通过将"学籍管理"数据库中的"学生"表导出到新建文本文件"学生.txt"，说明导出数据的步骤。

（1）打开"学籍管理"数据库，选择"学生"表并右击，在弹出的快捷菜单中选择"导出"→"文本文件"命令，弹出图 9.43 所示的"导出-文本文件"对话框。

输入或选择导出文件的保存路径和名称后，单击"确定"按钮。

（2）设置导出文本向导的导出细节。选择"带分隔符"，如图 9.44 所示，单击"下一步"按钮。

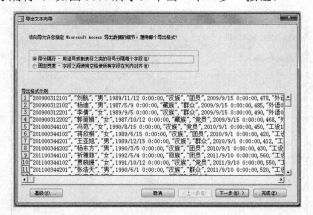

图 9.43 "导出-文本文件"对话框　　　　　　　图 9.44 "导出文本向导"-1

（3）选择分隔符类型。本例选择"逗号"和"第一行包含字段名称"，如图 9.45 所示，单击"下一步"按钮。

（4）设置导出文本文件的路径和名称，单击"完成"按钮。导出成功后，在资源管理器中按照保存路径找到文本文件"学生.txt"，打开后如图 9.46 所示。

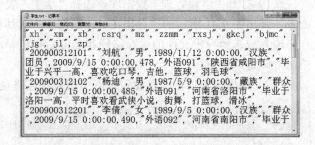

图 9.45 "导出文本向导"-2　　　　　　图 9.46 由数据库的"学生"表导出的文本文件

Access 2010 对象的导出也可以使用"外部数据"选项卡"导出"中的各种按钮完成，不再赘述。

9.6　生成.accde 文件

.accde 是将原始.accdb 文件编译为"锁定"或"仅执行"版本的 Access 2010 桌面数据库文件的扩展名。如果.accdb 文件包含任何 Visual Basic for Applications（VBA）代码，.accde 文件中将仅包含编译的代码。因此用户不能查看或修改 VBA 代码。而且，使用.accde 文件的用户无法更改窗体或报表的设计。根据.accdb 文件创建.accde 文件的步骤如下。

（1）单击"文件"选项卡中的"保存并发布"命令，在"数据库另存为"区域选择"生成 ACCDE"选项，如图 9.47 所示。

图 9.47　保存并发布窗口

（2）在"另存为"对话框中，通过浏览找到要在其中保存该文件的文件夹，在"文件名"文本框中输入该文件的名称，然后单击"保存"按钮，即可生成 ACCDE 格式的文件。

9.7　利用 Access 和 SharePoint 管理数据

SharePoint 是微软公司提供的一个优秀协作环境，主要通过浏览器访问。利用 SharePoint 的协作功能，能够实现跨网络共享文档、日历、消息和其他信息。SharePoint 提供安全性保证，用户的身份认证、日志记录的保存和其他管理功能。在 SharePoint 服务器上运行着 Web 服务器，该服务器使用 SQL Server 作为后台数据库。利用 SharePoint 所提供的服务，用户可以通过计算机或者其他能够联网的移动设备，与团队成员轻松安全地展开协作，能够加快工作的进度。SharePoint 产品和技术有 SharePoint Foundation、SharePoint Server、SharePoint Online、SharePoint Designer、SharePoint Workspace。

Access 2010 提供的工具能够让用户发布应用到 SharePoint 网站，借助 SharePoint 2010 服务，Access 的数据表、窗体和报表能够被共享。

结合 Access 和 SharePoint 能实现的工作有：

（1）将 SharePoint 网站保存为一个 Access 数据库，并且在 SharePoint 服务器上存储一份数据库的备份。

（2）导出 Access 数据库中的数据到 SharePoint 网站。

（3）导出、导入或链接 SharePoint 列表。

9.7.1　SharePoint Server 2010 的安装

为了使用 SharePoint，可以向第三方的 SharePoint 服务商申请网站账号，也可以部署自己的 SharePoint 服务器，SharePoint 2010 只有 64 位版本，没有 32 位版本，因此，操作系统要求为 X64 Window Server 2008 SP2 Standard 或相当版本的 Windows 系统，数据库要求 X64 SQL Server 2005 SP3、X64 SQL Server 2008 R2、X64 SQL Server 2008 SP1/SP2，CPU 要求为 64 位，至少为 4 核，内存至少为 8 GB，硬盘至少为 80 GB，硬盘空间大小主要依赖于 SharePoint 门户内容的多少，可以根据需要再自行扩展。

安装步骤如下：

（1）到微软网站下载 Microsoft SharePoint server enterprise 2010 软件。

（2）双击 SharePointServer.exe 文件，出现安装界面，如图 9.48 所示。

（3）单击"Install software prerequisites"超链接，弹出图 9.49 所示的对话框，在列表框中列举出了安装 SharePoint server 所必须的工具软件和一些必要的系统更新。

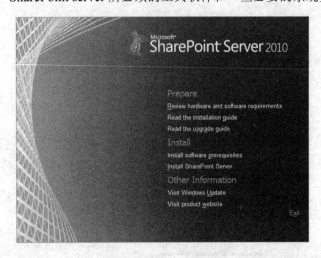

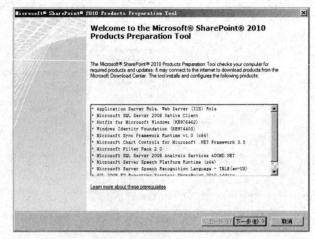

图 9.48　SharePoint 安装初始屏幕　　　　　　　　　　　图 9.49　Preparation Tool 界面

（4）单击"下一步"按钮，弹出"License Terms for software Products"对话框，选中"I accept the terms of the license Agreement(s)"复选框，如图 9.50 所示。

（5）单击"下一步"按钮，进行安装，安装完成后弹出图 9.51 所示的对话框，该对话框提示 SharePoint 已经成功安装，并完整地列出了本次安装的详细信息。

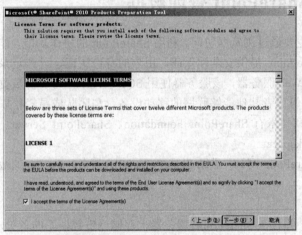

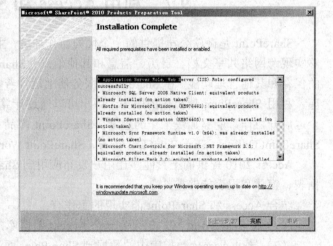

图 9.50　安装许可对话框　　　　　　　　　　　　　图 9.51　SharePoint 安装完成对话框

9.7.2　将数据库发布到 SharePoint 网站

使用 Access 与 SharePoint 可以将数据库中的所有数据表对象移动到 SharePoint 网站上的列表中，也可以将当前数据库中某个表导出到 SharePoint 网站的列表中。下面的例子演示了将"学籍管理"数据库中的所有表对象移动到 SharePoint 网站。

具体操作步骤如下：

（1）启动 Access 2010。

（2）打开"学籍管理.accdb"数据库。

（3）单击"数据库工具"选项卡"移动数据"组中的"SharePoint"按钮，如图 9.52 所示

图 9.52　"SharePoint" 按钮

（4）打开"将表导出至 SharePoint 向导"对话框，在"您要使用哪个 SharePoint 网站"文本框中输入 SharePoint 网站地址后，单击"下一步"按钮，打开连接到网站的对话框，如图 9.53 所示。

（5）输入登录网站的用户名和密码，单击"确定"命令按钮，如图 9.54 所示。

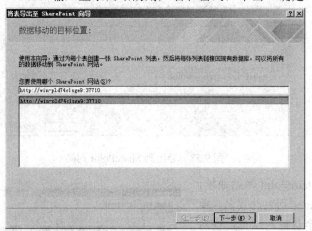

图 9.53　数据移动目标位置对话框

图 9.54　安全认证对话框

（6）系统创建到 SharePoint 网站的链接，并将数据库中所有表移动到指定网站的列表中，移动完成后，返回到"将表导出至 SharePoint 向导"对话框，如图 9.55 所示。选中"显示详细信息"复选框可以查看操作的详细信息。单击"完成"按钮，完成移动数据操作。

（7）将 Access 数据库中的表对象移动到 SharePoint 网站的列表中后，在数据库中增加一个名为 UserInfo 的表，该表记录着有关操作的信息。

也可以将数据库中的特定表导出到 SharePoint 网站的列表中。下面的例子演示了将"学籍管理"数据库中的"学生"信息表导入到 SharePoint 网站。

具体操作步骤如下：

（1）启动 Access 2010，打开"学籍管理"数据库，在导航窗口中选中"学生"表对象，如图 9.56 所示。

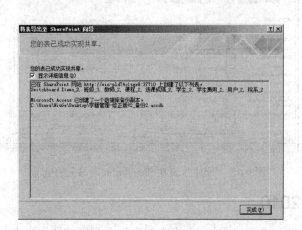

图 9.55　发布成功对话框

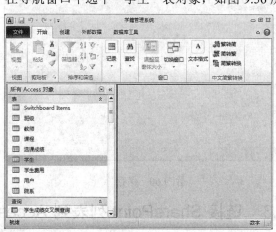

图 9.56　选择数据源"学生"表

数据库技术及应用

（2）单击"外部数据"选项卡"导出"组中的"其他"按钮，弹出的下拉菜单如图 9.57 所示。

（3）在下拉菜单中选择"SharePoint 列表"命令，弹出"导出 SharePoint 网站"对话框，如图 9.58 所示。

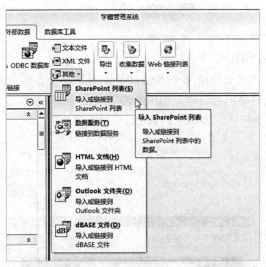

图 9.57　导入或链接到 SharePoint 列表

图 9.58　导出到 SharePoint 网站

（4）在"指定 SharePoint 网站"文本框中输入 SharePoint 网站地址，在"指定新列表的名称"文本框中输入存储在 SharePoint 列表的表名，单击"确定"按钮后，弹出图 9.59 所示的 Windows 安全认证对话框，在对话框中输入用户名和密码。

（5）系统将指定的表及与其相关的表导出到 SharePoint 网站，完成操作后，弹出"保存导出步骤"对话框，如图 9.60 所示。

（6）单击"关闭"按钮，导出操作完成，可选中"保存导出步骤"复选框根据向导提示保存导出步骤或完成管理数据操作。

图 9.59　指定用户名和密码

（7）在 SharePoint 网站上可以看到导入后的"学生"表信息，并以网页的形式呈现，如图 9.61 所示。

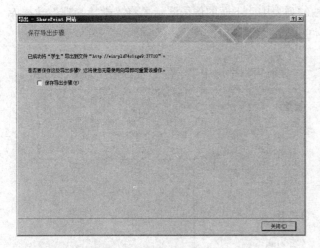

图 9.60　保存

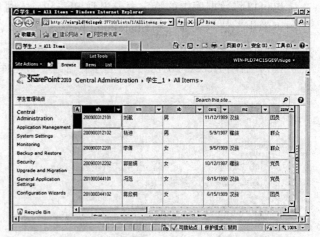

图 9.61　"学生"表在 SharePoint 网站上的呈现

9.7.3　链接 SharePoint 列表到 Access 2010

利用 Access 和 SharePoint 网站提供的服务，可以将 SharePoint 网站上列表中的表导入到当前数据库中，也可以将 Access 中的新表链接到一个 SharePoint 网站列表中的表。

【例 9.7】将上传到 SharePoint 网站列表中的"学生"表导入到新建的 Access 数据库中。

具体操作步骤如下：

（1）启动 Access 2010，并在 Access 中创建一个名为"学生信息"的空数据库，该数据库无任何对象。

（2）单击"外部数据"选项卡"导入"组中的"其他"按钮，在下拉菜单中选择"SharePoint 列表"命令，如图 9.62 所示。打开"获取外部数据"对话框，如图 9.63 所示。

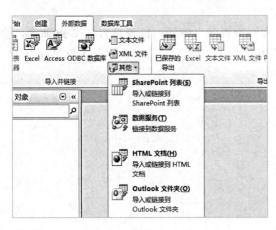

图 9.62　SharePoint 列表命令

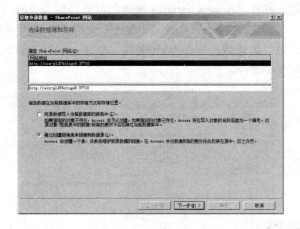

图 9.63　指定 SharePoint 网址

（3）在"指定 SharePoint 网站"文本框中输入指定的 SharePoint 网站地址，单击"下一步"按钮，在打开的对话框中输入访问 SharePoint 网站的用户名及密码后，打开"选择要链接到的 SharePoint 列表"对话框，如图 9.64 所示。

（4）在列表框中找到名称为"学生"的表，单击"确定"按钮，完成导入操作。操作完成后在数据库中建立一个链接到 SharePoint 网站上的"学生"表，如图 9.65 所示。

图 9.64　SharePoint 列表

图 9.65　导入本地 Access 后的表

导出的表是链接到 SharePoint 网站上的表，用户只能以共享方式打开使用，不能以独占方式打开，可修改其结构。如果需要取消与 SharePoint 网站的链接，则右击"学生"表，在弹出的快捷菜单中选择"转换为本地表"命令，则可将"学生"表转换成本地表，可以对其做任何操作。

9.7.4　发布数据库到 SharePoint 网站

利用 Access 2010 和 Access Services 可以生成 Web 数据库应用程序，使得数据能够通过 Internet 共享，并且能够在网页里直接对数据库中的数据进行编辑。

Access Services 提供了创建可在 Web 上使用的数据库的平台。通过使用 Access 2010 和 SharePoint 设计和发布 Web 数据库，用户可以在 Web 浏览器中使用 Web 数据库。发布 Web 数据库时，Access Services 将创建包含此数据库的 SharePoint 网站。所有数据库对象和数据均移至该网站中的 SharePoint 列表。

【例 9.8】将"选课管理"数据库发布到 SharePoint 网站上。

具体操作步骤如下：

（1）启动 Access 2010，打开"学籍管理"数据库。

（2）单击"文件"选项卡中的"保存并发布"命令，在"文件类型"窗格中单击"发布到 Access Services"按钮，打开"Access Services 概述"窗格，如图 9.66 所示。

（3）在"Access Services 概述"窗格中单击"运行兼容性检查器"按钮，检查是否与 Web 兼容，检查结束后，如果数据库与 Web 兼容，则在"运行兼容性检查器"命令按钮下方显示"数据库与 Web 兼容"，如图 9.67 所示。

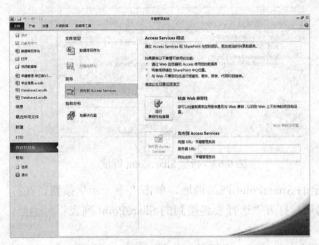

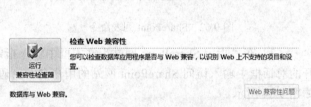

图 9.66　保存并发布对话框　　　　　　　　　　　　　　图 9.67　兼容性检查

（4）在"服务器"文本框中输入 SharePoint 网站地址，在"网站名称"文本框中输入本网站的名称，然后单击"发布到 Access Services"按钮，如图 9.68 所示。

（5）系统对当前数据库进行处理，将其发布到 SharePoint 服务器中，并根据数据库中的内容生成一个网站，完成操作后显示如图 9.69 所示的对话框。

图 9.68　输入网址　　　　　　　　　　　　　　　　　图 9.69　发布成功

（6）单击"确定"按钮，完成发布数据库操作。单击上面的网址，则在浏览器中显示 SharePoint 为数据库生成的主页面。

9.7.5　利用 SharePoint 网站和 Access 2010 协作完成数据的输入

Access 数据库窗体对象发布到 SharePoint 以后，在浏览器的地址栏中输入 SharePoint 所提供的网址，就可以使用浏览器来浏览窗体的内容，在网页的窗体上输入的数据也会在 Access 2010 中的数据库表里保存。

利用 SharePoint 网站和 Access 2010 协作完成数据输入的操作步骤如下：

（1）启动 Access 2010，并打开"学生信息"数据库。

（2）打开"学生信息"数据库窗口，在左侧的导航窗格中选择"学生"表作为窗体的数据源，单击 "创建"选项卡"窗体"组中的"窗体"按钮，创建窗体，并命名为"学生"窗体。

（3）按照上节例题中的方法，把整个"学生信息"数据库发布到 SharePoint。

（4）单击"发布完成对话框"中的链接，在浏览器中打开 Web 应用程序。

（5）在网页中打开"学生"窗体，添加一条新记录，并保存。

（6）在 Access 2010 中打开"学生"表时，会发现通过浏览器添加的记录已经存在了"学生"表中。

（7）在本地"学生信息"数据库中的"学生"表中添加一条记录，并保存。

（8）在 Web 应用程序中，刷新浏览器后，可以发现浏览器中的"窗体"页面会显示出在本地"学生"表中添加的新记录。

习 题 9

一、简答题

1．如何在打开数据库时启用禁用的内容。

2．简述为什么要生成.accde 格式文件。

3．如何备份和恢复数据库？

4．简述 SharePoint 的作用。

5．如何迁移数据库到 SharePoint 网站？

6．简述从 SharePoint 链接到本地 Access 2010 的方法。

7．如何利用 SharePoint 和 Access 2010 共同完成数据采集？

二、操作题

1．为"职工信息管理"数据库设置访问密码。

2．创建一个新的受信任位置，将"职工信息管理"数据库放入该目录下。

3．将"职工信息管理"数据库备份为"职工信息管理-备份"。

4．将"职工信息管理"数据库中的"职工"表删除，然后利用上题备份的数据库"职工信息管理-备份"还原"职工"表。

5．将"工资"表中的数据导出为 Excel 格式文件，文件名为"工资导出.xlsx"。

6．将上题导出的 Excel 文件"工资导出.xlsx"链接到"职工信息管理"数据库中。

7．将"职工信息管理"数据库生成.accde 格式的文件，打开该文件，观察哪些数据库对象可以修改。

第 10 章
VBA 数据库编程

前面章节介绍了 Access 2010 数据库的几个对象，通过这些对象可以访问和修改数据库中的数据，但如果想要开发功能更强大、更实用的数据库应用系统，需要通过编码去实现。本章主要讲解 VBA 的数据库编程方法。

教学目标

- 了解数据库引擎的作用。
- 了解 Access 2010 访问数据库的几种接口技术。
- 了解 DAO 数据库编程方法。
- 掌握 ADO 数据库编程的方法。

10.1 VBA 数据库编程相关基础知识

10.1.1 VBA 数据库应用程序一般框架

VBA 编写的数据库应用程序，框架模型一般如图 10.1 所示，它由 3 部分组成，其中应用程序界面是用户和应用程序的接口，用来输入和展现数据信息；数据库负责数据的存储；数据库引擎概念稍微比较难理解，所谓数据库引擎实际上是一组动态链接库（DLL），当程序运行时被连接到 VBA 程序而实现对数据库数据的访问功能。从图 10.1 可以看出，数据库引擎是应用程序与物理数据库之间的桥梁，它以一种通用接口的方式，使各种类型数据库对用户而言都具有统一的形式和相同的数据访问与处理方法。

图 10.1　数据库应用程序框架

VBA 是通过 Microsoft Jet 数据库引擎工具来支持对数据库的访问，我们在编写数据库应用程序的时候，只需要设计应用程序界面和相应的数据库，数据库引擎是一种规范，按照一定的标准设置即可。

10.1.2 VBA 数据库访问接口

在 VBA 中主要提供了 3 种数据库访问接口。

1）开放数据库互连应用编程接口（Open Database Connectivity API，ODBC API）

ODBC 是 Microsoft 公司开发的一套开放数据库系统应用程序接口规范，目前它已成为一种工业标准，它提供了统一的数据库应用编程接口（API），为应用程序提供了一套高层调用接口规范和基于动态链接库的运行支持环境。使用 ODBC 开发数据库应用时，应用程序调用的是标准的 ODBC 函数和 SQL 语句，数据库底层操作由各个数据库的驱动程序完成。因此，应用程序有很好的适应性和可移植性，并且具备了同时访问多种数据库管理系统的能力，从而彻底克服了传统数据库应用程序的缺陷。

2）数据访问对象（Data Access Object，DAO）

DAO 提供了一种通过程序代码创建和操作数据库的机制。DAO 操作 Microsoft Jet 数据库非常方便，在性能上也是操作 Jet 数据库最好的技术接口之一。并且通过 DAO 技术还可以访问文本文件、大型后台数据库等多种数据格式。

3）ActiveX 数据对象（ActiveX Data Objects，ADO）

ADO 是基于组件的数据库编程接口，是一个和编程语言无关的 COM 组件系统。使用它可以方便地连接任何符合 ODBC 标准的数据库。ADO 作为最新的数据库访问模式，简单易用，所以微软公司已经明确表示今后把重点放在 ADO 上，对 DAO/RDO 不再作升级，所以 ADO 已经成为当前数据库开发的主流。

10.1.3　VBA 访问的数据类型

VBA 访问的数据库有 3 种。

（1）本地数据库。本地数据库文件格式与 Microsoft Access 相同。Jet 引擎直接创建和操作这些数据库。

（2）外部数据库。访问符合"索引顺序访问文件方法（ISAM）"数据库，包括 dBase III、dBase IV、FoxPro 2.0 和 2.5 以及 Paradox 3.x 和 4.x。

（3）ODBC 数据库。访问符合 ODBC 标准的客户机/服务器数据库，如 Microsoft SQL Server。

10.2　数据访问对象

数据访问对象（DAO）是 VBA 语言提供的一种数据访问接口，可以完成数据库、表和查询的创建等功能，通过运行 VBA 程序代码可以灵活地控制数据访问的各种操作。

10.2.1　DAO 库的引用方法

如果想使用 DAO 的各个访问对象，首先要增加 DAO 库的引用。引用方法如下。

（1）单击"创建"选项卡"宏与代码"组中的"模块"按钮，进入 VBE 编辑环境。

（2）选择"工具"菜单中的"引用"命令，打开设置引用对话框，如图 10.2 所示。

（3）在"可使用的引用"列表框中选中"Microsoft Office 14.0 Access database engine Object Library"复选框，在 Windows 7 环境下，默认该复选框是选中的。

只有将该选项选中，VBA 才能够识别 DAO 的各个访问对象，实现 DAO 数据库编程。

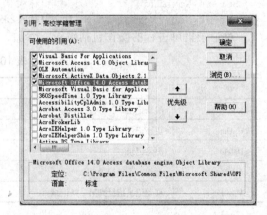

图 10.2　DAO、ADO 对象引用对话框

10.2.2　DAO 模型层次结构

DAO 模型结构包含了一个复杂的可编程数据关联对象的层次，提供了管理关系数据库系统操作对象的属性和方法，能够实现创建数据库、定义表、定义字段和索引、建立表之间的关系、定位指针、查询数据等功能。微软公司提供的 DAO 模型结构比较复杂，图 10.3 所示为 DAO 模型简图。DAO 模型提供了不同的对象，不同对象分别对应被访问数据库的不同部分，下面对 DAO 模型各个对象分别进行介绍：

① DBEngine 对象：表示数据库引擎，包含并控制模型中的其他对象。

② WorkSpace 对象：表示工作区。

③ DataBase 对象：表示操作的数据库对象。

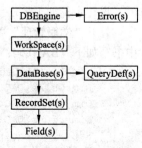

图 10.3　DAO 模型简图

④ RecordSet 对象：表示数据操作返回的记录集，可以来自于表、查询或 SQL 语句的运行结果。

⑤ Field 对象：代表在数据集中的某一列。

⑥ QueryDef 对象：表示数据库查询信息。

⑦ Error 对象：包含使用 DAO 对象产生的错误信息。

10.2.3　利用 DAO 访问数据库的一般步骤

DAO 是完全面向对象的，利用 DAO 编写数据库访问程序时，首先应该创建对象，然后通过对象变量的方法和属性，实现数据库的各种访问，利用 DAO 访问数据库的一般步骤如下。

（1）首先定义各个对象变量。

```
Dim ws As DAO.Workspace          '定义 Workspace 对象
Dim db As DAO.Database           '定义数据库对象
Dim rs As DAO.Recordset          '定义记录集对象
```

（2）为各个对象赋值。

```
Set ws=DBEngine.Workspaces(0)                  '将默认工作空间赋值给 ws
Set db=ws.OpenDatabase("需要打开的数据库")        '打开指定的数据库
Set rs=db.OpenRecordset(<表、查询、SQL 语句>)     '打开指定记录集并赋值给 rs
```

（3）一般利用循环操作记录集。

```
Do While Not rs.EOF
    ...
    rs.MoveNext
Loop
```

（4）关闭并回收对象所占内存。

```
rs.Close                 '关闭记录集
db.Close                 '关闭数据库
Set rs=Nothing           '释放 rs 对象内存空间
Set db=Nothing           '释放 db 对象内存空间
```

对记录集可进行的操作包括编辑、添加、删除、移动记录指针，具体方法如表 10.1 所示。

表 10.1　记录集常用操作方法

方　　法	作　　用	方　　法	作　　用
rs.Edit	编辑记录	rs.MoveNext	向后移动一条记录
rs.UpDate	更新记录	rs.MovePrevious	向前移动一条记录
rs.Delete	删除记录	rs.MoveLast	移动记录指针到最后一条记录
rs.AddNew	增加一条新记录	rs.MoverowCount	将记录移动到 rowCount 指定行
rs.MoveFirst	移动记录指针到第一条记录		

【例 10.1】利用 DAO 对象操作"学籍管理"数据库，将"学生"表中少数民族学生的高考成绩统一增加 10 分。

分析：利用 DAO 对象打开"学生"表，从第一条记录开始判断该学生是否是少数民族，如果是将其高考成绩增加 10 分，然后将记录指针向下移动一条记录，继续判断，直至记录指针移动到记录集的末尾结束。

设计步骤如下：

打开"学籍管理"数据库，新建一个模块名称为"模块 1"，在模块 1 中新建一个过程"DAOTest"，过程中书写如下 VBA 代码：

```
Public Sub DAOTest()
    Dim ws As DAO.Workspace              '定义 Workspace 对象
    Dim db As DAO.Database               '定义数据库对象
    Dim rs As DAO.Recordset              '定义记录集对象
    Set ws=DBEngine.Workspaces(0)        '将默认工作空间赋值给 ws
    '打开指定的数据库
```

```
        Set db=ws.OpenDatabase("F:\写书实例\学籍管理.accdb")
        Set rs=dB.OpenRecordset("学生")      '打开学生表,并将记录集赋值给 rs
        '循环操作记录集
        Do While Not rs.EOF
            If rs.Fields("mz")<>"汉族" Then
                rs.Edit
                rs.Fields("gkcj")=rs.Fields("gkcj")+10
                rs.Update
            End If
            rs.MoveNext
        Loop
        rs.Close                             '关闭记录集
        dB. Close                            '关闭数据库
        Set rs=Nothing                       '释放 rs 对象内存空间
        Set db=Nothing                       '释放 db 对象内存空间
    End Sub
```

本例演示了利用 DAO 数据库编程的一般方法,先打开某个指定的数据库,获得数据集,然后对数据集进行操作,最后关闭 DAO 的各个访问对象。实际上,对于打开当前的数据库,Access 的 VBA 提供了一种 DAO 数据库打开的快捷方式,即 Set db=CurrentDB()。

10.3　ActiveX 数据对象

ActiveX 数据对象（ADO）是目前在 Windows 环境中比较流行的客户端数据库编程技术。ADO 是建立在 OLE DB 底层技术之上的高级编程接口,因而它兼具有强大的数据处理功能（处理各种不同类型的数据源、分布式的数据处理等）和极其简单、易用的编程接口,因而得到了广泛应用。

10.3.1　ADO 库的引用方法

要使用 ADO 的各个数据对象进行编程,首先也要在 VBA 中增加对 ADO 库的引用。其引用方法和 DAO 库的操作方法相同,在图 10.2 所示的对话框中选中 "Microsoft Active Data Objects 2.1 Library" 复选框,单击 "确定" 按钮即可。Access 2010 最新的数据引擎 ACE 不支持 ADO 数据库访问对象,要想使用 ADO 数据库编程,必须增加对 ADO 库的引用。

需要说明的是,当在引用中增加了 DAO 和 ADO 库的引用后,VBA 便同时支持 DAO 和 ADO 数据库编程操作,但两者之间存在一些同名对象,如 RecordSet、Field 对象等,为区分开来,在应用 ADO 对象时,前面明确加上前缀 "ADODB",以说明使用的是 ADO 库的对象。例如:

```
Dim rs As New ADODB.RecordSet
```

10.3.2　ADO 模型层次结构

ADO 对象功能很强大,模型层次结构比较复杂,图 10.4 所示为 ADO 对象模型简图。从图 10.4 可以看出,该模型是一系列对象的集合,通过对象变量调用对象相应的方法,设置对象的属性,实现对数据库的各种访问。不过 ADO 与 DAO 不同,ADO 对象没有分级结构,除 Field 对象和 Error 对象之外,其他对象均可以直接创建。

ADO 模型主要对象功能如下。

（1）Connection 对象。用来建立与数据库的连接,相当于在应用程序和数据库中建立一条数据传输线。

（2）Command 对象。用来对数据库执行命令,如查询、添加、删除、修改记录。

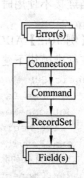

图 10.4　ADO 对象模型简图

（3）RecordSet 对象。用来得到从数据库返回的记录集。这个记录集是一个已连接的数据库中的表,或者是 Command 对象执行结果返回的记录集。所有对数据的操作几乎都是在 RecordSet 对象中完成的，可以完成指定行、移动行、添加、删除和修改记录。

（4）Field 对象。表示记录集中的字段数据信息。

（5）Error 对象。表示程序出错时的扩展信息。

10.3.3　主要 ADO 对象的使用

ADO 对象模型包括很多对象，其中 Connection 对象和 RecordSet 对象是 ADO 中最主要的对象，RecordSet 对象可以分别与 Connection 对象和 Command 对象联合使用。下面介绍 ADO 对象的主要操作。

1. Connection 对象

ADO 数据库编程首先要建立和数据库的连接，利用 Connection 对象可以创建一个数据源的连接。定义一个 Connection 对象的方法如下：

```
Dim cnn As ADODB.Connection
```

Connection 对象必须实例化后才可以使用，实例化方法如下：

```
Set cnn=New ADODB.Connection
```

Connection 对象的属性很多，在进行对象的实例化后，需要指定该对象的 OLE-DB 数据库提供者的名称和相关的连接信息。Provider 属性指定用于连接的提供程序的名称，ConnectionString 属性指示用于建立到数据源的连接信息。常见的设置方法如下。

（1）设置数据库提供者的名称：

```
cnn.Provider="Microsoft.ACE.OLEDB.12.0"    'Access 2010数据库提供者名称
```

（2）指定连接的数据库名称：

```
cnn.ConnectionString="Data Source=F:\数据库实例\学籍管理.accdb"
```

也可以通过 DefaultDatabase 属性指定 Connection 对象的默认数据库，如要连接"学籍管理"数据库，可以设置 DefaultDatabase 的属性值为：

```
cnn.DefaultDatabase="F:\数据库实例\学籍管理.accdb"
```

Connection 对象的常用方法有 Open、Close。当设置完 Connection 对象后，可以调用 Open 方法打开连接，方法如下：

```
cnn.Open
```

如果 Connection 对象没有设置相关属性，也可以利用带参数选项的 Open 方法打开连接，Open 方法的语法格式为：

```
连接对象名.Open ConnectionString,UserId,Password,Options
```

这 4 个参数都是可选项，在这里 ConnectionString 参数指定包含一系列用分号分隔的 Connection 对象所需的必要连接信息，如数据库提供者名称以及连接的数据源的名称等信息。例如，上述连接"学籍管理"数据库，可以写为：

```
cnn.Open "Provider=Microsoft.ACE.OLEDB.12.0;Data Source=F:\数据库实例\学籍管理.accdb "
```

当连接不使用时，一定要断开连接，比如断开 cnn 对象的连接，其方法为：

```
cnn.Close
```

【例 10.2】ADO 编程连接学籍管理数据库实例。

在标准模块下建立一个过程 MyConnection，代码如下：

```
Public Sub MyConnection()
    Dim cnn As ADODB.Connection              '声明 connection 对象
    Set cnn=New ADODB.Connection             '实例化该对象
    'flag_begin
    cnn.Provider="Microsoft.ACE.OLEDB.12.0"  'Access2010 数据库提供者的名称
    '指定连接的数据库名称
    cnn.ConnectionString="Data Source=F:\数据库实例\学籍管理.accdb"
    'flag_end
    cnn.Open                                        '打开连接
```

```
        cnn.Close                          '关闭连接
        Set cnn=Nothing                    '撤销连接
    End Sub
```

该模块练习连接对象的声明、实例化、连接、关闭和撤销方法，Close 方法只是断开连接，该方法并没有将 Connection 对象从内存中清除，将对象设置为"Nothing"可以撤销该对象。

Access 编程时往往连接的是当前数据库，可以使用系统提供的当前活动连接 CurrentProject.Connection，即将注释 flag_begin 和 flag_end 之间的语句修改为：

```
    cnn.Open CurrentProject.Connection
```

2. Command 对象

ADO 的 Command 对象用来执行对数据源的请求，获得数据集。Command 对象也需要先定义，方法如下：

```
    Dim cmd As ADODB.Command               '声明 Command 对象
    Set cmd=New ADODB.Command              '实例化该对象
```

Command 对象常用属性有 ActiveConnection 和 CommandText 属性。ActiveConnection 属性用来指明 Command 对象所要关联的连接对象；CommandText 属性指明查询命令的文本内容，可以是一个表，也可以是 SQL 语句。

设置完 Command 对象的 ActiveConnection 和 CommandText 属性后，最后调用 Command 的 Execute 方法返回所需要的记录集。Execute 方法的语法结构如下。

（1）对于以记录集返回的 Command 对象：

```
    Set recordset=cmd.Execute(RecordsAffected, Parameters, Options)
```

（2）对于不返回记录集的 Command 对象：

```
    command.Execute RecordsAffected, Parameters, Options
```

实际应用中，这 3 个参数都是可选的。RecordsAffected 为一个 Long 型变量，提供程序向其返回操作所影响的记录数；Parameters 用 SQL 语句传递的变量型参数值数组；Options 为长整型值，用于指示提供程序评估 Command 对象的 CommandText 属性的方式。

【例 10.3】ADO 编程，将学生高考成绩统一加 10 分。

分析：可以将 Command 对象的 CommandText 属性设置为 SQL 语句，建立当前数据库的连接，然后执行 Command 对象的非返回记录集的 Execute 方法，代码如下：

```
    Public Sub MyCommand()
        Dim cmd As ADODB.Command
        Set cmd=New ADODB.Command
        '将当前连接作为 cmd 对象的活动连接
        cmd. ActiveConnection=CurrentProject.Connection
        '将 CommandText 设置为 SQL 语句
        cmd.CommandText="update 学生 set gkcj=gkcj+10"
        '执行无返回记录集的操作
        cmd.Execute
    End Sub
```

运行该过程，然后打开"学生"表，发现高考成绩已经增加了 10 分。

3. RecordSet 对象

RecordSet 对象是最常用的一个 ADO 对象，从后台数据库中查询所需要的记录就存放在记录集中。记录集由行和列组成，像二维表一样，利用 RecordSet 对象的相关属性和方法可以对记录集中的数据进行查询、增加、修改、删除数据等操作。

RecordSet 对象的定义：

```
    Dim rst As ADODB.Recordset
    Set rst=New ADODB.Recordset
```

定义完记录集对象 rst 后，下面就要为对象获取所要的记录集，获取的方法很多，下面介绍几种常用的方法。

1）通过 Connection 对象的 Execute 方法获得

语法格式为：

```
Set recordset=connection.Execute(CommandText, RecordsAffected, Options)
```

参数说明如下：

CommandText：字符串值，包含要执行的 SQL 语句、存储过程、URL 或提供程序特定文本，还可以使用表名称。

RecordsAffected：可选，一个 Long 型变量，提供程序向其返回操作所影响的记录数。

Options：可选，长整型值，用于指示提供程序评估 CommandText 参数的方式。

例如：

```
Public Sub rstByConnection()
    Dim cnn As New ADODB.Connection              '声明的时候直接实例化对象
    Set cnn=CurrentProject.Connection
    Dim rst As New ADODB.Recordset               '声明的时候直接实例化对象
    Set rst=cnn.Execute("select * from 教师")     '返回记录集
    Debug.Print rst.Fields(0), rst.Fields(1), rst.Fields(2)
    cnn.Close
End Sub
```

该例获取教师表中的所有数据，存储到记录集 rst 对象中，游标当前处于第一条记录，然后在立即窗口打印出该条记录的前 3 个字段的信息。这里 Fields 是 RecordSet 对象下的对象集合，包括了它的所有对象，通过 Fields 对象可以访问记录集中的各个字段，Fields(0)代表第一个字段，fields(1)代表第二个字段，依此类推。

2）通过 Command 对象的 Execute 方法获得

例 10.3 中执行的是 Command 对象的无返回值的 Execute 方法，实际编程中通过 Command 对象的 Execute 方法返回记录集是获得记录集最常用的方法。

例如：

```
Public Sub rstByCommand()
    Dim cnn As New ADODB.Connection              '声明的时候直接实例化对象
    Dim cmd As New ADODB.Command
    Dim rst As New ADODB.Recordset
    cnn.Provider="Microsoft.ACE.OLED B.12.0"
    cnn.ConnectionString="F:\数据库实例\学籍管理.accdb"
    cnn.Open
    cmd.ActiveConnection=cnn
    cmd.CommandText="select * from 教师"
    Set rst=cmd.Execute                          '返回记录集
    Debug.Print rst("gh"), rst("xm"), rst("xb")
    cnn.Close
End Sub
```

这里通过 rst("字段名")方法也可以获得记录集中各个字段的值。

3）通过 RecordSet 对象的 Open 方法获得

语法格式为：

```
recordset.Open Source, ActiveConnection, CursorType, LockType, Options
```

参数说明如下：

Source：可选。变量型，取值为有效的 Command 对象、SQL 语句、表名称等。

ActiveConnection：可选。取值为有效的 Connection 对象变量名称的变量型，或包含 ConnectionString 参数的字符串型。

CursorType：可选。CursorTypeEnum 值，用于确定在打开 RecordSet 时提供程序应使用的游标的类型。CursorType 参数详解如表 10.2 所示。

表 10.2　CursorType 参数详解

常　量	值	说　明
adOpenDynamic	2	使用动态游标。其他用户所做的添加、更改和删除均可见，且允许在 Recordset 中移动所有类型，但提供程序不支持的书签除外
adOpenForwardOnly	0	默认值。使用仅向前型游标。与静态游标相似，只能在记录中向前滚动。这样可以在仅需要在 RecordSet 中通过一次时提高性能
adOpenKeyset	1	使用键集游标。与动态游标相似，不同的是尽管其他用户删除的记录从用户的 Recordset 不可访问，但无法看到其他用户添加的记录。由其他用户所作的数据更改仍然可见
adOpenStatic	3	使用静态游标。可用于查找数据或生成报表的记录集的静态副本。其他用户所做的添加、更改或删除不可见
adOpenUnspecified	-1	不指定游标类型

　　LockType：可选。LockTypeEnum 值，用于确定在打开 RecordSet 时提供程序应使用的锁定（并发）的类型。默认值为 adLockReadOnly。LockType 参数详解如表 10.3 所示。

表 10.3　LockType 参数详解

常　量	值	说　明
adLockBatchOptimistic	4	指示开放式批更新。这是批更新模式所必需的
adLockOptimistic	3	指示逐记录的开放式锁定。提供程序使用开放式锁定，即仅在调用 Update 方法时锁定记录
adLockPessimistic	2	指示以保守方式逐个锁定记录。提供程序执行必要的操作（通常通过在编辑之后立即锁定数据源的记录）以确保成功编辑记录
adLockReadOnly	1	指示只读记录。用户不能修改数据
adLockUnspecified	-1	不指定锁定类型。对于克隆，使用与原始锁相同的类型来创建克隆

　　Options：可选。长整型值，指定 RecordSet 对象对应的 Command 对象类型。

　　上述几个参数虽然是可选的，但当需要向前、向后移动记录指针的时候，CursorType 一般使用 adOpenDynamic 或者 adOpenKeyset；要编辑记录集中的数据，LockType 一般选择 adLockOptimistic 或者 adLockBatchOptimistic。

　　例如：

```
Public Sub cmdConnection()
    Dim cnn As New ADODB.Connection          '声明的时候直接实例化对象
    Dim rst As New ADODB.Recordset
    Dim strSQL As String
    cnn.Provider="Microsoft.ACE.OLEDB.12.0"
    cnn.ConnectionString="F:\数据库实例\学籍管理.accdb"
    cnn.Open
    strSQL="select * from 教师"
    rst.Open strSQL, cnn, adOpenForwardOnly    '获得记录集
    Debug.Print rst.GetString
    cnn.Close
End Sub
```

　　该模块中，通过 RecordSet 对象的 GetString 方法将整个记录集作为一个字符串打印出来。当对数据集不做处理，一次性将所有数据输出时可以用这种方法。

　　当记录集获取数据后，就要利用记录集的属性和方法对数据进行浏览、插入、删除、更新等操作，表 10.4 和表 10.5 分别为 RecordSet 对象常用的属性和方法。

表 10.4　RecordSet 对象常用属性

属　性	说　明
Bof	若为 True，记录指针指向记录集的顶部（即指向第一条记录之前）
Eof	若为 True，记录指针指向记录集的底部（即指向最后一条记录之后）
RecordCount	返回记录集对象中的记录个数

表 10.5 RecordSet 对象常用方法

方　　法	说　　明
Open	打开一个 RecordSet 对象
Close	关闭一个 RecordSet 对象
Update	将 RecordSet 对象中的数据保存（即写入）到数据库
Delete	删除 RecordSet 对象中的一条或多条记录
Find	在 RecordSet 中查找满足指定条件的行
MoveFirst	把记录指针移到第一条记录
MoveLast	把记录指针移到最后一条记录
MoveNext	把记录指针移到下一条记录
MovePrevious	把记录指针移到前一条记录

10.4　特殊域聚合函数和 RunSQL 方法

Access 2010 提供的特殊域聚合函数和 DoCmd 对象的 RunSQL 方法可以很方便地访问本地数据源中的数据，无须进行数据库连接、打开等操作，使用起来非常方便。

1．特殊域聚合函数

常用的特殊域聚合函数有 DCount 函数、DAvg 函数、DSum 函数、DMax 函数、DMin 函数和 DLookup 函数。

1）DCount 函数

可以使用 DCount 函数确定特定记录集内的记录数。这里的记录集可以是表、查询或者是 SQL 表达式定义的记录集。格式：

```
DCount(表达式,记录集[,条件表达式])
```

参数说明如表 10.6 所示。

表 10.6 参数说明

参　　数	必选/可选	说　　明
表达式	必选	代表要统计其记录数的字段。可以是用来标识表或查询中字段的字符串表达式，也可以是对该字段上的数据执行计算的表达式。在该表达式中，可以包含表中字段的名称、窗体上的控件、常量或函数
记录集	必选	字符串表达式，用于标识组成域的记录集。可以是表名称或不需要参数的查询的查询名称
条件表达式	可选	用于限制作为 DCount 函数执行对象的数据的范围

下面几个特殊域聚集函数的参数说明和表 10.6 一样，以后不再详细说明。

例如，计算"学生"表中男同学的人数，语句为：

```
n=DCount("[xh]", "学生", "[xb]='男'")
```

2）DAvg 函数

可以使用 DAvg 函数计算特定记录集内一组值的平均值。格式：

```
DAvg(表达式,记录集[,条件表达式])
```

例如，计算"学生"表中男同学的平均高考成绩，语句为：

```
n=DAvg("[gkcj]", "学生", "[xb]='男'")
```

3）DSum 函数

可以使用 DSum 函数计算特定记录集内一组值的总和。格式：

```
DSum(表达式,记录集[,条件表达式])
```

例如，计算"学生"表中男同学的高考成绩总和，语句为：

```
n=DSum("[gkcj]", "学生", "[xb]='男'")
```

4) DMax 函数

可以使用 DMax 函数计算特定记录集内一组值的最大值。格式：

```
DMax(表达式,记录集[,条件表达式])
```

例如，计算"学生"表中男同学的高考成绩最高分，语句为：

```
n=DMax("[gkcj]", "学生", "[xb]='男'")
```

5) DMin 函数

可以使用 DMin 函数计算特定记录集内一组值的最小值。格式：

```
DMin(表达式,记录集[,条件表达式])
```

例如，计算"学生"表中男同学的高考成绩最低分，语句为：

```
n=DMin("[gkcj]", "学生", "[xb]='男'")
```

6) DLookup 函数

可以使用 DLookup 函数计算特定记录集内获取特定字段的值。格式：

```
DLookup(表达式,记录集[,条件表达式])
```

例如，获取"学生"表中刘航同学所在的班级，语句为：

```
n=DLookup("[bjmc]", "学生", "[xm]='刘航'")
```

DLookup 可以直接在 VBA、宏、查询表达式或窗体计算控件中，主要检索来自外部表（非数据源）字段中的数据。

例如，窗体上有一个文本框控件（名称为 txtXH），在该控件中输入学号，将来自于"学生"表中该学生的姓名显示在另一个文本框控件（名称为 txtXM）中，语句为：

```
Me!txtXM=DLookup("[xm]", "学生","[xh]=' " & Me!txtXH & " ' ")
```

特别说明，在使用特殊域聚合函数时，各个参数需要用双引号括起来。

特殊域聚合函数返回值的类型是 Variant 变体型，如果没有检索到任何值将返回 Null 值，为了避免该值在表达式中传播，可以使用 Nz 转换函数将其值进行转换。

Nz 函数格式：

```
Nz(表达式或字段属性值[,规定值])
```

功能：可以将 Null 值转换为 0，空字符串（""）或者其他指定值。

当"规定值"参数省略时，如果"表达式或字段属性值"为数值型并且值为 Null，则返回 0；如果"表达式或字段属性值"为字符型并且值为 Null，则返回空字符串（""）；当"规定值"参数指定时，如果"表达式或字段属性值"为数值型并且值为 Null，函数将返回"指定值"。

例如，上例中判断输入的学生学号对应的姓名是否存在，存在显示出来，否则给予提示，代码如下：

```
If Nz(DLookup("[xm]", "学生", "[xh]='" & Me!txtXH & "'"))="" Then
    MsgBox "该学生不存在"
Else
    Me!txtXM=DLookup("[xm]", "学生", "[xh]='" & Me!txtXH & "'")
End If
```

2. RunSQL 方法

DoCmd 对象的 RunSQL 方法可以直接运行 Access 的操作查询，完成对数据表记录的操作。也可以运行数据定义语句实现表和索引的定义。格式为：

```
RunSQL(SQLStatement, UseTransaction)
```

参数说明如下：

SQLStatement：必选项，表示动作查询或数据定义查询的有效 SQL 语句，比如 SELECT…INTO、INSERT INTO、DELETE、UPDATE、CREATE TABLE、ALTER TABLE、TROP TABLE、CREATE INDEX、DROP INDEX 等 SQL 语句。

UseTransaction：可选项，默认值为 True（-1），可以在事务中包含该查询；设为 False(0)，表示不想使用事务。

例如，将所有学生的高考成绩增加 10 分，语句为：

```
DoCmd.RunSQL "update 学生 set gkcj=gkcj+10"
```

10.5 综合案例

前面介绍了 DAO 和 ADO 两种数据访问对象，数据库编程各有优缺点，DAO 数据库编程操作简单，ADO 数据库编程连接相对比较麻烦，但操作灵活、功能更强大，提供多种访问数据库的接口，常见的数据库都能够连接访问，本节综合案例主要演示通过 ADO 方式操作 Access 数据库。

利用 ADO 访问数据库的一般步骤如下

（1）定义和创建 ADO 对象实例变量。

（2）打开数据库连接——Connection。

（3）设置命令参数并执行命令——Command（分返回记录集——SELECT 语句和不返回记录集——DELETE、UPDATE、INSERT）。

（4）设置查询参数并打开记录集——Recordset。

（5）操作记录集。输出、添加、删除、修改、查找等操作。

（6）关闭、回收相关对象。

【例 10.4】对学籍管理数据库中的教师表进行操作，能够实现记录的前后移动以及数据库常用的增加、删除或修改记录的功能。其界面如图 10.5 所示。

分析：从界面可以看出需要筛选教师表中的工号、姓名、性别、职称 4 个字段。需要文本框控件显示字段的信息。

界面添加标签控件"label1"，标题为"ADO 编程综合案例"，然后再添加 4 个文本框和 8 个命令按钮，属性设置如表 10.7 所示。

图 10.5 教师信息操作窗体

表 10.7 窗体界面元素

控件类型	名　称	标　题	控件类型	名　称	标　题
文本框	txtgh	工号：	文本框	txtxm	姓名：
文本框	txtxb	性别：	文本框	txtzc	职称：
命令按钮	cmdFirst	第一条	命令按钮	cmdPrev	向上
命令按钮	cmdNext	向下	命令按钮	cmdLast	最后一条
命令按钮	cmdAdd	添加	命令按钮	cmdDel	删除
命令按钮	cmdModi	修改	命令按钮	cmdExit	退出

ADO 各个对象需要在各个模块中使用，故应该在窗体的通用模块中声明各个对象，详细代码设计如下：

```
Option Compare Database
'通用模块中声明并初始化ADO各个对象
Dim cnn As New ADODB.Connection
Dim rst As New ADODB.Recordset
'增加命令按钮单击事件过程
Private Sub cmdAdd_Click()
    '工号为主键，不能够为空,先判断
    If txtgh <> ""Then
        rst.AddNew              '增加空白记录
        rst("gh")=Me!txtgh      '将添加的内容保存在记录集中
        rst("xm")=Me!txtxm
        rst("xb")=Me!txtxb
        rst("zc")=Me!txtzc
        rst.Update              '更新数据库
    Else
        MsgBox "工号为主键不能为空!"
```

```vba
  End If
End Sub
'删除命令按钮单击事件过程
Private Sub cmdDel_Click()
   rst.Delete
End Sub
'退出命令按钮单击事件过程
Private Sub cmdExit_Click()
   rst.Close
   cnn.Close
   Set rst=Nothing
   Set cnn=Nothing
   DoCmd.Close
End Sub
'第一条命令按钮单击事件过程
Private Sub cmdFirst_Click()
   rst.MoveFirst
   Call showRecord
End Sub
'最后一条命令按钮单击事件过程
Private Sub cmdLast_Click()
   rst.MoveLast
   Call showRecord
End Sub
'修改命令按钮单击事件过程
Private Sub cmdModify_Click()
   If txtgh <> ""Then
       rst("gh")=Me!txtgh     '将添加的内容保存在记录集中
       rst("xm")=Me!txtxm
       rst("xb")=Me!txtxb
       rst("zc")=Me!txtzc
       rst.Update                '更新数据库
   Else
       MsgBox "工号为主键不能够修改为空！"
   End If
End Sub
'向下命令按钮单击事件过程
Private Sub cmdNext_Click()
   rst.MoveNext
   If rst.EOF Then
      rst.MoveLast
   End If
   Call showRecord
End Sub
'向上命令按钮单击事件过程
Private Sub cmdPrev_Click()
  rst.MovePrevious
  If rst.BOF Then
     rst.MoveFirst
  End If
  Call showRecord
End Sub
'窗体加载事件过程
Private Sub Form_Load()
  Dim strSql As String
```

```
    cnn.Provider="Microsoft.ACE.OLED  B. 12.0"
    cnn.ConnectionString="F:\数据库实例\学籍管理.accdb"
    cnn.Open
    '选择教师的工号、姓名、性别和职称四个字段
    strSql="select gh,xm,xb,zc from 教师"
    '需要向前向后移动记录，所以不能使用默认的游标adOpenForwardOnly
    rst.Open strSql, cnn, adOpenDynamic, adLockOptimistic
    Call showRecord
End Sub
'标准过程，将记录集通过窗体界面显示数据
Public Sub showRecord()
    Me!txtgh=rst("gh")
    Me!txtxm=rst("xm")
    Me!txtxb=rst("xb")
    Me!txtzc=rst("zc")
End Sub
```

运行程序，可以实现记录向上移动、向下移动、移动到首记录、移动到尾记录，还可以实现记录的添加、修改或删除操作。

进一步编码，实现命令按钮的协调配合，比如当记录指针指向第一条记录的时候，"向上"命令按钮无效，当记录指针指向最后一条记录的时候，"向下"命令按钮无效等。

习 题 10

一、选择题

1. 能够实现从指定记录集里检索特定字段值的函数是（ ）。

    A. Nz   B. DSum   C. Rnd   D. DLookup

2. DAO 模型层次中处在最顶层的对象是（ ）。

    A. DBEngine   B. Workspace   C. Database   D. RecordSet

3. 在 Access 中，DAO 的含义是（ ）。

    A. 开放数据库互连应用编程接口   B. 数据库访问对象

    C. Active 数据对象   D. 数据库动态链接库

4. ADO 的含义是（ ）。

    A. 开放数据库互连应用编程接口   B. 数据库访问对象

    C. 动态链接库   D. Active 数据对象

5. ADO 对象模型中可以打开 RecordSet 对象的是（ ）。

    A. 只能是 Connection 对象   B. 只能是 Command 对象

    C. 可以是 Connection 对象和 Command 对象   D. 不存在

6. ADO 对象模型中有 5 个主要对象，它们是 Connection、Command、RecordSet、Error 和（ ）。

    A. Database   B. Workspace   C. Field   D. DBEngine

7. 下列程序段的功能是实现"学生"表中"年龄"字段值加 1，空白处应填入的程序代码是（ ）。

```
Dim Str As String
Str="_____"
DoCmd.RunSQL Str
```

    A. 年龄=年龄+1   B. Update 学生 Set 年龄=年龄+1

    C. Set 年龄=年龄+1   D. Edit 学生 年龄=年龄+1

8. 下列过程的功能是：通过对象变量返回当前窗体的 RecordSet 属性记录集引用，消息框中输出记录集的记录（即窗体记录源）个数。程序空白处应填写的是（ ）。

```
Sub GetRecNum()
```

```
        Dim rs As Object
        Set rs=Me.Recordset
        MsgBox_____
    End Sub
```

    A．Count   B．rs.Count   C．RecordCount   D．rs. RecordCount

二．填空题

1．VBA 中主要提供了 3 种数据库访问接口：ODBC API、_____和_____。

2．Access 的 VBA 编程操作本地数据库时，提供一种 DAO 数据库打开的快捷方式是_____，也提供一种 ADO 的默认连接对象是_____。

3．DAO 模型中，主要的控制对象有：_____、_____、_____、_____、Field 和 Error。

4．ADO 对象模型主要有_____、_____、_____、_____和 Error 5 个对象。

5．在 ADO 中需要将当前记录删除，使用 ADO 的_____方法。

6．数据库的"职工基本情况表"有"姓名""职称"等字段，要分别统计教授、副教授和其他人员的数量。请在空白处填入适当语句，使程序可以完成指定的功能。

```
Private Sub Commands_Click()
    Dim db As DAO.Database
    Dim rs As DAO.Recordset
    Dim zc As DAO.Field
    Dim Countl As Integer,Count2 As Integer,Count3 As Integer
    Set db=CurrentDb()
    Set rs=db.OpenRecordset("职工基本情况表")
    Set zc=rs.Fields("职称")
    Countl=0 : Count2=0 : Count3=0
    Do While Not_____
        Select Case zc
            Case Is="教授"
                Countl=Countl+1
            CaseIs="副教授"
                Count2=Count2+1
            Case Else
                Courit3=Count3+1
        End Select
        _____
    Loop
    rs.Close
    Set rs=Nothing
    Set db=Nothing
    MsgBox "教授: "& Count1&",副教授: "& Count2 &",其他: "& count3
End Sub
```

7．"学生成绩"表含有"学号""姓名""数学""外语""专业""总分"字段，下列程序的功能是：计算每名学生的总分（总分=数学+外语+专业）。请在程序空白处填入适当语句，使程序实现所需要的功能。

```
Private Sub Command1_Click()
    Dim cn As New ADODB.Connection
    Dim rs As New ADODB.Recordset
    Dim zongfen As ADODB.Field
    Dim shuxue As ADODB.Field
    Dim waiyu As ADODB.Field
    Dim zhuanye As ADODB.field
    Dim strSQL As String
    Set cn=CurrentProject.Connection
    strSQL="Select * from 成绩表"
    rs.OpenstrSQL,cn,adOpenDynamic,adLockOptimistic,adCmdText
```

```
    Set zongfen=rs.Fields("总分")
    Set shuxue=rs.Fields("数学")
    Set waiyu=rs.Fields("外语")
    Set zhuanye=rs.Fields("专业")
    Do While_____
        zongfen=shuxue+waiyu+zhuanye
    _____
        rs.MoveNext
    Loop
    rs.Close
    cn.Close
    Set rs=Nothing
    Set cn=Nothing
End Sub
```

三、简答题

1. 简述 DAO 各个访问对象的作用。

2. 利用 ADO 数据库编程，记录集获取的方法有哪几种？

3. 简述 ADO 编程的一般流程。

四、编程题

1. 利用 DAO 数据库编程，将"职工信息管理"数据库中所有职工的基本工资增加 300 元钱。

2. 利用 ADO 方式连接"职工信息管理"数据库，能够实现对职工基本信息的添加、修改和删除功能，并能够实现记录的上下移动，界面如图 10.6 所示。

图 10.6　ADO 编程练习

第 11 章
数据库应用系统开发实例

前面章节介绍了 Access 2010 数据库管理系统的使用方法，本章将介绍数据库管理系统开发的一般流程，并将以"学籍管理"系统的建立为例，介绍如何将前面介绍的各个对象有机地联系起来，构建一个小型数据库应用系统。

教学目标

- 了解数据库开发的一般过程。
- 掌握导航窗体的建立。
- 掌握应用程序的打包和发布。

11.1　系统开发的一般过程

数据库应用系统的开发是一个复杂的系统工程，涉及人力、财力、计算机系统、社会法律法规等多个方面。要开发一个高质量的数据库应用系统，必须从工程的角度考虑问题和分析问题，一定要遵循软件开发的方法和理论，需要从软件工程、数据库设计、程序设计等方面综合考虑，否则会走很多弯路，甚至软件开发失败。数据库应用系统的开发一般包括分析、设计、实现、测试、维护等阶段。

1．需求分析

开发数据库应用系统首先必须明确用户的各项需求，确定系统目标和软件开发的总体构思。简单地说这一阶段有两个任务，一是要做深入细致的调查研究、摸清人们现在完成任务所依据的数据及其联系、使用什么规则、对这些数据进行什么样的加工、加工结果以什么形式表现等；二是要明确系统要"做什么"，客户要求系统完成什么样的功能，最终达到什么样的目的等。

2．系统设计

在了解用户需求后，接下来就要考虑"怎样做"，即如何实现软件的开发目标。这个阶段的任务是设计系统的模块层次结构、数据库的结构以及模块的控制流程。在规划和设计时要考虑以下问题。

（1）设计工具和系统支撑环境的选择，如数据库、开发工具的选择、系统所运行的软硬件环境等。

（2）怎样组织数据，也就是数据库的设计，确定应用系统所需的各种数据的类型、长度、组织方式等。数据库设计的优劣将影响数据库应用系统的性能以及功能的实现。数据库设计分为概念设计、逻辑设计和物理设计。

概念设计主要通过综合、归纳与抽象，形成一个独立于 DBMS 的概念模型（E-R 模型）；逻辑设计是将概念模型转换为某个 DBMS 所支持的数据模型，如 Access 所支持的关系模型；物理设计是为逻辑模型选择一种合适的存储结构和存储方法。

（3）系统界面的设计，如窗体、菜单、报表的设计等。

（4）系统功能模块的设计，也就是确定系统需要哪些功能模块，怎样组织各个功能模块，以便完成系统数据的处理工作。对一些较为复杂的功能，还应该利用各种辅助工具进行算法设计。

3．系统实现

系统实现就是根据系统的设计，在所选择的开发环境之上，建立数据库和表，建立各种查询；编写事件响应代码，实现系统菜单、窗体、报表等各种对象的功能等。

4．测试

测试阶段的任务就是验证系统能否稳定地运行，系统功能是否满足了需求规格的定义，找出与需求规格不符或与之矛盾的地方，从而提出更加完善的方案。测试发现问题之后要经过调试找出错误原因和位置，然后进行改正，确保系统交付运行时的安全性和可靠性。

5．系统维护

系统交付使用后，还要进行系统的日常运行管理、系统评价和系统维护。如果系统在使用过程中出现问题，还需要进行不断修改、调整和完善，以便修正系统程序的缺陷。

本章以一个"学籍管理"系统为例，来说明一个数据库应用系统的基本开发过程。

11.2 系统需求分析

学籍管理是一个学校信息管理的重要组成部分，对于一个学校的学生学籍管理起着至关重要的作用。随着高校办学规模的不断提高，在信息技术快速发展的背景下，有必要建立一套学籍管理系统，使学生的信息管理工作系统化、程序化，提高信息处理的速度和准确性，能够及时、准确、有效地查询和修改学生资料，并保证学生学籍系统的安全性。

本系统是针对高等院校的学生学籍管理。在对当前系统进行详细调查，了解业务处理流程后得出，该系统所涉及的用户包括学生、教师、系统管理人员，系统主要包含学生信息、教师信息、课程信息、院系信息、班级信息以及选课成绩等多种数据信息。本系统实现的具体功能如下：

（1）管理基本信息——各种基本信息的录入、修改、删除等操作。

（2）管理学生成绩——对学生成绩的录入、修改、删除操作。

（3）信息查询功能——对各种信息的查询操作。

（4）统计输出功能——对各种数据进行统计并且按照一定的格式输出。

以上是用户对系统功能上的基本要求，此外用户还要求系统运行效率高、查询速度快、能够保证数据的安全性等性能方面的要求。

11.3 系 统 设 计

本节介绍系统的模块设计和数据库设计。

11.3.1 系统模块设计

通过对学籍管理业务的分析，"学籍管理"系统主要有"学生管理"模块、"教师管理"模块、"课程管理"模块、"成绩管理"模块、"系统管理"模块，功能结构图如图 11.1 所示。

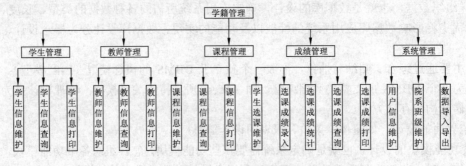

图 11.1 系统功能模块结构图

院系信息和班级信息作为系统基础数据，一般由管理员录入后，数据修改的概率比较低，这里放到系统管理模块中，也可以将其单独作为一个功能模块设计。数据导入/导出模块是为了和外围系统进行交互，比如现在很多高校已经有选课系统，可以将选课信息直接导入到数据库中。

11.3.2 数据库的设计

数据库设计是管理信息系统设计很重要的部分，数据库设计质量的好坏、数据结构的优劣，直接关系到是否能顺利地实施相应的计算机操作管理，也直接影响到管理系统的成败。

经过以上对系统的分析，可以说从整体上把握了整个系统的工作流程和系统的功能要求，以此为基础就可以进入数据库的设计阶段。为了把用户的数据要求清晰明确地表达出来，在概念设计阶段经常采用实体联系图即 E-R 图。客观存在并可相互区别的事物称为实体，实体可以是具体的人、事、物，也可以是抽象的概念或联系，它可能是真实的，也可能是想象的，但它必须是唯一确定的。在本系统中确定的实体有学生、课程、教师、选课成绩、院系和班级（其关系模式见第 3 章所示）。另外，使用本系统需要身份验证，即需要"用户"这一实体，其关系模式如下：

用户 (用户名, 密码, 备注)

该实体和其他几个实体没有什么联系，其他几个实体的 E-R 图如图 11.2 所示。

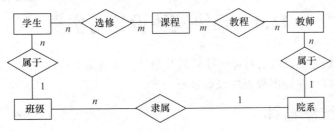

图 11.2　E-R 图

1．数据库的逻辑设计

数据库的逻辑结构设计就是把概念结构设计阶段设计好的 E-R 图转换为与选用的 DBMS 产品所支持的数据模型相符合的逻辑结构。这里主要规划字段的名称、类型、大小等。例如，"用户"表的逻辑结构如表 11.1 所示。

表 11.1　用户表的逻辑结构

字 段 名 称	数 据 类 型	字 段 大 小	允 许 空 值	说　　明
user_name	文本	10	必填	用户名称
user_psw	文本	6	必填	用户密码
user_memo	文本	20	允许	备注信息

其他数据表的逻辑结构如第 3 章所述。

2．数据库的创建

依据数据库的逻辑设计，就可以创建数据库。Access 2010 创建数据库时首先建立数据库，然后创建各个数据表。"学籍管理"系统数据库的创建详见第 3 章，这里不再介绍创建方法。

创建数据库，还要考虑各种约束条件，建立各个表之间的关系，实现参照完整性等。"学籍管理"系统数据库表之间的关系如图 11.3 所示。

在数据库创建后，根据应用系统功能的需要，可以先建立常用的查询，在后面模块功能实现的过程中，根据实际编程的需要，还要不断地增加新的查询、修改查询等。数据库一旦建立好，在数据库应用系统开发过程中，除非万不得已，尽量不要修改数据库，但查询可以增加、删除、修改操作。

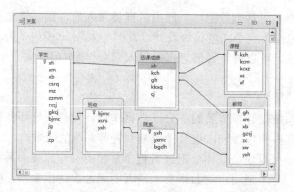

图 11.3　表之间的关系

本系统根据实际需要，需要建立一些常用的查询。例如，"学生成绩"查询，用来查询学生的学号、姓名、课程号、课程名、任课老师、开课学期、课程性质、成绩；"班级入学成绩统计"查询，用来统计每个班学生入学成绩的最高分、最低分、平均分；"课程选修人数统计"查询，用来统计每门课选修的学生人数等。具体查询设计步骤，这里不再详述，自己设计实现。

11.4　系统模块设计与实现

在确定系统的功能模块之后，就要对每个模块进行设计，实现每个模块的功能。下面主要以"学生管理"模块为例，介绍数据录入窗体及输出报表的设计过程。

11.4.1　学生信息维护窗体

学生信息维护窗体能够实现学生基本信息的录入、添加、修改、保存功能。Access 设计窗体时，一般要利用 Access 自带的向导功能设计窗体的初型，然后再对窗体进行修改，成为自己想要的风格。学生信息维护窗体界面如图 11.4 所示。

具体操作步骤如下：

（1）启动窗体向导，以"学生"表作为数据源，建立一个纵栏式窗体，窗体名称保存为"学生信息维护"。

（2）在设计视图下打开该窗体，调整简历和照片控件的布局，将窗体的"导航按钮"和"记录选择器"属性设置为"否"。

（3）确保"使用控件向导"处于选中状态下，单击命令按钮图标，在窗体上拖动创建命令按钮，在弹出的向导中选择"转至第一项记录"，将标题文本设置为"第一项记录"。

图 11.4　学生信息维护窗体

（4）用同样的方法增加其他命令按钮，调整命令按钮的大小和布局。

在窗体视图下浏览该窗体，可以实现记录的导航以及增加、删除、修改、保存记录的功能。其他模块中有关信息维护的窗体界面和"学生信息维护"窗体设计类似，利用前面已经学过的知识自己设计。

11.4.2　学生信息查询窗体

一个好的数据库应用系统必须提供灵活强大的查询功能，方便用户使用。简单的选择查询可以事先建立好查询，然后以该查询作为数据源建立查询窗体；实际应用中用户往往希望根据一个条件或者多个条件的组合进行查询，如学生信息查询，可以按照学号、姓名、性别、班级查询，甚至也可以按照多个条件组合查询等。对于要求通过窗体界面输入查询条件，并将查询结果通过窗体显示的这类查询窗体的设计，可以根据 Access 数据库的特点，选择利用参数查询或者 VBA 编程实现其功能。

1．利用参数查询作为数据源建立学生信息查询窗体

例如，要建立如图 11.5 所示的查询窗体"学生信息查询-参数"。

具体操作步骤如下：

（1）建立参数查询，名称为"参数查询-学生基本信息"。

① 建立参数查询，数据源选择"学生"表，筛选所需要的字段选择 xh、xm、xb、csrq、rxsj、gkcj、bjmc。

② 在 xb 条件中输入"[forms]![学生信息查询-参数]![txtxb]"，在 bjmc 条件中输入"[forms]![学生信息查询-参数]![txtbj]"，如图 11.6 所示。

图 11.5 学生信息查询窗体

图 11.6 参数查询

> **说 明**
>
> "学生信息查询-参数"是将要建立查询的窗体的名称，"txtxb"和"txtbj"是该窗体上两个文本框的名称，用来输入要查询的条件"性别"和"班级"。

（2）建立窗体，名称为"学生信息查询-参数"。

① 利用查询"参数查询-学生基本信息"作为数据源，建立表格窗体，保存为"学生信息查询-参数"。

② 在"设计视图"下打开窗体，在窗体页眉节下添加相应控件并进行调整，效果如图 11.5 所示。其中标签标题为"性别："后的文本框必须命名为"txtxb"，标签标题为"班级："后的文本框必须命名为"txtbj"；查询命令按钮的名称命名为"cmdSelect"。

③ 在查询命令按钮的单击事件下书写如下代码：

```
Private Sub cmdSelect_Click()
    '为窗体绑定数据源
    Me.Form.RecordSource="参数查询-学生基本信息"
    '刷新当前窗体
    Me.Refresh
End Sub
```

运行该窗体，输入想要查询的条件并单击"查询"按钮，便可通过窗体显示查询结果。可以进一步设计条件宏，用来检查输入条件的有效性、输入值是否为空等功能，使查询窗体的功能更加完善。

2．VBA 编程实现查询

利用 VBA 编程能够实现查询条件更加复杂、功能更加强大的查询。在使用宏或者 Access 提供的设计工具无法实现想要的结果或者实现起来比较麻烦时，可以使用 VBA 编程实现需要的功能。查询设计模块经常使用 VBA 编程实现。

实现按照姓名、性别和班级 3 个条件组合查询学生的信息，界面如图 11.7 所示。

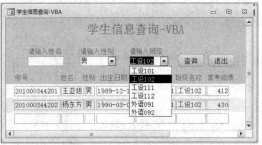

图 11.7 学生信息查询-VBA 窗体

分析：该窗体中性别和班级条件用到了组合框控件，使用组合框可以选择查询条件值，也可以输入查询条件值，方便用户操作。创建组合框控件时首先创建两个查询，①依据"学生"表建立查询，命名为"性别-分组"，按"性别"字段分组，并且仅含"性别"一个字段；②建立查询"班级-分组"，按"班级"字段分组，含有"班级"一个字段。然后使用这两个查询作为两个组合框的数据来源创建组合框。

　　查询窗体设计步骤如下：

　　（1）以学生表作为数据源，利用窗体向导建立表格窗体"学生信息查询-VBA"。

　　（2）在设计视图下打开该窗体，确保"使用控件向导"处于选中状态下，在窗体的页眉节添加一个组合框，在弹出的向导窗口中选择"使用组合框获取其他表或查询中的值"，接下来选择查询"性别-分组"，标签标题设置为"请输入性别"，名称设置为"cmbXb"。同样方法添加输入班级名称的组合框"cmbBj"。

　　（3）添加一个文本框，名称为 txtXm，标签标题设置为"请输入姓名"，添加一个命令按钮，名称为"btnSelect"。调整布局，在代码编辑窗口中编写代码如下：

```
Option Compare Database
'验证数据，性别只能输入男和女
Private Sub cmbXb_AfterUpdate()
  If cmbXb.Value<> "" Then
    If cmbXb.Value<> "男" And cmbXb.Value<> "女" Then
      MsgBox "输入数据有误，性别只能输入男或女！"
      cmbXb.SetFocus
    End If
  End If
End Sub
Private Sub cmdSelect_Click()
  Dim strxm As String, strxb As String, strbj As String, strSql As String
  '如果txtxm文本框为空，查找全部数据，否则支持模糊匹配姓名信息，比如查找"张*"
  If txtxm<>"" Then
    strxm="xm like '" &txtxm& "'"
  Else
    strxm="xm like '*'"
  End If
  '如果txtxb文本框为空，查找全部数据，否则按条件查找
  If cmbXb<>"" Then
    strxb="xb='" &cmbXb& "'"
  Else
    strxb="xb='男' or xb='女'"
  End If
  '如果txtbj文本框为空，查找全部数据，否则支持模糊匹配查找班级信息
  If cmbBj<>"" Then
    strbj="bjmc like '" &cmbBj& "'"
  Else
    strbj="bjmc like '*'"
  End If
  strSql="select xh,xm,xb,csrq,rxsj,gkcj,bjmc from 学生 where " &strxm& " and(" &strxb& ") and " &strbj
  '设置窗体数据源
  Me.Form.RecordSource=strSql
  Me.Refresh
End Sub
```

　　单击"查询"按钮便可实现想要的功能。注意代码中查询语句字符串的书写方法，语句中单引号和空格不能省略。该模块有数据校验功能，可以精确查找，也可以实现模糊匹配，功能相对比较强大，查找数据比较灵活，在数据库应用系统开发中使用比较多。

　　其他模块中数据查询窗口同样可以按照该方法设计，不再赘述。

11.4.3　学生信息打印报表

　　"学生信息打印"模块的主要功能是将需要的数据信息或者查询统计的结果按照一定的格式打印出来，可以用报表打印，也可以将数据导出为 Excel、txt 格式形式打印。学生信息模块主要是以报表的形式输出数据。

　　报表设计在开发数据库应用系统中是件很麻烦、很烦琐的事情，需要不断地调整字体大小、纸张宽度、控件布局等，以便按照用户需要的格式输出数据。Access 提供了灵活、简便的报表设计工具，能够快速设计报表。

　　根据系统需求，学生信息打印模块主要设计的报表有"班级学生信息"报表、"学生综合信息"报表、"班级学生入学成绩统计"报表等，分别如图 11.8～图 11.10 所示。

图 11.8　班级学生信息报表

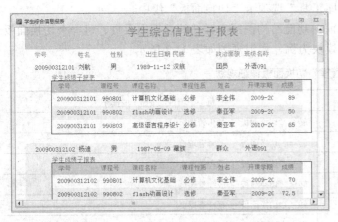

图 11.9　学生综合信息报表

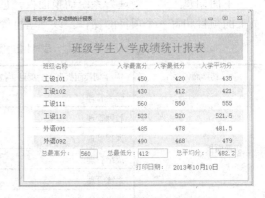

图 11.10　班级学生入学成绩统计报表

　　Access 2010 还提供图表报表、标签等格式的报表，根据系统的需要，自行设计完成。

11.4.4　创建主控界面

　　前面创建了应用系统的各个功能模块，现在需要将各个模块集成起来，才能够形成完整的应用系统，发挥应有的功能。Access 2010 提供的切换面板和导航窗体能够很容易地将各项功能集成起来，创建出具有统一风格的主控界面。

1．使用切换面板创建主控界面

　　切换面板可以很方便地将系统的功能模块集成在一个或者几个切换面板上，形成一个主控界面，切换面板上布局一些命令选项（按钮），单击这些选项可以打开相应的窗体和报表，也可以打开其他切换面板。设计人员可以根据系统模块的划分，将每级模块分别对应一个切换面板，然后由一个主切换面板组装起来。

　　Access 2010 没有将"切换面板管理器"工具放在默认的功能区中，使用时首先要将该功能按钮添加到功能区中，添加方法如下。

（1）单击"文件"选项卡中的"选项"命令，弹出图 11.11 所示的"Access 选项"对话框。

图 11.11 "Access 选项"对话框

（2）选择"自定义功能区"选项卡，在"自定义功能区"下拉列表中选择"主选项卡"→"数据库工具"选项，单击"新建组"按钮，右键重命名为"切换面板"。

（3）在"从下列位置选择命令"下拉列表中选择"所有命令"→"切换面板管理器"命令，单击"添加"按钮，这样"切换面板管理器"即可添加到"数据库工具"选项卡"切换面板"组中。

下面创建"学籍管理"系统切换面板，创建之前由功能结构图写出详细的切换面板页、每一个切换面板页上的项目和每一个项目的操作。以"学生管理"模块为例，详细规划如表 11.2 所示。

表 11.2 "学生管理"切换面板详细规划

切换面板页	切换面板页上的项目（按钮）	每一个项目（按钮）的操作
主切换面板	学生管理	转至"切换面板"：学生管理页
	教师管理	转至"切换面板"：教师管理页
	课程管理	转至"切换面板"：课程管理页
	成绩管理	转至"切换面板"：成绩管理页
	系统管理	转至"切换面板"：系统管理页
	退出系统	退出应用系统
学生管理	学生信息维护	在"编辑"模式下打开窗体：学生信息维护
	学生信息查询	在"编辑"模式下打开窗体：学生信息查询-VBA
	学生信息打印	转至"切换面板"：学生信息打印选择
	返回上一级	转至"切换面板"：主切换面板
学生信息打印选择	打印班级学生信息	打开报表：班级学生信息报表
	打印学生综合信息	打开报表：学生综合信息主子报表
	打印学生入学成绩统计	打开报表：班级学生入学成绩统计报表
	返回上一级	转至"切换面板"：学生管理

其他模块按照同样方法可以详细划分和设计，规划后利用"切换面板管理器"进行设计，步骤如下：

（1）启动切换面板管理器。单击"数据库工具"选项卡"切换面板"组中的"切换面板管理器"按钮。由于第一次使用，弹出对话框询问"切换面板管理器在该数据库中找不到有效的切换面板。是否创建一个？"，单击"是"按钮，创建一个"主切换面板（默认）"页，如图 11.12 所示。

（2）切换面板设计。单击"新建"按钮，弹出新建对话框，在"切换面板页名"文本框中输入"学生管理"，单击"确定"按钮，便可创建"学生管理"切换面板页。使用同样的方法创建"教师管理""课程管理""成绩管理""系统管理""学生信息打印选择"切换面板页，效果如图 11.13 所示。

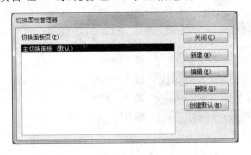

图 11.12　"切换面板管理器"对话框

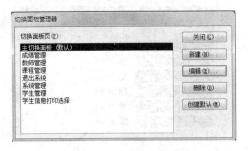

图 11.13　创建的切换面板页

其中，"主切换面板"为默认主控界面，"学生信息打印选择"切换面板页为"学生管理"切换页下的二级切换面板页，其他为一级"切换面板页"。

（3）编辑切换面板页。为每个切换面板创建项目元素，先建立"主切换面板"上的项目按钮，然后再建立其他一级、二级切换面板上的项目按钮。

选择"主切换面板（默认）"，单击"编辑"按钮，弹出"编辑切换面板页"对话框，单击"新建"按钮，弹出，"编辑切换面板项目"对话框如图 11.14 所示。

图 11.14　"编辑切换面板项目"对话框

在"文本(T):"文本框中输入"学生管理"，在"命令(C):"下拉列表框中选择"转至'切换面板'"，"切换面板(S):"选择"学生管理"。使用同样的方法在"主切换面板"创建"教师管理""课程管理""成绩管理""系统管理""退出系统"项目元素，其中"退出系统"项目的"命令"下拉列表框中选择"退出应用程序"选项。这样"主切换面板"项目元素设置完毕。

使用同样的方法，以"学生管理"页为例，按照表 11.2 中的要求，创建一级项目元素；以"学生信息打印选择"页为例，创建二级项目元素。各个切换面板页项目元素如图 11.15 所示。

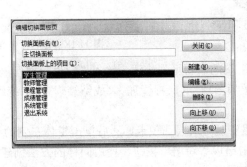
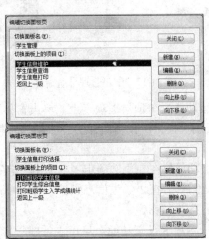

图 11.15　各个切换面板项目元素

创建完毕，在"窗体"对象下产生一个名为"切换面板"的窗体，同时"表"对象下自动产生了一个数据表"Switchboard Items"。将窗体重命名为"主控界面-切换面板"，运行该窗体如图 11.16（a）所示，单击"学生管理"可以看到图 11.16（b）所示的窗口效果。

（a）

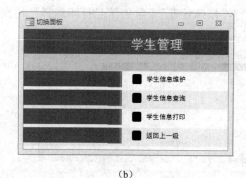
（b）

图 11.16　切换面板运行效果

经过上面的设计，可以看到切换面板其实就是窗体，上面布局一些项目元素（按钮），通过宏来执行相应的操作。进一步可以对切换面板进行美化，如添加图片、设置字体大小和命令按钮的类型，以达到更好的界面视觉效果。

2．使用导航窗体创建主控界面

Access 2010 提供了一种新型的窗体，称为导航窗体，使用导航窗体创建应用系统控制界面相对切换面板来说更简单、更直观。图 11.17 所示为创建好的"学籍管理"系统导航窗体，窗体上面是顶层选项卡，左侧是二级选项卡，右侧是数据展示区域。

下面根据学籍管理功能模块设计图 11.17 所示的主控界面，导航窗体保存为"主控界面-导航窗体"，操作步骤如下：

（1）单击"创建"选项卡"窗体"组中的"导航"下拉按钮，在弹出的下拉菜单中选择一种窗体样式，这里选择"水平标签和垂直标签，左侧"，进入导航窗体的布局视图，如图 11.18 所示。

图 11.17　学籍管理导航窗体

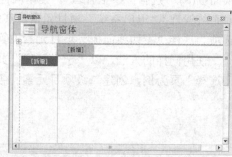

图 11.18　导航窗体布局试图

（2）将一级功能放在顶层选项卡上。单击窗体上端的"新增"按钮，输入"学生管理"。"学生管理"右侧单击出现"新增"按钮，使用同样的方法创建"教师管理""课程管理""成绩管理""系统维护""退出系统"选项卡。

（3）将二级功能放在左侧选项卡上。单击"学生管理"顶层选项卡，然后单击窗体左侧的"新增"按钮，输入"学生信息维护"。在"学生信息维护"下方单击出现"新增"按钮，使用同样的方法创建"学生信息查询""学生信息打印"按钮。

（4）为二级选项卡设置功能。单击"学籍管理"顶层选项卡，右击二级选项卡"学生信息维护"，在弹出的快捷菜单中选择"属性"命令，弹出"属性"表窗口，选择"数据"选项卡，将属性"导航目标名称"设置为已经建立好的窗体"学生信息维护"，右侧数据展示区域立即显示该窗体内容（见图 11.17）。

从导航窗体的布局视图来看，顶层选项卡和二级选项卡是命令按钮，所以可以创建事件过程或者设置相应的宏来实现该选项卡的功能。例如，"退出系统"顶层选项卡，可以在"单击"事件下创建嵌入式宏，利用宏操作"QuitAccess"实现退出系统的功能；"学生信息打印"选项卡，可以在"单击"事件下创建嵌入式宏，利用宏操作"OpenForm"，打开已经设置好的窗体"学生信息打印窗体"（见图 11.19）。此时运行该功能时，窗体"学生信息打印窗体"不会在数据展示窗口显示，而是弹出一个窗口。

图 11.19 学生信息打印窗体

通过上述讲解可以看出，利用切换面板和导航窗体集成系统非常方便、简单，能够建立风格统一的系统控制界面，但所得界面单一，缺乏灵活性，实际应用中不能够完全满足开发者的需要，如导航窗体最多能够设计二级功能菜单，多于二级功能菜单无法实现，这时需要自行设计主控界面。通过建立一个窗体，向窗体中增加相关控件（主要是命令按钮控件），通过宏或者 VBA 代码关联所要执行的操作，逐级实现其功能。这里不再讲解，读者可利用学过的知识自行设计。

11.4.5 创建登录窗体

登录窗体是应用系统的一个重要的组成部分，设计一个既具有足够安全、又美观大方的登录窗体，也是非常重要的。下面介绍登录窗体的设计。

Access 2010 提供了一种模态窗口，模态窗口就是当前窗口一直处于激活状态，当前窗体没有关闭之前，不能够执行其他窗体和菜单的操作。下面创建的登录窗体是基于模态的，如图 11.20 所示。

图 11.20 登录窗体

分析：登录验证过程是从登录窗口输入用户名和密码，然后和"用户"数据表（表结构见表 11.1）进行比较，用户名和密码正确，进入系统，否则给出出错提示，用户 3 次登录不成功，禁止使用本系统。操作步骤如下：

（1）单击"创建"选项卡"窗体"组中的"其他窗体"下拉按钮，在弹出的下拉菜单中选择"模态对话框"选项，便可创建一个模态窗口。默认有两个命令按钮可以使用，也可以自己添加，这里将两个命令按钮删除。

（2）在窗体上添加下列控件，属性设置如表 11.3 所示，调整大小及位置。

表 11.3 控件属性设置

控 件 类 型	名 称	标 签 标 题
标签	Label1	欢迎使用学籍管理系统
文本框	txtUser	用户：
文本框	txtPsw	密码：
命令按钮	cmdLogin	登录
命令按钮	cmdLogout	退出系统

"txPsw"文本框用来输入密码，密码不能够直接显示出来，将"txtPsw"文本框的"输入掩码"属性设置为"密码"，以"*"显示输入的信息。

（3）编写相关代码。

```
Option Compare Database
Dim nCount As Integer                    '定义变量，记录登录次数
'登录命令按钮单击事件
Private Sub cmdLogin_Click()
```

```
    Dim struser As String, strpsw As String
    '在用户表中查找用户名
    struser=Nz(DLookup("[user_name]", "用户", "[user_name]=" & "'" &txtUser& "'"))
    If struser="" Then            '如果为空说明不存在该用户
        nCount=nCount+1
        If nCount=3 Then
            MsgBox "你已经错误登录三次, 禁止使用本系统, 请退出! "
            cmdLogin.Enabled=False
            cmdLogout.SetFocus
        Else
            MsgBox "用户名不存在, 请重新输入! "
            txtUser.SetFocus
        End If
    Else
        '如果用户名存在, 获取该用户对应的密码字段值
        strpsw=Nz(DLookup("[user_psw]", "用户", "[user_name]=" & "'" &txtUser& "'"))
        If strpsw<>txtPsw Then  '当输入密码错误时, 执行相应操作
            nCount=nCount+1
            If nCount=3 Then
                MsgBox "你已经错误登录三次, 禁止使用本系统, 请退出! "
                cmdLogin.Enabled = False
                cmdLogout.SetFocus
            Else
                MsgBox "密码错误, 请重新输入! "
                txtPsw.SetFocus
            End If
        Else
            MsgBox "登录成功, 欢迎使用本系统"
            '关闭当前登录窗体
            DoCmd.CloseacForm, "登录窗体"
            '打开主控导航界面
            DoCmd.OpenForm "主控界面-导航窗体"
        End If
    End If
End Sub
'退出命令按钮单击事件
Private Sub cmdLogout_Click()
    '退出 Access
    DoCmd.Quit
End Sub
'窗体加载事件
Private Sub Form_Load()
    '加载窗体时将计数器置位 0
    nCount=0
End Sub
```

在开发数据库应用程序时, 经常用这种方法设计登录窗口, 功能相对比较完善。除了这种方法还可以用 ADO 数据库编程的方法, 连接数据库, 判断用户输入账号和密码是否为 "用户" 表中存在的记录, 以达到用户身份验证的目的, 读者可以自行尝试编程实现该功能。

11.5 设置启动窗体

经过上面的分析设计实现, "学籍管理" 系统已经创建成功。当用户双击创建的数据库应用系统时, 都会进入 Access 2010 的 BackStage 视图。有时为了用户使用的方便或者为了系统的安全性, 需要直接打开某个窗

体，作为应用系统执行程序的入口，这时需要为数据库应用系统设置自动启动窗体。

Access 2010 设置自动启动窗体有两种方式，即通过建立 AutoExec 宏和设置 Access 启动属性。对于"学籍管理"系统需要将"登录窗体"作为启动窗体，下面分别介绍设置方法。

1. 建立 AutoExec 宏

AutoExec 宏是 Access 数据库管理系统保留的一个宏名称，当建立了该宏后，系统会自动执行该宏。利用该特性，建立一个 AutoExec 宏来自动打开"登录窗体"。宏的设置如图 11.21 所示。

这样，当重新启动数据库时，系统就可以自动执行该宏，打开"登录窗体"作为应用系统的第一个启动窗体。

2. 设置 Access 启动属性

通过设置 Access 启动属性也可以指定应用系统的启动窗体，还可以定制启动环境。设置方法如下。

（1）单击"文件"选项卡中的"选项"命令，弹出"Access 选项"窗口，在该窗口左侧选择"当前数据库"选项卡，右侧出现"应用程序选项"。

（2）在"显示窗体"下拉列表框中选择"登录窗体"选项，这样应用系统在启动时就会自动打开"登录窗体"，作为应用系统的程序入口。

（3）在"应用程序标题"文本框中输入"学籍管理系统"，这样启动应用系统时标题将显示为"学籍管理系统"；单击"应用程序图标"右侧的文本框还可以设置应用程序窗口的图标。

（4）如果在启动应用系统的时候，不想出现 Access 的导航窗格，可以取消选择"显示导航窗格"复选框。

设置后的结果如图 11.22 所示。

当系统设置了自动启动窗体，在打开系统的时候按住【Shift】键不放，可以取消默认设置的自动启动窗体。

图 11.21 AutoExec 宏设置窗口

图 11.22 "学籍管理系统"启动设置

11.6 生成 ACCDE 文件

生成 ACCDE 文件是保证文件安全性的一种措施。当生成 ACCDE 文件时，数据库文件中包含的任何 VBA 代码，都会被编译，ACCDE 文件中将仅包含被编译后的代码。因此，用户不能查看或修改 VBA 代码。而且，使用 ACCDE 文件的用户无法更改窗体或报表的设计。所以在交付数据库应用系统的时候，为了使应用系统不易被他人修改，以及为了保护自己的源代码，要将数据库应用系统生成 ACCDE 格式的文件交付给用户使用，具体生成方法参加 9.6 节内容。

注 意

由于生成的 ACCDE 文件不能够对窗体、报表和 VBA 代码进行修改，因此在生成 ACCDE 文件之前，开发者应对数据库文件进行备份，以便今后能对程序进行修改和完善。

习 题 11

一、选择题

1. 软件生命周期中的活动不包括（　　）。
  A. 需求分析　　　　　　B. 市场调研　　　　C. 软件测试　　　　D. 软件维护

2. 需求分析阶段的主要任务是确定（　　）。
  A. 软件开发工具　　　　B. 软件开发方法　　C. 软件系统功能　　D. 软件开发费用

3. 下面不属于需求分析阶段任务的是（　　）。
  A. 确定软件系统的功能需求　　　　　　　　B. 制定软件集成测试计划
  C. 确定软件系统的性能需求　　　　　　　　D. 需求规格说明书评审

4. 在数据库设计中，将 E-R 图转换成关系数据模型的过程属于（　　）。
  A. 需求分析阶段　　　　B. 概念设计阶段　　C. 逻辑设计阶段　　D. 物理设计阶段

5. 下列任务中属于详细设计阶段内容的是（　　）。
  A. 确定模块算法　　　　B. 确定软件结构　　C. 软件功能分解　　D. 制定测试计划

6. 程序调试的任务是（　　）。
  A. 设计测试用例　　　　　　　　　　　　　B. 验证程序的正确性
  C. 发现程序中的错误　　　　　　　　　　　D. 诊断和改正程序中的错误

7. 软件测试的目的是（　　）。
  A. 评估软件可靠性　　　　　　　　　　　　B. 发现并改正程序中的错误
  C. 改正程序中的错误　　　　　　　　　　　D. 发现程序中的错误

8. 在软件开发中，需求分析阶段产生的主要文档是（　　）。
  A. 可行性分析报告　　　　　　　　　　　　B. 软件需求规格说明书
  C. 概要设计说明书　　　　　　　　　　　　D. 集成测试计划

9. 下面叙述中错误的是（　　）。
  A. 软件测试的目的是发现错误并改正错误
  B. 对被调试的程序进行"错误定位"是程序调试的必要步骤
  C. 程序调试通常又称 Debug
  D. 软件测试应严格执行测试计划，排除测试的随意性

10. 软件详细设计产生的图如下，该图是（　　）。

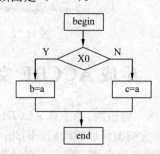

  A. N-S 图　　　　　　　B. PAD 图　　　　　C. 程序流图　　　　D. E-R 图

二、简答题

1．软件生命周期一般包括哪几个阶段？请简述各个阶段的任务。

2．软件测试和软件调试有什么区别？

3．简述导航窗体的作用是什么？

4．在交付数据库应用系统的时候，为什么一般要生产 ACCDE 格式的文件？

三、操作题

利用所学的知识，按照数据库应用系统开发的一般步骤和方法，开发一个简单的"职工信息管理"系统，能够实现对职工基本信息的管里。主要功能如下。

（1）职工基本信息管理：包括职工基本信息的录入、删除和修改。

（2）职工部门管理：包括部门信息的录入、删除和修改。

（3）职工工资管理：包括职工工资的录入、删除和修改。

（4）用户管理：实现一般用户可以浏览自己的基本信息，修改自己的密码；管理员具有维护各种基本信息的权限。

（5）统计功能：能够实现各种信息的统计，按照部门统计职工的人数、统计职工的工资情况等。

（6）打印功能：能够按照一定格式打印各种基本信息和统计数据。

根据系统功能的需要，可以适当修改第 3 章课后作业建立的"职工信息管理"数据库结构，划分各种功能模块，并进行数据库应用系统的实现，最终以 ACCDE 格式提交数据库应用系统及其开发过程中建立的各种文档。

参 考 文 献

［1］ROGER JENNINGE. 深入 Access 2010[M]. 李光杰，周姝嫣，张若飞，等，译. 北京：中国水利水电出版社，2012.

［2］郑晓玲. Access 数据库使用教程[M]. 北京：人民邮电出版社，2013.

［3］谭浩强. Access 2010 数据库应用技术教程[M]. 北京：清华大学出版社，2013.

［4］叶恺，张思卿. Access 2010 数据库案例教程[M]. 北京：化学工业出版社，2012.

［5］徐秀花，程晓锦，李叶丽. Access 2010 数据库应用技术教程[M]. 北京：人民邮电出版社，2011.